对照事故学安规

（变电部分）

本书编委会 · 编

U0246582

中国电力出版社
CHINA ELECTRIC POWER PRESS

内 容 提 要

本书紧扣《安规》各章节，对《安规》的内容逐条进行解读，用文字、图片等形式深刻剖析《安规》的内涵和意义，并对应《安规》每条内容配上编写者精心收集、整理的相关事故案例，有效地揭示了《安规》背后所蕴含的原理和本质，进一步增强各类人员对《安规》的认识和理解。

本书可作为广大电力职工学习《安规》的辅导教材，也可作为外来施工单位及相关人员的学习参考资料，力求促使各类人员深刻理解每起事故背后所存在的违章情况和血的教训，以此来触动人、警示人、教育人、启发人，从而令其自发提高安全意识，主动学习安全知识，有效强化安全技能，最终满足本质安全中人员队伍建设的既定目标。

图书在版编目（CIP）数据

对照事故学安规. 变电部分/《对照事故学安规》编委会编 . —北京：中国电力出版社，2018.9
ISBN 978-7-5198-2242-2

Ⅰ. ①对… Ⅱ. ①对… Ⅲ. ①电力工业-安全规程-中国-教材②变电所-安全规程-中国-教材
Ⅳ. ①TM08-65②TM63-65

中国版本图书馆 CIP 数据核字（2018）第 159810 号

出版发行：中国电力出版社
地　　址：北京市东城区北京站西街 19 号（邮政编码 100005）
网　　址：http://www.cepp.sgcc.com.cn
责任编辑：丁　钊（010-63412393）
责任校对：黄　蓓　闫秀英
装帧设计：王红柳
责任印制：杨晓东

印　　刷：三河市航远印刷有限公司
版　　次：2018 年 9 月第一版
印　　次：2018 年 9 月北京第一次印刷
开　　本：710 毫米×1000 毫米　16 开本
印　　张：15
字　　数：353 千字
定　　价：49.00 元

对照事故学安规

（变电部分）

编委会

主　任　　郭象吉　郭铁军

委　员　　刘日堂　石　岱　张双瑞　孙鸿雁

　　　　　李富明　孙永生　黄国栋　孙京生

　　　　　曹欣勇　孙志国　王端伟　姚　远

　　　　　李　黎　张　震

主　编　　褚海波

编写人员　薛　磊　刁红凤　刘东兴　夏志兵

　　　　　李　尧　李　平　范占强　梁　刚

　　　　　李海鹏　马占军　张　纯　辛同轩

前　言

党的"十九大"报告明确提出了"树立安全发展理念，弘扬生命至上、安全第一的思想，完善安全生产责任制，坚决遏制重特大安全事故，提升防灾减灾救灾能力"，对安全生产工作提出了更高要求。

在中国特色社会主义进入新时代，迈上决胜全面建成小康社会、开启全面建设社会主义现代化国家新征程中，国家电网公司认真贯彻落实国家安全生产法规制度和工作要求，持续开展安全管理提升活动，研究并制定《关于强化本质安全的决定》，在国家电网公司内部构建预防为主的安全管理体系，提高本质安全管理水平，提升内在的预防和抵御事故风险的能力，实现安全可控、能控、在控。

为了更好地推进本质安全建设，国网天津市电力公司东丽供电分公司把《关于强化本质安全的决定》作为深入做好安全工作的纲领性文件，深刻领会其核心要义，把增强事故预防和应对能力作为着力点，提出了"对照事故学习安规知识"的理念和创意，并以此为基础来编写出相关书籍，从而提高作业人员的安全意识，让电力企业员工学习好、理解好、执行好《安规》的相关规定和要求，夯实公司安全生产基础。

另外，随着《国家电网公司电力安全工作规程 变电部分》（Q/GDW 1799.1—2013）和《国家电网公司电力安全工作规程 线路部分》（Q/GDW 1799.2—2013）在国家电网公司大范围的推广和应用，各类工作人员作业行为得到进一步规范，但是仍有部分作业人员，如不严格遵守安规人员、习惯性违章人员，新参加电气工作人员、实习人员和临时参加劳动人员，不熟悉、不理解《安规》的内容，在作业过程中存在安全意识淡漠、安全责任心不强、习惯性违章、现场设备不熟悉、安全举措不完善、未履行安全操作规程等原因，造成了一起又一起的人身、电网、设备事故，每一起事故都有可能伴随鲜活的生命在眼前消失，每一起事故都给公司、当事人及其家庭造成了不可估量的损失。为此编者编写了本书，书中采用紧扣《安规》章节条文的形式，从原文释义入手，对《安规》的内容逐条进行解读，用文字、图片等形式深刻剖析《安规》的内涵和意义，并对应《安规》每条内容配以编写者精心收集、整理的相关事故案例，有效揭示了《安规》背后所蕴含的原理和本质，进一步增强各类人员对《安规》的认识和理解，特别是促使各类人员深刻理解每起事故背后所存在的违章情况和血的教训，以此来触动人、警示人、教育人、启发人，从而令其自发提高安全意识，主动学习安全知识，有效强化安全技能，最终满足本质安全中人员队伍建设的既定目标。

本书在编写过程中参考了大量文献资料，特别是电力安全专家、前辈的论文和著作，在此谨向这些文献的作者表示深切的谢意。

本书可作为广大电力职工学习《安规》的辅导教材，也可作为外来施工单位和相关人员的学习参考资料。由于编者的业务水平及工作经验所限，书中难免存在疏漏或不足之处，敬请广大读者提出宝贵意见。

编者

目 录

对照事故学安规

（变电部分）

1 范　围

　　本规程规定了工作人员在作业现场应遵守的安全要求。

　　本规程适用于在运用中的发电、输电、变电（包括特高压、高压直流）、配电和用户电气设备上及相关场所工作的所有人员，其他单位和相关人员参照执行。

2 规范性引用文件

下列文件对于本文件的应用是必不可少的。凡是注日期的引用文件，仅注日期的版本适用于本文件。凡是不注日期的引用文件，其最新版本（包括所有的修改单）适用于本文件。

GB/T 3608—2008 高处作业分级

GB 3787—2006 手持式电动工具的管理、使用、检查和维修安全技术规程

GB 5905 起重机试验、规范和程序

GB 6067 起重机械安全规程

GB/T 9465 高空作业车

GB/T 18857—2002 配电线路带电作业技术导则

GB 26859—2011 电力安全工作规程（电力线路部分）

GB 26860—2011 电力安全工作规程（发电厂和变电站电气部分）

GB 26861—2011 电力安全工作规程（高压试验室部分）

DL/T 392—2010 1000kV交流输电线路带电作业技术导则

DL 408—1991 电业安全工作规程（发电厂和变电所电气部分）

DL 409—1991 电业安全工作规程（电力线路部分）

DL/T 878—2004 带电作业用绝缘工具试验导则

DL/T 881—2004 ±500kV直流输电线路带电作业技术导则

DL/T 966—2005 送电线路带电作业技术导则

DL/T 976—2005 带电作业工具、装置和设备预防性试验规程

DL/T 1060—2007 750kV交流输电线路带电作业技术导则

DL 5027 电力设备典型消防规程

ZBJ 80001 汽车起重机和轮胎起重机维护与保养

Q/GDW 302—2009 ±800kV直流输电线路带电作业技术导则

3 术语和定义

下列术语和定义适用于本文件。

3.1 低［电］压 low voltage，LV

用于配电的交流系统中1000V及其以下的电压等级。
［GB/T 2900.50—2008，定义2.1中的601-01-26］

3.2 高［电］压 high voltage，HV

① 通常指超过低压的电压等级。
② 特定情况下，指电力系统中输电的电压等级。
［GB/T 2900.50—2008，定义2.1中的601-01-27］

3.3 运用中的电气设备 operating electrical equipment

全部带有电压、一部分带有电压或一经操作即带有电压的电气设备。

3.4 事故紧急抢修工作 Emergency repair work

指电气设备发生故障被迫紧急停止运行，需短时间内恢复的抢修和排除故障的工作。

3.5 设备双重名称 dual tags of equipment

即设备名称和编号。

对照事故 ⑨ 安规

（变电部分）

4 总 则

4.1 为加强电力生产现场管理，规范各类工作人员的行为，保证人身、电网和设备安全，依据国家有关法律、法规，结合电力生产的实际，制定本规程

【释义】 2014年中华人民共和国主席令第13号令《中华人民共和国安全生产法》中提出"安全生产工作应当以人为本，坚持安全发展，坚持安全第一、预防为主、综合治理的方针。"在2013年6月6日，习近平总书记指出：人命关天，发展决不能以牺牲人的生命为代价，这必须作为一条不可逾越的红线。可见"红线"将是安全生产工作的一条"高压线"，一条保证人身、电网和设备安全的"生命线"。《国家电网公司电力安全工作规程》则是依据《中华人民共和国安全生产法》而制定，规范职工在作业现场应遵守的安全要求，确保人身、电网和设备安全。

4.2 作业现场的基本条件

4.2.1 作业现场的生产条件和安全设施等应符合有关标准、规范的要求，工作人员的劳动防护用品应合格、齐备。

【释义】 我国安全生产的国家标准或者行业标准主要包括安全生产管理方面的标准，生产设备、工具的安全标准，生产工艺的安全标准，安全防护用品标准等。依据《中华人民共和国安全生产法》：生产经营单位应当具备有关法律、行政法规和国家标准或者行业标准规定的安全生产条件；不具备安全生产条件的，不得从事生产经营活动。因此，作业现场应满足以下要求：

（1）生产经营单位应当具备的安全生产条件所必需的资金投入，由生产经营单位的决策机构、主要负责人或者个人经营的投资人予以保证，并对由于安全生产所必需的资金投入不足导致的后果承担责任。

（2）生产经营单位新建、改建、扩建工程项目（以下统称建设项目）的安全设施，必须与主体工程同时设计、同时施工、同时投入生产和使用。安全设施投资应当纳入建设项目概算。

（3）安全设备的设计、制造、安装、使用、检测、维修、改造和报废，应当符合国家标准或者行业标准。

（4）生产经营单位必须对安全设备进行经常性维护、保养，并定期检测，保证正常运转。

（5）生产经营单位必须为从业人员提供符合国家标准或者行业标准的劳动防护用品，并监督、教育从业人员按照使用规则佩戴、使用。

按照工作环境中主要危险特征及工作条件特点分为39种作业类别，见表4-1。

表 4-1 作业类别及主要危险特征举例

编号	作业类别	说明	可能造成的事故类型	举例
A01	存在物体坠落、撞击的作业	物体坠落或横向上可能有物体相撞的作业	物体打击与碰撞	建筑安装、桥梁建设、采矿、钻探、造船、起重、森林采伐
A02	有碎屑飞溅的作业	加工过程中可能有切削飞溅的作业		破碎、锤击、铸件切削、砂轮打磨、高压流体清洗
A03	操作转动机械作业	机械设备运行中引起的绞、碾等伤害的作业	机械伤害	机床、传动机械
A04	接触锋利器具作业	生产中使用的生产工具或加工产品易对操作者产生割伤、刺伤等伤害的作业		金属加工的打毛清边、玻璃装配与加工
A05	地面存在尖利器物的作业	工作平面上可能存在对工作者脚部或腿部产生刺伤伤害的作业	其他	森林作业、建筑工地
A06	手持振动机械作业	生产中使用手持振动工具，直接作用于人的手臂系统的机械振动或冲击作业	机械伤害	风钻、风铲、油锯
A07	人承受全身振动的作业	承受振动或处于不易忍受的振动环境中的工作		田间机械作业驾驶、林业作业
A08	铲、装、吊、推机械操作作业	各类活动范围较小的重型采掘、建筑、装载起重设备的操作与驾驶作业	其他运输工具伤害	操作铲机、推土机、装卸机、天车、龙门吊、塔吊、单臂起重机等机械
A09	低压带电作业	额定电压小于 1kV 的带电操作作业	电流伤害	低压设备或低压线路带电维修
A10	高压带电作业	额定电压不小于 1kV 的带电操作作业		高压设备或高压线路带电维修
A11	高温作业	在生产劳动过程中，其工作地点平均人体接触生产环境热强度的一个经验指数不小于 25℃ 的作业，如热的液体、气体对人体的烫伤，热的固体与人体接触引起的灼伤，火焰对人体的烧伤以及炽热源的热辐射对人体的伤害	热烧灼	熔炼、浇注、热轧、锻造、炉窑作业
A12	易燃易爆场所作业	易燃易爆品失去控制的燃烧引发火灾的作业	火灾	接触火工材料、易挥发易燃的液体及化学品、可燃性气体的作业，如汽油、甲烷等
A13	可燃性粉尘场所作业	工作场所中存有常温、常压下可燃固体物质粉尘的作业	化学爆炸	接触可燃性化学粉尘的作业，如铝镁粉等

编号	作业类别	说明	可能造成的事故类型	举例
A14	高处作业	坠落高度基准面大于2m的作业	坠落	室外建筑安装、架线、高崖作业、货物堆砌
A15	井下作业	存在矿山工作面、巷道侧壁的支护不当、压力过大造成的坍塌或顶板坍塌，以及高势能水意外流向低势能区域的作业	冒顶片帮、透水	井下采掘、运输、安装
A16	地下作业	进行地下管网的铺设及地下挖掘的作业		地下开拓建筑安装
A17	水上作业	有落水危险的水上作业	影响呼吸	水上作业平台、水上运输、木材水运、水产养殖与捕捞
A18	潜水作业	需潜入水面以下的作业		水下采集、救捞、水下养殖、水下勘查、水下建造、焊接与切割
A19	吸入性气相毒物作业	工作场所中存有常温、常压下呈气体或蒸气状态、经呼吸道吸入能产生毒害物质的作业	毒物伤害	接触氯气、一氧化碳、硫化氢、氯乙烯、光气、汞的作业
A20	密闭场所作业	在空气不流通的场所中作业，包括在缺氧即空气中含氧浓度小于18%和毒气、有毒气溶胶超过标准并不能排除等场所中作业	影响呼吸	密闭的罐体、房仓、孔道或排水系统、炉窑、存放耗氧器具或生物体进行耗氧过程的密闭空间
A21	吸入性气溶胶毒物作业	工作场所中存有常温、常压下呈气溶胶状态、经呼吸道吸入能产生毒害物质的作业	毒物伤害	接触铝、铬、铍、锰、镉等有毒金属及其化合物的烟雾和粉尘、沥青烟雾、矽尘、石棉尘及其他有害的动（植）物性粉尘的作业
A22	沾染性毒物作业	工作场所中存有能粘附于皮肤、衣物上，经皮肤吸收产生伤害或对皮肤产生毒害物质的作业		接触有机磷农药、有机汞化合物、苯和苯的二（三）硝基化合物、放射性物质的作业
A23	生物性毒物作业	工作场所中有感染或吸收生物毒素危险的作业	毒物伤害	有毒性动植物养殖、生物毒素培养制剂、带菌或含有生物毒素的制品加工处理、腐烂物品处理、防疫检验
A24	噪声作业	声级大于85dB的环境中的作业	其他	风钻、气锤、铆接、钢筒内的敲击或铲锈
A25	强光作业	强光源或产生强烈红外辐射和紫外辐射的作业	辐射伤害	弧光、电弧焊、窑炉作业

续表

编号	作业类别	说明	可能造成的事故类型	举例
A26	激光作业	激光发射与加工的作业	视线伤害	激光加工金属、激光焊接、激光测量、激光通信
A27	荧光屏作业	长期从事荧光屏操作与识别的作业	视线伤害	电脑操作、电视机调试
A28	微波作业	微波发射与加工的作业		微波调试、微波发射、微波加工与利用
A29	射线作业	产生电离辐射的、辐射剂量超过标准的作业	辐射伤害	发射线矿物的开采、选矿、冶炼、加工、核废料或核事故处理、发射性物质使用、X射线检测
A30	腐蚀性作业	产生或使用腐蚀性物质的作业	化学灼伤	二氧化硫气体净化、酸洗、化学镀膜
A31	易污作业	容易污秽皮肤或衣服的作业	其他	炭黑、染色、油漆、有关的卫生工程
A32	恶味作业	产生难闻气味或恶味不易清除的作业	影响呼吸	熬胶、恶臭物质处理与加工
A33	低温作业	在生产劳动过程中，其工作地点平均气温不大于5℃的作业	影响体温调节	冰库
A34	人工搬运作业	通过人力搬运，不使用机械或其他自动化设备的作业	其他	人力抬、扛、推、搬移
A35	野外作业	从事野外露天作业	影响体温调节	地质勘探、大地测量
A36	涉水作业	作业中需接触大量水或须立于水中	其他	矿井、隧道、水力采掘、地质钻探、下水工程、污水处理
A37	车辆驾驶作业	各类机动车辆驾驶的作业	车辆伤害	汽车驾驶
A38	一般性作业	无上述作业特征的普通作业	其他	自动化控制、缝纫、工作台上手工胶合与包装、精细装配与加工
A39	其他作业	A01~A38以外的作业		

从业人员在作业过程中，应当严格遵守安全生产规章制度和操作规程，服从管理，正确佩戴和使用劳动防护用品。劳动防护用品是指由生产经营单位为从业人员配备的，使其在劳动过程中免遭或减轻事故伤害及职业危害的个人防护装备，分为特种劳动防护用品和一般劳动防护用品。特种劳动防护用品目录由国家安全生产监督管理总局确定并公布，并带有绿色LA安全防护标志，未列入目录的劳动防护用品为一般劳动防护用品。特种劳动

防护用品具体包含以下内容：①头部护具类：安全帽；②呼吸护具类：防尘口罩、过滤式防毒面具、自给式空气呼吸器、长管面具；③眼（面）护具类：焊接眼面防护具、防冲击眼护具；④防护服类：阻燃防护服、防酸工作服、防静电工作服；⑤防护鞋类：保护足趾安全鞋、防静电鞋、导电鞋、防刺穿鞋、胶面防砸安全靴、电绝缘鞋、耐酸碱皮鞋、耐酸碱胶靴、耐酸碱塑料模压靴；⑥防坠落护具类：安全带、安全网、密目式安全立网。为了防御物理、化学、生物等外界因素伤害，保护作业人员安全与健康，作业人员所穿戴、配备和使用的各种常用个体防护装备防护性能的说明，见表4-2。

表4-2 个体防护装备防护性能的说明

编号	防护用品品类	防护性能说明
B01	工作帽	防头部脏污、擦伤、长发被绞碾
B02	安全帽	防御物体对头部造成冲击、刺穿、挤压等伤害
B03	防寒帽	防御头部或面部冻伤
B04	防冲击安全头盔	防止头部遭受猛烈撞击，供高速车辆驾驶者佩戴
B05	防尘口罩（防颗粒物呼吸器）	用于空气中含氧19.5%以上的粉尘作业环境，防止吸入一般性粉尘，防御颗粒物（如毒烟、毒雾）等危害呼吸系统或眼面部
B06	防毒面具	使佩戴者呼吸器官与周围大气隔离，由肺部控制或借助机械力通过导气管引入清洁空气供人体呼吸
B07	空气呼吸器	防止吸入对人体有害的毒气、烟雾、悬浮于空气中的有害污染物或在缺氧环境中使用
B08	自救器	体积小、携带轻便，供矿工个人短时间内使用。当煤矿井下发生事故时，矿工佩戴它可以通过充满有害气体的井巷，迅速离开灾区
B09	防水护目镜	在水中使用，防御水对眼部的伤害
B10	防冲击护目镜	防御铁屑、灰砂、碎石等物体飞溅对眼部产生的伤害
B11	防微波护目镜	屏蔽或衰减微波辐射，防御对眼部的微波伤害
B12	防放射性护目镜	防御 X、Y 射线、电子流等电离辐射物质对眼部的伤害
B13	防强光、紫外线、红外线护目镜或面罩	防止可见光、红外线、紫外线中的一种或几种对眼面的伤害
B14	防激光护目镜	以反射、吸收、光化等作用衰减或消除激光对人眼的危害
B15	焊接面罩	防御有害弧光、熔融金属飞溅或粉尘等有害因素对眼睛、面部（含颈部）的伤害
B16	防腐蚀液护目镜	防御酸、碱等有腐蚀性化学液体飞溅对人眼产生的伤害
B17	太阳镜	阻挡强烈的日光及紫外线，防止刺眼光线及眩目光线，提高视觉清晰度
B18	耳塞	防护暴露在强噪声环境中工作人员的听力受到损伤
B19	耳罩	适用于暴露在强噪声环境中的工作人员，保护听觉、避免噪声过度刺激，不适宜戴耳塞时使用
B20	防寒手套	防止手部冻伤

编号	防护用品品类	防护性能说明
B21	防化学品手套	具有防毒性能，防御有毒物质伤害手部
B22	防微生物手套	防御微生物伤害手部
B23	防静电手套	防止静电积聚引起的伤害
B24	焊接手套	防御焊接作业的火花、熔融金属、高温金属、高温辐射对手部的伤害
B25	防放射性手套	具有防放射性能，防御手部免受放射性伤害
B26	耐酸碱手套	用于接触酸（碱）时戴用，也适用于农、林、牧、渔各行业一般操作时戴用
B27	耐油手套	保护手部皮肤避免受油脂类物质的刺激
B28	防昆虫手套	防止手部遭受昆虫叮咬
B29	防振手套	具有衰减振动性能，保护手部免受振动伤害
B30	防机械伤害手套	保护手部免受磨损、切割、刺穿等机械伤害
B31	绝缘手套	使作业人员的手部与带电物体绝缘，免受电流伤害
B32	防水胶靴	防水、防滑和耐磨，适合工矿企业职工穿用的胶靴
B33	防寒鞋	鞋体结构与材料都具有防寒保暖作用，防止脚部冻伤
B34	隔热阻燃鞋	防御高温、熔融金属火花和明火等伤害
B35	防静电鞋	鞋底采用静电材料，能及时消除人体静电积累
B36	防化学品鞋（靴）	在有酸、碱及相关化学品作业中穿用，用各种材料或复合型材料做成，保护脚或腿防止化学飞溅所带来的伤害
B37	耐油鞋	防止油污污染，适合脚部接触油类的作业人员
B38	防振鞋	衰减振动，防御振动伤害
B39	防砸鞋（靴）	保护足趾免受冲击或挤压伤害
B40	防滑鞋	防止滑倒，用于登高或在油渍、钢板、冰上等湿滑地面上行走
B41	防刺穿鞋	矿上、消防、工厂、建筑、林业等部门使用的防鞋底刺伤
B42	绝缘鞋	在电气设备上工作时作为辅助安全用具，防触电伤害
B43	耐酸碱鞋	用于涉及酸、碱的作业，防止酸、碱对足部造成伤害
B44	矿工靴	保护矿工在井下免受足部伤害
B45	焊接防护鞋	防御焊接作业的火花、熔融金属、高温金属、高温辐射对足部的伤害
B46	一般防护服	以织物为面料，采用缝制工艺制作的，起一般性防护作用
B47	防尘服	透气（湿）性织物或材料制成的防止一般性粉尘对皮肤的伤害，能防止静电积聚
B48	防水服	以防水橡胶涂覆织物为面料防御水透过和漏入
B49	水上作业服	防止落水沉溺，便于救助
B50	潜水服	用于潜水作业
B51	防寒服	具有保暖性能，用于冬季室外作业职工或常年低温环境作业职工的防寒
B52	化学品防护服	防止危险化学品的飞溅和与人体接触对人体造成的危害

续表

编号	防护用品品类	防护性能说明
B53	阻燃防护服	用于作业人员从事有明火、散发火花、在熔融金属附近操作有辐射热和对流热的场合和在易燃物质并有着火危险的场所穿用，在接触火焰及炽热物体后，一定时间内能阻止本身被点燃、有焰燃烧和阴燃
B54	防静电服	能及时消除本身静电积聚危害，用于可能引发电击、火灾及爆炸危险场所穿用
B55	焊接防护服	用于焊接作业，防止作业人员遭受熔融金属飞溅及其热伤害
B56	白帆布类隔热服	防止一般性热辐射伤害
B57	镀反射膜类隔热服	防止高热物质接触或强烈热辐射伤害
B58	热防护服	防御高温、高热、高湿度
B59	防放射性服	具有防放射性性能
B60	防酸（碱）服	用于从事酸（碱）作业人员穿用，具有防酸（碱）性能
B61	防油服	防御油污污染
B62	救生衣（圈）	防止落水沉溺，便于救助
B63	带电作业屏蔽服	在10~500kV电器设备上进行带电作业时，防护人体免受高压电场及电磁波的影响
B64	绝缘服	可防7000V以下高电压，用于带电作业时的身体防护
B65	防电弧服	碰到电弧爆炸或火焰的状况下，服装面料纤维会膨胀变厚，关闭布面的空隙，将人体与热隔绝并增加能源防护屏障，以致将伤害程度减至最低
B66	棉布工作服	有烧伤危险时穿用，防止烧伤伤害
B67	安全带	用于高处作业、攀登及悬吊作业，保护对象为体重及负重之和最大100kg的使用者。可减小从高处坠落时产生的冲击力，防止坠落者与地面或其他障碍物碰撞，有效控制整个坠落距离
B68	安全网	用来防止人、物坠落，或用来避免、减轻坠落物及物击伤害
B69	劳动护肤剂	涂抹在皮肤上，能阻隔有害因素
B70	普通防护装备	普通防护服、普通工作帽、普通工作鞋、劳动防护手套、雨衣、普通胶靴
B71	其他零星防护用品，如披肩帽、鞋罩、围裙、套袖等	防尘、阻燃、防酸、防碱等
B72	多功能防护装备	同时具有多种防护功能的防护用品

　　根据作业类别可以或建议佩戴的合格个体防护装备，见表4-3。当出现下列情况之一时，不允许使用个体防护装备：①所选用的个体防护装备技术指标不符合国家相关标准或行业标准；②所选用的个体防护装备与所从事的作业类型不匹配；③个体防护装备产品标识不符合产品要求或国家法律法规的要求；④个体防护装备在使用或保管储存期内遭到破损或超过有效使用期；⑤所选用的个体防护装备经定期检验和抽查为不合格；⑥当发生使用说明中规定的其他报废条件时。

表 4-3 个体防护装备的选用

作业类别		可以使用的防护用品	建议使用的防护用品
编号	类别名称		
A01	存在物体坠落、撞击的作业	B02 安全帽、B39 防砸鞋（靴）、B68 安全网	B40 防滑鞋
A02	有碎屑飞溅的作业	B02 安全帽、B10 防冲击护目镜、B46 一般防护服	B30 防机械伤害手套
A03	操作转动机械作业	B01 工作帽、B10 防冲击护目镜、B71 其他零星防护用品	
A04	接触锋利器具作业	B30 防机械伤害手套、B46 一般防护服	B02 安全帽、B41 防刺穿鞋
A05	地面存在尖利器物的作业	B41 防刺穿鞋	B02 安全帽
A06	手持振动机械作业	B18 耳塞、B19 耳罩、B29 防振手套	B38 防振鞋
A07	人承受全身振动的作业	B38 防振鞋	
A08	铲、装、吊、推机械操作作业	B02 安全帽、B46 一般防护服	B05 防尘口罩（防颗粒物呼吸器）、B10 防冲击护目镜
A09	低压带电作业（1kV 以下）	B31 绝缘手套、B42 绝缘鞋、B64 绝缘服	B02 安全帽（带电绝缘性能）、B10 防冲击护目镜
A10	高压带电作业 — 在 1~10kV 带电设备上	B02 安全帽（带电绝缘性能）、B31 绝缘手套、B42 绝缘鞋、B64 绝缘服	B10 防冲击护目镜、B63 带电作业屏蔽服、B65 防电弧服
	高压带电作业 — 在 10~500kV 带电设备上	B63 带电作业屏蔽服	B13 防强光、紫外线、红外线护目镜或面罩
A11	高温作业	B02 安全帽、B13 防强光、紫外线、红外线护目镜或面罩、B34 隔热阻燃鞋、B56 白帆布类隔热服	B57 镀反射膜类隔热服、B71 其他零星防护用品
A12	易燃易爆场所作业	B23 防静电手套、B35 防静电鞋、B52 化学品防护服、B53 阻燃防护服、B54 防静电服、B66 棉布工作服	B05 防尘口罩（防颗粒物呼吸器）、B06 防毒面具、B47 防尘服
A13	可燃性粉尘场所作业	B05 防尘口罩（防颗粒物呼吸器）、B23 防静电手套、B35 防静电鞋、B54 防静电服、B66 棉布工作服	B47 防尘服、B53 阻燃防护服
A14	高处作业	B02 安全帽、B67 安全带、B68 安全网	B40 防滑鞋

作业类别		可以使用的防护用品	建议使用的防护用品
编号	类别名称		
A15	井下作业	B02 安全帽、B05 防尘口罩（防颗粒物呼吸器）、B06 防毒面具、B08 自救器、B18 耳塞、B23 防静电手套、B29 防振手套、B32 防水胶靴、B39 防砸鞋（靴）、B40 防滑鞋、B44 矿工靴、B48 防水服、B53 阻燃防护服	B19 耳罩、B41 防刺穿鞋
A16	地下作业		
A17	水上作业	B32 防水胶靴、B49 水上作业服、B62 救生衣（圈）	B48 防水服
A18	潜水作业	B50 潜水服	
A19	吸入性气相毒物作业	B06 防毒面具、B21 防化学品手套、B52 化学品防护服	B69 劳动护肤剂
A20	密闭场所作业	B06 防毒面具（供气或携气）、B21 防化学品手套、B52 化学品防护服	B07 空气呼吸器、B69 劳动护肤剂
A21	吸入性气溶胶毒物作业	B01 工作帽、B06 防毒面具、B21 防化学品手套、B52 化学品防护服	B05 防尘口罩（防颗粒物呼吸器）、B69 劳动护肤剂
A22	沾染性毒物作业	B01 工作帽、B06 防毒面具、B16 防腐蚀液护目镜、B21 防化学品手套、B52 化学品防护服	B05 防尘口罩（防颗粒物呼吸器）、B69 劳动护肤剂
A23	生物性毒物作业	B01 工作帽、B05 防尘口罩（防颗粒物呼吸器）、B16 防腐蚀液护目镜、B22 防微生物手套、B52 化学品防护服	B69 劳动护肤剂
A24	噪声作业	B18 耳塞	B19 耳罩
A25	强光作业	B13 防强光、紫外线、红外线护目镜或面罩、B15 焊接面罩、B22 焊接手套、B45 焊接防护鞋、B55 焊接防护服、B56 白帆布类隔热服	
A26	激光作业	B14 防激光护目镜	B59 防放射性服
A27	荧光屏作业	B11 防微波护目镜	B59 防放射性服
A28	微波作业	B11 防微波护目镜、B59 防放射性服	
A29	射线作业	B12 防放射性护目镜、B25 防放射性手套、B59 防放射性服	
A30	腐蚀性作业	B01 工作帽、B16 防腐蚀液护目镜、B26 耐酸碱手套、B43 耐酸碱鞋、B60 防酸（碱）服	B36 防化学品鞋（靴）
A31	易污作业	B01 工作帽、B06 防毒面具、B05 防尘口罩（防颗粒物呼吸器）、B26 耐酸碱手套、B35 防静电鞋、B46 一般防护服、B52 化学品防护服	B27 耐油手套、B37 耐油鞋、B61 防油服、B69 劳动护肤剂、B71 其他零星防护用品
A32	恶味作业	B01 工作帽、B06 防毒面具、B46 一般防护服	B07 空气呼吸器、B71 其他零星防护用品

续表

作业类别		可以使用的防护用品	建议使用的防护用品
编号	类别名称		
A33	低温作业	B03 防寒帽、B20 防寒手套、B33 防寒鞋、B51 防寒服	B19 耳罩、B69 劳动护肤剂
A34	人工搬运作业	B02 安全帽、B30 防机械伤害手套、B68 安全网	B40 防滑鞋
A35	野外作业	B03 防寒帽、B17 太阳镜、B28 防昆虫手套、B32 防水胶靴、B33 防寒鞋、B48 防水服、B51 防寒服	B10 防冲击护目镜、B40 防滑鞋、B69 劳动护肤剂
A36	涉水作业	B09 防水护目镜、B32 防水胶靴、1348 防水服	
A37	车辆驾驶作业	B04 防冲击安全头盔、B46 一般防护服	B17 太阳镜
A38	一般性作业		B46 一般防护服、B70 普通防护装备
A39	其他作业		

【事故案例】　1997 年 9 月 15 日，四川××公司××员工因未使用安全带，高坠死亡事故。

1997 年 9 月 15 日，××公司项目部锅炉工地，钢架班临时组长向××带着全组 4 人做安装紧靠钢板下的烟道支吊架的准备工作，取掉一块原来临时铺盖的花纹钢板。取钢板施工时，因未装设安全网和防护栏杆，也未使用安全带，导致当把钢板翻至 75°左右时，一名工作人员因站立不稳跌落到与垂直落点外 3.5m 处的地面上，送往医院经抢救无效死亡。

4.2.2　经常有人工作的场所及施工车辆上宜配备急救箱，存放急救用品，并应指定专人经常检查、补充或更换。

【释义】　电力生产工作场所存在各类危险因素，如触电、高处坠落、机械伤害、自然灾害等，由于各种原因未能得到有效控制时，会发生人员伤害的突发情况，需要在经常作业的场所配备必要的存放急救用品的急救箱，施工车辆也宜配备急救箱，现场用急救箱内用品配置及检查表见 4-4。

表 4-4　　　　　　　　　现场用急救箱内用品配置及检查表

序号	药物名称	应配置数量	单位	使用说明	剩余数量	检查人	检查日期
1	创可贴	20	盒	先将吸收垫按在伤口上再撕下胶布上的纸固定在伤口上，切记手指不可触及吸收垫，确保创可贴是无菌的			
2	无菌纱布	10	块	用于伤口隔离及止血包扎，直接用于伤处，用胶布或绷带固定			
3	医用镊子	1	把	用于直接捏取酒精片等医用品			
4	弹性绷带	10	块	用于包扎伤口及骨折固定夹板			

序号	药物名称	应配置数量	单位	使用说明	剩余数量	检查人	检查日期
5	医用胶带	10	个	用于敷料、绷带固定；直接粘贴于敷料、绷带等固定部位			
6	清洁湿巾	10	片	用于清洁皮肤上油物，撕开包装直接涂擦皮肤即可			
7	酒精片	10	片	用于皮肤及直接接触物的消毒，打开包装用镊子夹着擦拭			
8	碘酒片	10	片	用于皮肤及直接接触物的消毒，打开包装用镊子夹着擦拭			
9	安全别针	10	个	用于固定三角巾、衣服等物品			
10	一次性橡胶手套	10	副	减少患者与急救人员之间交叉感染的危险			
11	反光三脚架	1	个	发生交通意外时，在离事发现场至少50m处放置明显的警示牌，防止发生连环车祸，也可以保护急救人员			
12	三角绷带	10	块	用于手臂及其他部位的骨折固定			
13	医用剪刀	1	把	用于肢体出血的结扎止血，缠绕上臂或大腿根部，可抽出加压			
14	多功能工具刀	1	把	各种工具皆可直接打开使用，具有大刀、木锯、剪刀、开瓶器、十字改锥等多种实用功能			
15	人工呼吸面罩	2	个	用于心肺复苏时口对口呼吸器			
16	电子体温计	2	个	测量体温：正常体温36～37℃，擦去腋下汗水夹5min			
17	壳聚糖修复凝胶	2	瓶	创面消毒清洗后，将凝胶适量涂抹在创面及创周1～2cm处，外面再用油性纱布加压包扎			
18	壳聚糖修复膜	2	瓶	创面清洗消毒后，先揭开膜两面塑料保护层的一面，将膜贴于创口处，再揭下另一面保护层			
19	PE袋/医药包	1	包	用于存放常用药品，如救心丹、藿香正气水、云南白药等			
20	反光背心	2	个	安全警示用品。在夜间或特殊天气情况下发生意外，穿上反光背心，可以及时被发现			
21	急救毯	1	个	隔热防冷功能，预防休克，用于搬运伤员，包裹身体，亦可用于反光示警			
22	自热暖袋	1	个	从真空包装中取出本品，放于内衣或衣袋中即可发热			

序号	药物名称	应配置数量	单位	使用说明	剩余数量	检查人	检查日期
23	自冷冰袋	2	个	捏破内袋，2s内迅速制冷，适用于扭伤、拉伤、头痛、中暑等的急救			
24	紧急用雨衣	2	件	下雨时应急			
25	防护口罩	5	个	高效阻隔有害微粒通过呼吸道进入人体			
26	多功能救生铲	1	把	具有铲子、木锯、指南针等多种功能			
27	耐磨手套	10	副	防滑耐磨，在特殊情况下保护双手			
28	应急饮用水	2	瓶	紧急缺水情况下饮用			
29	救生口粮	2	块	紧急情况下食用，提供人体所需的营养和热量			
30	过滤式自救呼吸器	2	个	室内发生火灾时的逃生用品。使用方法：开盒取出呼吸器，拔掉前后两个塞子，然后将呼吸器戴在头上，从侧面拉紧系带			
31	灭火毯	2	个	（1）火场逃生。将灭火毯批裹在身上并带上防烟面罩，迅速脱离火场。灭火毯可隔绝火焰，降低火场高温。（2）工业安全。电弧焊加工等有火花，易引起火灾的场合，能够抵挡火花飞溅，熔渣、烧焊飞溅物等，起到隔离工作场所，分隔工作层，杜绝焊接工作中可能引起的火灾危险。（3）初期灭火。在起火初期，将灭火毯直接覆盖住火源或着火物体上，可迅速在短时间内扑灭火源。（4）地震逃生。将灭火毯折叠后顶在头上，利用其厚实，有弹性的结构，减轻落物的撞击			
32	安全锤	1	把	钢化玻璃的中间部分是最牢固的，四角和边缘是最薄弱的。最好的办法是用安全锤尖端敲打玻璃的边缘和四角，尤其是玻璃上方边缘最中间的地方			
33	防火逃生绳	2	套	绳子防火阻燃且耐拉，发生火灾时，将绳子拴在窗口等建筑构建上，然后手拉绳子缓缓而下			
34	扁带拖车绳	1	套	用于拖拉出现故障的车辆			
35	紧急求救哨	1	个	需要救援时明哨，提示自己的方位			
36	活性炭纤维口罩	10	个	有效预防毒、辐射对人体的攻击			
37	手电筒	1	个	手动发电，有照明、收音机等多种功能			
38	防风防水火柴	1	盒	适合在恶劣环境中应急取火，以便照明、取暖、生火做饭等			
39	蜡烛	1	盒	在紧急情况下用于照明			

4.2.3 现场使用的安全工器具应合格并符合有关要求。

【释义】 安全工器具是指为防止触电、灼伤、坠落、摔跌、中毒、窒息、火灾、雷击、淹溺等事故或职业危害，保障工作人员人身安全的个体防护装备、绝缘安全工器具、登高工器具、安全围栏（网）和标识牌等专用工具和器具。安全工器具分为以下四类。

（1）个体防护装备。个体防护装备是指保护人体避免受到急性伤害而使用的安全用具，包括安全帽、防护眼镜、自吸过滤式防毒面具、正压式消防空气呼吸器、安全带、安全绳、连接器、速差自控器、导轨自锁器、缓冲器、安全网、静电防护服、防电弧服、耐酸服、SF_6防护服、耐酸手套、耐酸靴、导电鞋（防静电鞋）、个人保安线、SF_6气体检漏仪、含氧量测试仪及有害气体检测仪等。

（2）绝缘安全工器具。绝缘安全工器具分为基本绝缘安全工器具、带电作业安全工器具和辅助绝缘安全工器具。

基本绝缘安全工器具是指能直接操作带电装置、接触或可能接触带电体的工器具，其中大部分为带电作业专用绝缘安全工器具，包括电容型验电器、携带型短路接地线、绝缘杆、核相器、绝缘遮蔽罩、绝缘隔板、绝缘绳和绝缘夹钳等。

带电作业安全工器具是指在带电装置上进行作业或接近带电部分所进行的各种作业所使用的工器具，特别是工作人员身体的任何部分或采用工具、装置或仪器进入限定带电作业区域的所有作业所使用的工器具，包括带电作业用绝缘安全帽、绝缘服装、屏蔽服装、带电作业用绝缘手套、带电作业用绝缘靴（鞋）、带电作业用绝缘垫、带电作业用绝缘毯、带电作业用绝缘硬梯、绝缘托瓶架、带电作业用绝缘绳（绳索类工具）、绝缘软梯、带电作业用绝缘滑车和带电作业用提线工具等。

辅助绝缘安全工器具是指绝缘强度不是承受设备或线路的工作电压，只是用于加强基本绝缘工器具的保安作用，用以防止接触电压、跨步电压、泄漏电流电弧对操作人员的伤害。不能用辅助绝缘安全工器具直接接触高压设备带电部分，包括辅助型绝缘手套、辅助型绝缘靴（鞋）和辅助型绝缘胶垫。

（3）登高工器具。登高工器具是用于登高作业、临时性高处作业的工具，包括脚扣、升降板（登高板）、梯子、快装脚手架及检修平台等。

（4）安全围栏（网）和标识牌。安全围栏（网）包括用各种材料做成的安全围栏、安全围网和红布幔，标识牌包括各种安全警告牌、设备标示牌、锥形交通标、警示带等。

【事故案例】 2005年，××供电局实习人员培训中高处坠落造成重伤。

送电处根据青工培训计划，对朱×等5名复转军人进行电力生产相关技能的培训。4月11日~5月19日完成安规、登杆等基础培训，5月20日~6月30日进行高空作业培训。5月30日，按照培训计划由安康供电局送电处职工张平等3人组织朱×等5人在安康供电局家属院内培训用的模拟线路上进行更换防振锤培训。在做好登塔前的安全检查及安全交底后，张平登塔作为高空监护人，实习人员轮流出线。9：8，朱×按规定系好安全带，并将后备保险绳挂在铁塔横担上后，出线至防振锤安装位置。当返回铁塔行进到线路侧第一~二片绝缘子之间时，由于绝缘子转动，身体失去平衡，翻落至导线下。朱×多次试图努力向上翻起，均未成功。在塔上监护人的协助下，将其拉至靠横担侧的第一~二片绝缘子之间。朱×双手抓住横担，在塔上监护人的协助下，试图再次向横担上攀爬，未能成功。此时，朱由于体力不支身体逐渐向下滑落，身体自重完全由安全带承担，安全带卡在胸部，致使呼吸受阻。当朱×再次伸出双手试图抓住横担的瞬间，因未正确佩戴安全带，安全带突然从上肢滑脱，从12m高处坠落至地面。事故发生后，现场人员立即拨打120急救电话。9：20 120救护车到达现场，9：30送至安康市中心医院进行急救。经过检查朱×双腿股骨骨折、右腿髌骨骨折、左臂肱骨骨折。

4.2.4　各类作业人员应被告知其作业现场和工作岗位存在的危险因素、防范措施及事故紧急处理措施。

【释义】　《中华人民共和国安全生产法》第四十一条规定：生产经营单位应当教育和督促从业人员严格执行本单位的安全生产规章制度和安全操作规程；并向从业人员如实告知作业场所和工作岗位存在的危险因素、防范措施以及事故应急措施。可见，作业人员只有了解了工作中的危险因素和防范措施才能主动避免人身伤害，只有掌握了事故紧急处理措施才能在突发状况下将伤害程度减小到最低。

【事故案例】　××供电分局供电服务公司临时工触电身亡事故。

××供电分局进行县西开发区百亩生活小区临时电源施工任务，施工班班长郑××将此工作分派潘××带领6名临时工施工，在法院支10号杆一侧带电情况下，没办理工作票，没有采取任何安全措施，班长郑××只是口头对潘××进行了工作安排，潘××又口头对6名临时工进行了工作安排和一般安全要求，于14日8∶30开始进行工作，6名临时工两人为一工作小组进行作业，潘××在3处作业点巡查，对法院支10号杆东侧带电情况没有向益××作业小组交待，益××在法院支10号杆东侧带电情况下骑坐在T接线横担上工作，此横担与法院支10号杆上带电的耐张线夹之间距离1m（导线是绝缘导线），益××在T接线横担上装了三相丝具，三相悬式绝缘子，二相耐张线夹及导线，在装最后一相（西侧）耐张线夹时触及上部带电部分，左脚放电，当时，潘××距10号杆约8m处，姜××约5m处，听到益××喊"有电"，发现益××已斜坐挂在T接线横担处，在没有断开电源的情况下，潘××等3人登上杆将益××用绳放到地面，对益××进行人工呼吸抢救并挡住汽车将人送到医院抢救，经抢救无效死亡。

4.3　作业人员的基本条件

4.3.1　经医师鉴定，无妨碍工作的病症（体格检查每两年至少一次）。

【释义】　从事各工种的电气作业均需具备相应的身体条件，如果作业人员身体条件有妨碍工作的病症，如心脏病、神经病、癫痫病、聋哑、色盲症、高血压等，由符合国家卫生部门规定资质的医疗机构的职业医师进行鉴定后，应及时调换其工作。

【事故案例】　××年12月11日，××线路工区工人张××因精神迷糊登错杆触电事故。

××年12月11日，××线路工区工人张××在35kV田望Ⅰ回进行停电检修工作。开工前工作负责人没有组织讨论安全措施，也未发现工作班成员张××因通宵娱乐而精神不振。张××从72号杆向73号杆转移时，迷迷糊糊摸到与工作线路相邻近的另一回（相距50m左右）带电线路田望Ⅱ回72号杆下面。因无人监护，张××也未注意到线路杆型，没有核对编号即登杆作业。当左手快接触到C相导线时，导线对其放电，幸有安全带牢固才未跌落。

4.3.2　具备必要的电气知识和业务技能，且按工作性质，熟悉本规程的相关部分，并经考试合格。

【释义】　电气工作具有较强的专业性、危险性，从事电气作业的人员应掌握本专业的基本电气知识，具备岗位工作所需的业务技能，才能正确地进行工作。熟悉《电力安全工作规程》是电气作业人员进行安全作业的必备条件，是规范作业行为和保证人身、电网和设备安全的基本制度。因此，凡从事电气作业的所有人员均应结合自身专业要求，熟悉本规程的相关内容，并经单位组织专项考试合格方可上岗。

【事故案例】　2001年3月10日，110kV××集控站操作人员不熟悉安规违章作业触电身亡事故。

2001年3月10日，110kV××集控站操作班当日值班负责人、操作监护人牛××，操作人杨××、曹×、吕××，依地调548号令在陈阳无人值班站进行10kVⅡ段母线撤运操作，全部安全措施于9：40布置完毕。9：45值班员杨××许可了亨二分司变电安装一班亨电字2001-03-10-01变电第一种工作票。牛××、杨××、曹×三人均回到主控室，整理运行工作记录及准备设备加运操作票工作，吕××配合工作班工作。11：30左右，10kV高压室现场施工人员及吕××忽听"咚"一声响，即跑至出事现场，发现牛××倒在10kVⅡ段母线南公Ⅱ间隔后外侧。当即进行心肺复苏约1min后，立即驱车将牛华俊送至咸阳215医院，急诊救护时呼吸、心跳已停止10min，经进行心肺复苏抢救1h后无效死亡。事故调查分析认为：牛××严重违章，私自扩大工作范围，独自一人站在木椅上用不合格的尼龙掸子去掸南公Ⅱ间隔背侧蜘蛛网时，掸子误触及10kV带电的南公Ⅱ旁母隔离开关C相动触头，掸杆与柜后横梁接地放电，造成右手灼伤，人从木椅上跌倒，心脏骤停而亡。

4.3.3　具备必要的安全生产知识，学会紧急救护法，特别要学会触电急救。

【释义】　电气工作中存在较大的危险性，作业人员有可能受到一定的伤害，因此，作业人员必须学会紧急救护法，在现场采取积极措施，保护伤员的生命，减轻伤情，减少痛苦，并根据伤情需要，迅速与医疗急救中心（医疗部门）联系救治，任何拖延和操作错误都会导致伤员伤情加重或死亡。其中，触电急救更应该分秒必争，一经明确心跳、呼吸停止的，立即就地迅速用心肺复苏法进行抢救，并坚持不断地进行，同时及早与医疗急救中心（医疗部门）联系，争取医务人员接替救治。在医务人员未接替救治前，不应放弃现场抢救，更不能只根据没有呼吸或脉搏的表现，擅自判定伤员死亡，放弃抢救。只有医生有权做出伤员死亡的诊断。与医务人员接替时，应提醒医务人员在触电者转移到医院的过程中不得间断抢救。

【事故案例】　2018年1月16日，误碰电源保险带电部位触电事故。

2018年01月16日上午7：45左右，两名工作人员在某能源公司380V脱硫IA段开关柜电缆封堵时，未办理工作票，未采取相关安全隔离措施，工作人员防火封堵时未按规定佩戴安全帽，导致电缆封堵人员左脸误碰电源保险带电部位触电，监护人第一时间断开该开关柜工作电源进线开关，并对其进行触电急救，送往医院时伤者已清醒，所幸未造成人身伤亡事故。

4.3.4　进入作业现场应正确佩戴安全帽，现场作业人员应穿全棉长袖工作服、绝缘鞋。

【释义】　（1）任何人员进入生产、施工现场必须正确佩戴安全帽。针对不同的生产场所，根据安全帽产品说明选择适用的安全帽。

（2）安全帽戴好后，应将帽箍扣调整到合适的位置，锁紧下颚带，防止工作中前倾后仰或其他原因造成滑落。

（3）受过一次强冲击或做过试验的安全帽不能继续使用，应予以报废。

（4）高压近电报警安全帽使用前应检查其音响部分是否良好，但不得作为无电的依据。

【事故案例】 2017年4月19日，××电力公司检修工人未佩戴安全帽、工作服穿着不规范，受电击爆燃身亡事故。

××110kV变电站在2017年4月19日春季例行检修，检修人员完成1号站用变压器和3013断路器检修任务后，进行3015断路器检修。10：44，完成3015断路器检修工作，办理完工作终结手续后，检修人员离开检修现场。10：54，值班员张××接到电力调度命令进行"新中联线3015断路器由检修转运行"操作。11：00，张××与张××在高压室完成新中联线3015-1隔离开关和3015-2隔离开关的合闸操作，两人回到主控室后，发现后台计算机监控系统显示3015-2隔离开关仍为分闸状态，初步判断为隔离开关没有完全处于合闸状态。两人再次来到3015开关柜前，用力将3015-2隔离开关手柄向上推动。11：03，张××左手向左搬动开关柜柜门闭锁手柄，右手用力将开关柜门打开，观察柜内设备。11：06，张××身体探入已带电的3015开关柜内进行观察，柜内6kV带电体对身体放电，引发弧光短路，造成全身瞬间起火燃烧，当场死亡。经核查，事发当时，工作人员没有依规佩戴安全帽、绝缘手套，所穿着的工作服袖口卷到胳膊肘处，未起到防护作用。

4.4 教育和培训

4.4.1 各类作业人员应接受相应的安全生产教育和岗位技能培训，经考试合格上岗。

【释义】 《中华人民共和国安全生产法》第二十五条规定：生产经营单位应当对从业人员进行安全生产教育和培训，保证从业人员具备必要的安全生产知识，熟悉有关的安全生产规章制度和安全操作规程，掌握本岗位的安全操作技能，了解事故应急处理措施，知悉自身在安全生产方面的权利和义务。未经安全生产教育和培训合格的从业人员，不得上岗作业。

【事故案例】 ××供电公司发生6死2伤事故。

××县××镇××农电安装队进行××村14社农网改造。12：00左右，在实施220V低压线路紧线过程中，低压线路弹跳到与之交叉跨越带电的10kV龙柴路964线路柴山2村支路C相上，致使正在拉线的8名工人触电，造成6人死亡，2人重伤。事后查明双龙镇柴山农电安装队现场作业人员均无《电工进网许可证》和《电工作业操作证》，不具备架线作业资格，违反了《特种作业人员安全技术培训考核管理办法》的规定。

4.4.2 作业人员对本规程应每年考试一次。因故间断电气工作连续三个月以上者，应重新学习本规程，并经考试合格后，方能恢复工作。

【释义】 鉴于电气工作的高危性，作业人员应熟悉工作规程，不断巩固电气安全知识和要求。特别是长时间不参与电气工作的，对规程内容一知半解，甚至停留在刚了解的初始阶段，存在极大的风险。

4.4.3 新参加电气工作的人员、实习人员和临时参加劳动的人员（管理人员、非全日制用工等），应经过安全知识教育后，方可下现场参加指定的工作，并且不得单独工作。

【释义】 以上人员通常不具备必要的岗位技能和专业安全知识，下现场前应事先经过基本安全知识教育，在有经验的电气工作人员全程监护下方可参加指定的较简单、危险性较小的工作。

【事故案例】 ××供电公司新入职大学生误碰带电设备触电身亡事故。

××供电公司110kV××变电站1号主变压器单元春检试验现场，发生一起作业人员误碰10kV带电设备的事故，造成1人死亡。8：20，变电检修三班作业小组完成安全措施交代、签字确认手续后开工。变电检修三班小组工作负责人张××，作业人员陈××、新入职大学生孙××进行10kV 501主进开关柜全回路电阻测试工作。9：40，工作人员孙××在柜后做准备工作时，误将501断路器后柜上柜门母线桥小室盖板打开（小室内部有未停电的10kV 3号母线），触电倒地。其他工作人员立即对其进行急救并拨打120电话。9：55，急救车将伤员送至保定市第二医院。12：22，孙××经抢救无效死亡。

4.4.4 参与公司系统所承担电气工作的外单位或外来工作人员应熟悉本规程，经考试合格，并经设备运维管理单位认可，方可参加工作。 工作前，设备运维管理单位应告知现场电气设备接线情况、危险点和安全注意事项。

【释义】 为了提高对外单位或外来工作人员的管控水平，一般采取资格审查、安全性评价、外来施工人员"胸卡证"管理等手段，避免外包人身伤亡事故的发生。另外，外单位承担或外来人员通常不熟悉所工作的环境和设备情况，设备运行管理单位应对其进行告知，包括现场电气设备接线情况、危险点和安全注意事项等，同时实行工作票"双签发"制度。

【事故案例】 2006年3月3日，××电业局发生外来施工人员被电弧灼伤事故。

××电业局220kV新乐变电站发生一起工程外包单位油漆工误入带电间隔造成110kV母线停电和人员灼伤事故。3月3日的工作中，其中一项为1230正母闸刀油漆、1377正母闸刀油漆，由外包单位奉化实兴电气安装公司（民营企业）承担。工作许可后，工作负责人对两名油漆工（系外包单位雇佣的油漆工）进行有关安全措施交底并在履行相关手续后，开始油漆工作。下午13：30分左右，完成了1230正母闸刀油漆工作后，工作监护人朱××发现1230正母闸刀垂直拉杆拐臂处油漆未到位，要求油漆工负责人汪××在1377正母闸刀油漆工作完成后对1230正母闸刀垂直拉杆拐臂处进行补漆。下午14时，工作监护人朱××因要商量第二天的工作，通知油漆工负责人汪××暂停工作，然后离开作业现场。而油漆工负责人汪××、油漆工毛××为赶进度，未执行暂停工作命令，擅自进行工作，在进行补漆时跑错间隔，攀爬到与1230相邻的1229间隔的正母闸刀上，当攀爬到距地面2m左右时，1229正母闸刀A相对油漆工毛××放电，油漆工被电弧灼伤，顺梯子滑落。

4.5 任何人发现有违反本规程的情况，应立即制止，经纠正后才能恢复作业。 各类作业人员有权拒绝违章指挥和强令冒险作业；在发现直接危及人身、电网和设备安全的紧急情况时，有权停止作业或者在采取可能的紧急措施后撤离作业场所，并立即报告

【释义】 根据《中华人民共和国安全生产法》第五十一条规定：从业人员有权对本单位安全生产工作中存在的问题提出批评、检举、控告，有权拒绝违章指挥和强令冒险作业。第五十二条规定：从业人员发现直接危及人身安全的紧急情况时，有权停止作业或在采取可能的应急措施后撤离作业场所。

【事故案例】 5月9日，××电力有限责任公司员工冒险作业，造成触电死亡事故。

5月9日，××电力有限责任公司安装公司变电队的工作人员王××、范××、胡××（死者，男，26 岁），到××开关站的南侧终端杆上安装并固定 10kV 电缆终端头，为了保证供电可靠率和减少停电损失，施工时上层的 10kV 线路没停电，下层的 380V 低压公用变压器主干线路也没有停电，只是位于中层的 380V 路灯线路停电。18：20，当时正在进行电缆头的挂装工作，王××带民工 5 人拉吊绳，范××在焊接电缆护套管，胡××在杆上接应并固定电缆头。采用尼龙滑车、尼龙绳组的方式将 YJV22-240 电缆的终端头起吊到位于钢管杆的电缆支架上固定。当电缆头起吊上升至电缆支架处时被挂住，杆上作业人员胡××站在钢管杆北侧的爬梯上，腰系安全带，试图推开电缆头，由于用力不当，身体失去平衡，双手去抓支撑物时，不慎触及已被吊绳破坏了绝缘的低压带电导线而触电，胡××经抢救无效死亡。

4.6 在试验和推广新技术、新工艺、新设备、新材料的同时，应制定相应的安全措施，经本单位批准后执行

【释义】 人们对新的事物往往认知不足、熟悉不够，在试验和推广过程中不能很好地预判可能发生的意外后果。根据《中华人民共和国安全生产法》第二十六条的规定，生产经营单位采用新工艺、新技术、新材料或使用新设备，必须了解、掌握其安全技术特性，采取有效的安全防护措施，并对从业人员进行专门的安全生产教育和培训。

【事故案例】 1995 年 1 月 16 日，××铝厂错误"技改"导致员工电伤事故。

电解槽部件之间的绝缘要求很严格，共设计了 12 道绝缘，其中，电解槽由 4 角立柱支撑形成的框架上部平台排烟支管与厂房排烟总管之间的绝缘尤其重要。所以，设计为上部平台排烟支管与厂房排烟总管之间有两节绝缘材料做成的短管，确保万无一失。但是，绝缘短管价格昂贵，寿命只有 5 年，××铝厂于 1994 年开始专项"技术改造"，以钢管代替绝缘短管，相应的左钢管法兰之间装配绝缘垫，连接螺栓加绝缘套管、绝缘垫。1995 年 1 月 16 日上行，11 号电解槽在大修交付运行两个月后，右边排烟支管法兰处绝缘失效，电弧烧槽 4 角立柱之一与电解槽壳体之间绝缘失效，电弧烧损，决定检修。检修工在电解槽直流进出母排（铝材质）之间装上短接片，并且拆开小母线进行检修。但排烟支管法兰连接处仍然打火花，立柱与槽壳之间角然发红，于是实施电解系列停直流电的安全措施，并拆除右边排队烟支管。时至 12 时开饭时间，于是系列送电，并说订午餐后再停电，拆左边排烟支管。午餐之后，由于协调不够、思想与认识不统一等原因，未停电，检修人员就"按照惯例"，拆原本绝缘良好的左边排烟支管。由于该处短管理钢管，仅靠支管法兰之间的绝缘垫、绝缘套管起绝缘作用，当检修工用扳手拆卸螺栓时，绝缘性被破坏，法兰处发生电弧烧损，电弧把一名检修人员的工作服烧穿，腹部烧伤"深Ⅱ度"，实质是被电流熔化并蒸发的金属微粒侵入破肤引起皮肤金属化。

5 高压设备工作的基本要求

5.1 一般安全要求

5.1.1 运维人员应熟悉电气设备。单独值班人员或运维负责人还应有实际工作经验。

【释义】 运维人员主要从事与电气设备有关的变电验收、运维、检测、评价、检修和反事故措施管理等工作，运维人员必须熟悉电气设备的作用、性能、位置、操作安全要求、接线方式和运行方式才能做好运维工作。

单独值班是一种在没有监护下的运行值班模式，单独值班人员在日常生产活动中要单独负责完成电气设备的监视、巡视检查以及独立应对突发异常、事故的情况判断、分析、检查、汇报等方面工作。因此，单独值班人员除应具备相关岗位技能要求，而且应具备一定的实际工作经验。

运行值班负责人是本值安全运行的第一责任人，不仅要合理安排本值人员完成各项运行生产工作，而且要组织或参与运行监视、倒闸操作、巡视检查、运行维护、工作许可、设备验收、事故处理等工作。因此，运行值班负责人除应具备相关岗位技能要求，而且应具备一定的实际工作经验，同时具备组织、协调等方面的工作能力。

【事故案例】 ××500kV变电站运行人员因不熟悉运行方式导致主变压器三侧断路器跳开的误操作事故。

××500kV变电站，采用一又二分之一接线方式，两台相关断路器的TA二次侧接成和电流方式。运行人员在进行其中一组断路器停运倒闸操作过程中，采用先短接后断开TA端子连接片的操作方式，造成主变压器差动保护动作，跳主变压器三侧断路器的误操作事故。该站1号主变压器500kV侧甲断路器，须停役更换操作机构的空压机。调度令："将1号主变压器甲断路器从运行改为断路器检修。"由当班副值接令并填写操作票，经当班正值和值长审核无误后，接调令开始操作。操作开始时，由副值操作，正值监护，值长及该站另一值班人员进行现场检查与配合。模拟预演后，立即进行实际操作，当操作到第9项"将1号主变压器保护屏Ⅰ甲断路器TA端子1SD短接"时，由于副值第一次进行这种TA端子的操作，不熟悉情况，于是正值亲自操作，按自己的习惯方法，将C相TA端子先短接一相，接着拆除一相。在C相操作完毕后，值长来到保护室，认为正值的操作方法不对，应该先三相短接后，再拆开连接片，并亲自操作。先用备用连接片将1SD端子全部短接后，再拆除原来的连接片，此时没有发生问题。操作第10项："将1号主变压器保护屏甲断路器TA端子6SD短接"，此时由值长监护，正值操作。当正值短接到第三片连接片时，1号主变压器谐波制动纵差保护动作，高、中、低3侧断路器全部跳闸。这次事故的直接原因是值班员的技术业务素质偏低，对操作的TA回路不了解，在1号主变压器差动保护未停用的情况下，采用错误的方法短接甲断路器TA二次侧电流端子，致使运行中的乙断路器 TA 二次侧同时被短接，造成差动保护回路中产生相当于负荷电流二次值的不平衡电流，引起 1 号主变压器谐波制动纵差保护动作，使主变压器断路器跳闸（正确的操作方法应逐一将 TA 二次侧连片取下，再切至水平短接位置）。

5.1.2 高压设备符合下列条件者，可由单人值班或单人操作：

a）室内高压设备的隔离室设有遮栏，遮栏的高度在 1.7m 以上，安装牢固并加锁者。

b）室内高压断路器（开关）的操动机构（操作机构）用墙或金属板与该断路器（开关）隔离或装有远方操动机构（操作机构）者。

【释义】 单人值班或单人操作是指技术水平高、安全知识熟悉并经过单位发文认可的人员进行运维值班、倒闸操作等模式。因此为防止单人操作人员在生产工作活动范围发生误碰高压带电部分或误入带电间隔造成触电事故。依据 DL/T 5352—2006《高压配电装置设计技术规程》8.4.10 规定，对所涉及室内高压设备的隔离室，应装设安装牢固、高度在 1.7m 以上的遮栏，并且进出遮栏的各进出通道门均应用锁具锁上。为了防止相邻较劲的变电设备爆炸伤害人员，室内高压断路器操动机构应用墙或金属板与该断路器进行隔离，提高安全保障。

【事故案例】 ××供电局员工单人操作导致带负荷拉隔离开关恶性电气误操作事故。

16：04，××供电局输电部报 35kV××线 5 号杆 C 相线夹异常发热需要停电抢修处理。16：12××供电局调度令 35kV××站值班长全×× "断开 35kV××线 312 断路器，合上 35kV××线 311 断路器"。由于××线 311 断路器的 KK 开关有卡死现象，值班长全××经请示后在开关机构箱处手动操作合闸接触器合上 35kV××线 311 断路器。16：33，全××返回主控室报调度操作完毕，调度即令值班长全×× "将 35kV××线由热备用转为检修状态"。这时值班员卜××正在处理××线 311 断路器 KK 开关故障，值班长全××想抓紧时间完成操作任务，未要求值班员卜××停止处理××线 311 断路器 KK 开关缺陷，在没有填写操作票的情况下独自到高压场地进行操作。16：49，由于全××走错至××线出线间隔，并用解锁钥匙进行解锁操作，带负荷误拉 35kV××线 3114 隔离开关，造成 35kV××变电站××线 311 断路器过电流跳闸、××站全站失压的恶性电气误操作事故，损失负荷约 3500kW，现场检查 3114 隔离开关轻微烧伤，无人员受伤。该站系统图如图 5-1 所示。

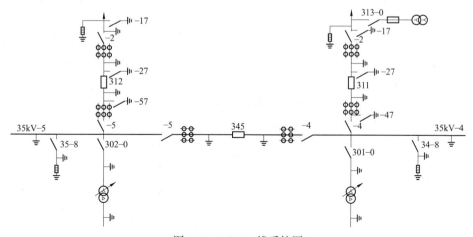

图 5-1 35kV××线系统图

5.1.3 换流站不允许单人值班或单人操作。

【释义】 换流站的电气设备种类多，主要有换流阀、换流变压器、平波电抗器、交流滤波器、直流滤波器、避雷器等，其运行方式和控制保护系统较为复杂，与主设备配套关联的冷却站用电系统等辅助设备故障率相对较高，并且直流输电功率较大，所以单人值班在一定程度上难以满足对换流站的电气设备实施全方位巡视，监控以及事故应急的要求。另外，换流站的倒闸操作方式多，操作量大与设备关联的保护、辅助设备也量多、复杂，因此换流站不允许单人值班或单人操作。

5.1.4 无论高压设备是否带电，作业人员不得单独移开或越过遮栏进行工作；若有必要移开遮栏时，应有监护人在场，并符合表5-1的安全距离。

表 5-1   设备不停电时的安全距离

电压等级（kV）	安全距离（m）	电压等级（kV）	安全距离（m）
10 及以下（13.8）	0.70	1000	8.70
20、35	1.00	±50 及以下	1.50
66、110	1.50	±400	2.90
220	3.00	±500	6.00
330	4.00	±660	8.40
500	2.00	±800	9.30
750	7.20		

【释义】 在电气设备周围设置遮栏的目的是限制人员靠近或进入，是防止人员误碰高压带电部分或误入带电间隔造成触电事故的一项安全措施。遮栏内的高压设备即使处在非运行状态或不带电，但可能由于特殊送电方式、倒送电、运行方式改变或发生异常情况等各种原因，遮栏内的高压设备会随时有突然带电的危险。另外，电气设备周围设置遮栏是由于电气设备安装高度低、安全距离小、容易误碰高压带电部分的场所，一旦单独移开或越过遮栏进行工作且失去监护，极易发生触电伤亡事故。若工作特殊需要移开遮栏时，应采取可靠的防止突然来电的安全措施；同时，工作人员的活动范围应与高压设备保持符合表2-1的安全距离且现场必须始终有监护人在场实施监护。

安全遮栏一般分为硬质遮栏、伸缩式遮栏、网状遮栏、柱式遮栏、带状遮栏等几种（见图5-2），每种遮栏所起到的作用均一样，均代表所布置的区域内存在安全风险，施工人员不允许单独移开或越过遮栏开展工作，否则会出现安全事故。

硬质遮栏   伸缩式遮栏   网状遮栏

图 5-2   几种安全遮栏（一）

伸缩式遮栏   伸缩式遮栏

图 5-2 几种安全遮栏（二）

【事故案例】 5月15日，××电业局检修人员擅自移开遮栏，导致人身触电死亡事故。

××供电公司按计划对110kV××变电站设备进行年检、例行试验。5月15日，进行10kVⅡ段部分设备年检，办理了"开关班0905004"第一种工作票，主要工作任务为：10kV桃建线314、桃南线312、桃杰线308、桃北线306、桃天线302开关柜小修、例行试验和保护全检；桃南线312、桃杰线308、桃北线306、桃天线302开关柜温控器更换，3×24电压互感器本体小修和例行试验等。5月15日8：30，××变电站运维人员操作完毕，312、308、306、3×24小车开关拉至试验位置，314、302小车开关拉至检修位置，合上3143-1、3123-1、3083-1、3063-1、3023-1接地开关，布置好各项安全措施，工作许可人罗××在现场与工作负责人谭××进行安全措施确认后，许可"开关班0905004"第一种工作票开工。8：40左右，工作负责人谭××对易××、刚×（死者）、张××、蔡××等9名工作人员进行工作交底，随后开始10kVⅡ段母线设备年检作业。按照作业指导书分工，易××、刚×、张××、蔡××4人进行断路器检修工作，其余人员进行高压试验和保护检验工作。工作开始后，工作负责人谭××安排易××进行312间隔检修，安排刚×进行314小车清扫。随后带蔡××、张××到屏后，由蔡××用开关柜专用内六角扳手打开302、306、308、312、314等5个间隔的后柜门，由张××进行柜内清扫，谭××回到屏前与高压试验人员交代相关事项。蔡××逐一打开5个柜门后，把专用扳手随手放在312间隔的后柜门边的地上，随后到屏前协助易××进行312间隔检修。刚×完成314小车清扫工作后，自行走到屏后，移开拦住3×24后柜门的安全遮栏，用放在地上的专用扳手卸下3×24后柜门两颗螺丝，并打开后柜门准备进行清扫，9：06，发生开关柜内带电母排B相对刚×人体放电，刚×被击倒在开关柜旁。在场的检修人员立即对刚×进行触电急救，并拨打120急救电话。9：38，刚×经医院抢救无效死亡。工作票签发人或工作负责人没有针对屏前屏后均有工作的情况，应增设相应的专责监护人，是此次事故发生的重要原因。作业人员刚×在未经工作负责人安排或许可的情况下，自行移开3×24电压互感器开关屏后所设安全遮栏，无视该屏后柜门悬挂的"止步，高压危险"警示，错误地打开3×24后柜门，是造成此次事故的直接原因。

5.1.5 10kV、20kV、35kV户外（内）配电装置的裸露部分在跨越人行过道或作业区时，若导电部分对地高度分别小于2.7m（2.5m）、2.8m（2.5m）、2.9m（2.6m），该裸露部分两侧和底部应装设护网。

【释义】 户外（内）配电装置的人行过道或作业区是巡视或作业活动的区域，因此配电装置的裸露部分在跨越人行过道或作业区时应充分考虑人员在巡视或作业时的安全距离。若导电部分对地高度安全距离时，裸露部分两侧和底部应装设护网，从而限制作业人员的活动范围，防止作业人员在作业过程中的后面、两侧、上下接近或无意接触到带电部位危及人身安全。

【事故案例】　××供电局变电运行人员在搬运器材时，器材触及带电设备造成触电重伤事故。

××供电局修试工段向县调申请对 35kV××变电站 388、389 断路器，1、2 号主变压器，35kV 站用变压器、10kV 出线避雷器进行预防性试验。4 月 22 日 8：45，变电站班长傅××接县调正式操作命令，对设备进行停电操作，9：20 汇报县调操作完毕。9：50 工作班负责人试验班长与工作许可人办理了工作票许可手续后，因工作不方便，随后提出要改变方式：将 35kV 站用变压器送电。变电站班长傅××在没有向调度请示同意的情况下，便让值班员进行了 35kV 站用变压器的送电操作，因而现场扩大了设备带电范围且没做安全措施，造成工作票停电范围与现场安全措施不符。12：20 工作班准备对 35kV 站用变压器做介损试验，为加快进度，傅××与前来询问送电时间的禹庙站农电工陈××帮助搬运试验设备。12：25 傅××左肩扛着 35kV 令克棒（带有铁丝），右手同陈××一起抬试验变压器，走到 35kV 站用变压器引线下，在他俩弯腰放下试验设备时，傅××扛着带有铁丝的 35kV 令克棒接触了 35kV 站用变压器 A 相引线，造成两人当场被电击呈昏迷状态。经诊断傅××左手、右腿严重灼伤，左右手均被截肢，陈××左手轻度灼伤。

5.1.6　户外 10kV 及以上高压配电装置场所的行车通道上，应根据表 5-2 设置行车安全限高标志。

表 5-2　　　车辆（包括装载物）外廓至无遮栏带电部分之间的安全距离

电压等级（kV）	安全距离（m）	电压等级（kV）	安全距离（m）
10	0.95	750	6.70[b]
20	1.05	1000	8.25
35	1.15	±50 及以下	1.65
66	1.40	±400	2.45[b]
110	1.65（1.75）[a]	±500	2.60
220	2.55	±660	8.00
330	3.25	±800	9.00
500	4.55		

a：括号内数字为 110kV 中性点不接地系统所使用。

b：±400kV 数据是按海拔 3000m 校正的，海拔 4000m 时安全距离为 2.55m。750kV 数据是按海拔 2000m 校正的，其他等级数据按海拔 1000m 校正。

【释义】　高压配电装置场所设立限高标志是指车辆车身加上装载物件四周（高度、宽度）的外廓与带电导体之间应保持的最小安全距离，所以为了防止由于车辆（包括车辆上物件）四周（高度、宽度）的外廓与带电导体之间的安全距离不够而造成带电设备对车辆放电，应根据表 5-2 中规定在户外 10kV 及以上的高压配电装置场所的行车通道各进口处现场设置行车安全限高标志。限高标志牌一般情况下应设置在道路行进方向右侧或车行道上方，也可以根据具体情况设置在左侧，或左右来两侧同时设置，如图 5-4 所示。

图 5-3　限高标志牌

【事故案例】 2001 年 4 月 20 日，××变电站内吊车臂接近变压器引线导致放电事故。

2001 年 4 月 20 日，××变电站内使用起重机吊装 35kV 母线 TV，母线 TV 间隔位于主变压器间隔旁，主变压器隔离开关与主变压器连接线跨越通道。10：32，起重机在过道上使用吊臂吊装 35kV TV 时，由于吊臂垂直距离与跨越通道的主变压器引线距离不够，造成引线对起重机吊臂放电，主变压器差动保护动作跳闸。

5.1.7 室内母线分段部分、母线交叉部分及部分停电检修易误碰有电设备的，应设有明显标志的永久性隔离挡板（护网）。

【释义】 由于室内高压配电装置的特点，高压配电装置的母线分段部分、母线交叉部分与其周边停电检修设备之间距离较近，可能造成检修人员触电伤害，因此应装设带有明显标志的永久性隔离挡板（护网）安全技术措施，以确保检修人员的人身安全。

【事故案例】 1998 年 10 月 12 日，××35kV 变电站内 10kV Ⅰ 段母线和 Ⅱ 段母线未设置永久性隔离挡板，工作人员不慎触电身亡事故。

××35kV 变电站内 10kV Ⅰ 段母线检修，Ⅱ 段母线运行，由于 10kV Ⅰ、Ⅱ 段母线之间未设置永久性隔离挡板，15：20，工作人员李×× 在清扫 10kV Ⅰ 段母线时右脚不慎跨入 10kV Ⅱ 段母线上，造成触电死亡。

5.1.8 待用间隔（母线连接排、引线已接上母线的备用间隔）应有名称、编号，并列入调度控制中心管辖范围。 其隔离开关（隔离开关）操作手柄、网门应加锁。

【释义】 待用间隔是指设备间隔尚未正式投运，但该间隔设备的引排或引线已连接上母线，使间隔设备一部分带有电压或一经操作即有电压，其中还包括备用间隔中隔离开关（剪刀型隔离开关），其动触头直接与母线连接的垂直布置等方式的设备间隔。为防止人员误动或误入待用间隔而造成事故，待用间隔设备必须纳入调度管辖范围，其待用间隔设备应有名称和编号，以及应有相应的"五防"措施。待用间隔操作时也必须纳入操作票系统。

【事故案例】 ××110kV 变电站操作人员误操作无名称编号的待用间隔，导致母线母差保护动作事故。

××110kV 变电站 110kV 待用间隔进行安装，准备于 6 月 2 日进行设备调试。待用间隔断路器至母线侧隔离开关间装设有一组接地线，相邻间隔为 110kV××线 164 断路器间隔，此间隔于 6 月 1 日正在进行检修。6 月 1 日 19：30，110kV××线 164 断路器间隔检修完毕，20：12，调度令将 110kV××线断路器由检修转运行，由于××线 1641 隔离开关标示牌脱落，运行人员在操作 1641 隔离开关时误入无名称编号的待用间隔，在合上待用间隔母线侧隔离开关时，造成 110kV Ⅱ 段母线母差保护动作，Ⅱ 段母线上所有断路器全部跳闸。

5.1.9 在手车断路器拉出后，应观察隔离挡板是否可靠封闭。 封闭式组合电器引出电缆备用孔或母线的终端备用孔应用专用器具封闭。

【释义】 高压开关柜的手车有运行位置、备用位置和检修位置，在开关柜内设有可拆卸的挡板，挡板将柜体的断路器室、母线室和电缆室分隔开。当手车拉出时，如其活动隔离挡板卡住或脱落会造成带电静触头直接暴露在作业人员面前，极易造成人员触电。因此，手车断路器拉出后运维人员应观察其隔离挡板实际位置是否可靠封闭。

封闭式组合电器引出电缆备用孔的筒体或母线的终端备用孔筒体与设备带电部分的筒体连接，如果未对其备用孔实施封闭，可能由于人员误碰其备用孔内部而造成人身触电事故。同时考虑到备用孔的筒体与间隔带电设备的筒体相连接，为确保带电设备筒体内部SF$_6$压力保持正常。因此封闭式组合电器引出电缆备用孔或母线的终端备用孔应用专用器具进行封闭。

【事故案例】　××供电公司检修人员误入已拆下触头挡板开关柜后被电灼伤事故。

××供电公司110kV某变电站35kVⅠ段母线故障，造成1号主变压器301断路器后备保护跳闸。3月18日上午，经变电检修人员现场检查测试后，最终确定35kV狮桥341开关柜A、B相、南极347开关柜C相及Ⅰ母电压互感器C相共4只上触头盒绝缘损坏，并制定了检修方案。3月18日16∶00，××运维站值班人员洪××许可工作负责人曹××150318004号变电第一种工作票开工（工作任务为：在备用345开关柜拆除上触头盒，在35kV狮桥341开关柜、南极347开关柜、35kV1号电压互感器柜更换上触头盒），许可人向工作负责人交代了带电部位和注意事项，说明了临近仙霞343线路带电。许可工作时，35kV341断路器及线路、347断路器及线路、35kVⅠ母电压互感器为检修状态；35kV仙霞343断路器为冷备用状态，但手车已被拉出开关仓且触头挡板被打开，柜门掩合（上午故障检查时未恢复）。16∶10工作负责人曹××安排章××、赵×、庹×负责35kV备用345开关柜上触头盒拆除和35kV狮桥341开关柜A、B相上触头盒更换及清洗；安排胡××、齐××负责35kV南极347及Ⅰ母电压互感器C相上触头盒更换及清洗，进行了安全交底后开始工作。17∶55，工作班成员赵×（伤者）在无人知晓的情况下误入邻近的仙霞343开关柜内（柜内下触头带电）。1min后，现场人员听到响声并发现其触电倒在343开关柜前，右手右脚电弧灼伤（当时神智清醒），立即拨打120电话。医院急救车18∶40到达现场，将伤者送医院救治。

5.1.10　**运行中的高压设备，其中性点接地系统的中性点应视作带电体，在运行中若必须进行中性点接地点断开的工作时，应先建立有效的旁路接地才可进行断开工作。**

【释义】　电网接地一般分为中性点有效接地和中性点非有效接地，其中三相交流电力系统中性点与大地之间的电气连接方式，称为电网中性点接地方式。而通过不接地、经消弧线圈接地及经电阻接地等方式的接地方式称为中性点非有效接地方式。

因导线排列不对称、相对地电容不相等以及负荷不对称等原因，中性点直接接地或经小电阻接地系统正常运行时，中性点也可能存在位移电压。发生单相接地故障时，非故障相电压升高不会超过1.4倍运行相电压，中性点电位也会升高，因此运行中的高压设备其中性点接地系统的中性点应视为带电体。

若运行的中性点接地点被断开，特别是又发生系统故障，其中性点接地点断开处将会形成较高电位差危及现场作业人员安全；同时中性点直接接地的设备在中性点接地点断开后，中性点接地方式被改变，影响零序保护动作，从而不能迅速切除故障。

【事故案例】　变压器中性点电压突然升高，对正在违规作业人员放电，造成人员后脑着地死亡事故。

××35kV变电站值班员在巡视变压器时，发现1号主变压器中性点套管渗油，立即向主管部门汇报，主管部门随即安排变电站检修班孙××到现场查勘设备。孙××在现场对1号主变压器中性点套管渗油处进行查勘时，发现仅仅是因为固定套管的螺栓运行时间长而发生松动，他认为只需将套管螺栓紧固一下即可，且中性点正常运行时电压较低，没有必要停用主变压器。4月3日10∶50，孙××在变电站办理完工作票许可手续后开始工作，王××

监护。在紧固中性点套管第三个螺栓时，突然 10kV 线路发生接地，1 号主变压器中性点电压突然升高，对孙××正在紧固螺栓的右手放电，孙××随即从梯子上滑落，后脑着地，经抢救无效死亡。

5.1.11 换流站内，运行中高压直流系统直流场中性区域设备、站内临时接地极、接地极线路及接地极均应视为带电体。

【释义】 高压直流输电接地极是直流输电系统为实现以陆地或海水为回路，回流至换流站直流电压中性点，构成高压直流输电大地回线。高压直流输电大地回线包括高压直流系统直流场中性区域设备、站内临时接地极、接地极线路、接地极等设备。当双极运行时，由于换流变压器阻抗和触发角等偏差，两极电流不是绝对相等，流经中性区域和接地极设备的电流较小，当单极大地回线运行时入地电流就是极电流，数值非常大，最大可达到几千安培。高压直流系统直流场中性区域设备、接地极线路、接地极在正常运行中是带有电压的，可能造成人身伤害。站内临时接地极是备用接地极，当站外接地极发生故障时，站内临时接地极将随时投入使用。所以运行中的高压直流系统直流场中性区域设备、换流站内临时接地极、接地极线路及接地极均应视为带电体。

5.1.12 换流站阀厅未转检修前，人员禁止进入作业（巡视通道除外）。

【释义】 换流站阀厅内阀塔设计一般采取悬吊式（换流阀由绝缘子和绝缘棒悬吊于阀厅顶部钢梁上），靠近地面的阀塔底部是高电位，靠近阀厅顶部的阀塔顶部为低电位，同时阀厅内运行中的换流变压器套管、裸露导线及管母在设计时主要考虑设备对地和设备之间的电气净距离。阀厅运行时，若人员从地面进入阀厅，人员的活动半径范围与阀体等设备之间的距离不能满足安全距离要求，容易造成人员触电危险。

5.2 高压设备的巡视

5.2.1 经本单位批准允许单独巡视高压设备的人员巡视高压设备时，不准进行其他工作，不准移开或越过遮栏。

【释义】 单独巡视人员应经考试合格、单位领导批准。单独巡视人员在巡视高压电气设备中必须严格遵守带电安全距离的规定外，而且在巡视工作中不得进行操作、维护等其他工作，即使在巡视中发现问题也不得擅自单独进行处理，不得移开或越过遮栏处理，防止误碰高压带电部分或误入带电间隔。

【事故案例】 ××供电公司运行人员误登带电设备触电死亡事故。

交接班后，9：30，站长康××安排一名主值在值班室值班，安排另两人与自己一道进行室内外卫生清扫维护工作。中午时，清扫工作将近结束，一名值班员在 1 号主变压器渗油池做清扫工作，康××与另一值班员在 35kV 设备区做清扫工作。约 12：50，由于快到 13：00 整点，与康××一道做清扫工作的值班员返回值班室进行抄表工作。12：55（根据枣林站掉闸时间），在 1 号主变压器底部做清扫工作的值班员听到 111 断路器方向有很大的放电声，便向 111 断路器方向跑去。在跑出十几米后发现 111 断路器下方起火（由于站内绿化影响，并不知何物在燃烧），随即折回喊值班室的主值出来灭火。主值手提一干式灭火器，跑到 111 断路器间隔后，发现康××趴在地上，身上衣服着火，迅速用灭火器灭火。灭火后，值班员们迅速将康××就近送至繁峙县第二人民医院，经抢救无效于 13：30 左右死亡。经现场调查，111 断路器 B 相三叉口下法兰和开关支架处有明显放电痕迹，这是康××

发生触电事故时的放电通道。111 断路器 B 相三叉口下部椭圆堵板处有轻微油污痕迹。康××脱离电源后即坠落至地面（111 断路器架构距地面高度约 1.76m），趴在地上，右手拿着棉纱，身上衣服着火。经医院初步检查：康××左耳、右手、胸部、右腿等处有明显放电烧伤痕迹。根据上述现场情况以及对运行人员的调查了解、分析，认为康××在事故前发现 111 断路器 B 相三叉口处有油污，可能是注意力不集中，超范围工作，擅自一人从 111 断路器机构箱平台跨到 111 断路器架构上，穿越 C 相断路器到 B 相断路器处后，抬起身体准备擦拭三叉口下部椭圆堵板处油污时发生触电事故。

5.2.2 雷雨天气，需要巡视室外高压设备时，应穿绝缘靴，并不准靠近避雷器和避雷针。

【释义】 当雷击到避雷器或避雷针时，雷电流经过接地装置通入大地，由于接地装置存在接地电阻，它通过雷电流时电位将升得很高，对附近设备或人员可能造成反击或跨步电压，威胁人身安全。为了防止跨步电压对人体的伤害，巡视人员必须穿绝缘靴且不能靠近避雷器或避雷针。

【事故案例】 ××供电公司发生人员登杆查看避雷器时触电重伤事故。

××供电公司××供电所作业人员在供电台区巡查中，登杆查看避雷器时触电，造成 1 人重伤。

5.2.3 地震、台风、洪水、泥石流等灾害发生时，禁止巡视灾害现场。 灾害发生后，如需要对设备进行巡视时，应制定必要的安全措施，得到设备运维管理单位批准，并至少两人一组，巡视人员应与派出部门之间保持通信联络。

【释义】 灾害发生时，巡视的工作环境和安全状况会变得复杂危险。若需在灾害发生时对设备进行巡视，巡视工作前应了解灾情发展情况，充分考虑各种可能会发生的情况，如环境变化、自然灾害因素及电气设备或设施损坏等会导致次生灾情对巡视人员构成不确定的危害，制订相应的安全措施（包括人员自救、保持联络的通信手段等方面措施），并经设备运行管理单位分管领导批准后方可开始巡视工作。巡视工作应至少两人一组，以便互相监护、彼此照应。为了巡视人员万一遇到险情时能得到其他人员救助，巡视中应使用通信设备随时与派出部门之间保持通信联络。

【事故案例】 长时间暴雪天气后引发电杆倾倒，××公司作业人员随杆坠亡事故。

××公司在进行 35kV 断路器跳闸故障处理过程中，由于长时间的暴雪天气导致线路拉力过大，作业人员在进行横担矫正和绝缘子更换时，电杆倾倒，造成 1 人死亡。

5.2.4 高压设备发生接地时，室内人员应距离故障点 4m 以外，室外人员应距离故障点 8m 以外。 进入上述范围人员应穿绝缘靴，接触设备的外壳和构架时，应戴绝缘手套。

【释义】 对于高压来讲，一般单相接地是不跳闸的，以接地点为中心，向四周扩散都存在电场，会在靠近者两腿之间形成电位差，会有电流通过，越靠近短路点两腿间电位差越大，当流经人体电流达到一定程度，就会对人体造成电烧伤，若因此而导致人体坠地，电流通路会发生改变，若流经心脏，就有可能是致命的。

电气设备发生接地时，由于室内钢筋混凝土梁和柱中的钢筋组成的接地网络且室内地面相对干燥，电位下降较快，电流经过 4m 距离的扩散，其外围地面电位已经降低；对于室外电气设备发生接地时，因地表潮湿，地面电位下降缓慢，安全防护要求禁止进入的半径为 8m 以内地面。如的确需要进入上述范围之内，必须穿干燥的绝缘靴。

当电气设备发生接地时，禁止触摸建筑物、设备外壳和架构，从接触点到地面垂直距离与人所站立处的水平距离之间也存在着电位差，人体接触这些部位就会承受接触电压，所以必须戴干燥的绝缘手套。

【事故案例】 ××供电公司发生人员意外触电死亡事故。

××供电公司员工在 10kV××113 线路单相接地故障巡线中，因雷击断线发生意外触电伤亡事故，造成两人死亡。22 日下午，池州郊区马衙镇境内出现雷暴雨天气。16：57，35kV××变电站 10kV××113 线发生单相接地故障。马衙供电所立即通知日常运维单位池州天勤工程有限公司查线。17：40，××变电站站长刘×、配电班长朱××安排两组人员故障查线，18：35，第一组发现四岱岭支线接地故障点并隔离，试送 113 线 1 号-49 号段正常，随后试送 49 号杆柱上断路器，之后，第一组通知第二组赵×（死者）巡线结束。第二组赵×（死者）、姜××（死者）返回时，在 113 线南星支线 1 号 6 杆附近发生雷击断线，两人不幸意外触电死亡。

5.2.5 巡视室内设备，应随手关门。

【释义】 为了防止无关人员擅自进入电气设备室发生误动、误碰电气设备造成人身、设备损坏事故，同时也为了防止小动物窜入设备室，爬到、碰到带电导体引起短路接地事故，因此进出设备室时必须随手关门。

【事故案例】 ××变电站发生小动物爬上母线造成接地事故。

××变电站 201A、201B、101 断路器跳闸，经巡视发现高压室一段母线因老鼠爬上而造成接地而将 2001、2002 隔开之间的三个绝缘子烧损击穿，致使 101、201A、201B 跳闸，6：48 采取一段母线单独运行，将 212 馈线送电，后组织人员拆下烧损的三个支持瓷柱后，于 7：11 214 馈线送电，故障造成两供电臂分别中断供电 97、74min。

5.2.6 高压室的钥匙至少应有 3 把，由运维人员负责保管，按值移交。1 把专供紧急时使用，1 把专供运维人员使用，其他可以借给经批准的巡视高压设备人员和经批准的检修、施工队伍的工作负责人使用，但应登记签名，巡视或当日工作结束后交还。

【释义】 为避免高压电气设备室的钥匙在使用中遗失或非有关工作人员擅自使用进入电气设备室，可能导致误动、误碰电气设备造成人身、设备损坏等事故。因此，高压室门锁的钥匙应有运行人员负责保管，按值移交。

高压电气设备室门锁的钥匙至少应要有 3 把，在事故或紧急情况下，运行值班人员需进入高压电气设备室进行检查、事故处理工作，因此规定其中 1 把钥匙专供紧急情况使用。运行人员在日常的设备巡视、倒闸操作、工作许可、设备验收等工作中会涉及使用高压电气设备室钥匙，因此规定其中 1 把钥匙专供运行人员使用。经批准的巡视高压设备人员检修、施工队伍的工作负责人需借用钥匙进入电气设备室，因此规定其余钥匙可以借给以上人员使用，但必须办理借用手续并进行相关记录，借用人员在完成当天工作后应及时归还钥匙。

5.3 倒闸操作

5.3.1 倒闸操作应根据值班调控人员或运维负责人的指令，受令人复诵无误后执行。发布指令应准确、清晰，使用规范的调度术语和设备双重名称。发令人和受令人应

先互报单位和姓名，发布指令的全过程（包括对方复诵指令）和听取指令的报告时应录音并做好记录。 操作人员（包括监护人）应了解操作目的和操作顺序。 对指令有疑问时应向发令人询问清楚无误后执行。 发令人、受令人、操作人员（包括监护人）均应具备相应资质。

【释义】 电气设备分为运行、备用（冷备用及热备用）、检修三种状态。将设备由一种状态转变为另一种状态的过程称为倒闸，所进行的操作称为倒闸操作。通过操作隔离开关、断路器以及挂、拆接地线将电气设备从一种状态转换为另一种状态或使系统改变了运行方式。

倒闸操作应根据值班调度员或运行值班负责人的操作指令进行。为了防止因误发、误接调度指令而造成误操作事故，要求发布和接受指令时应准确、清晰、使用规范的调度术语和设备双重名称，即设备的中文名称和阿拉伯数字编号（同一个站、所不会出现相同的名称、或相同的编号，是唯一的，两个唯一的组合可以更加保证正确性双方互报单位和姓名）。接受操作指令者应记录指令内容和发布指令时间，接令完毕，应将记录的全部内容向值班调度员复诵一遍，并得到值班调度员认可。发布和接受指令，值班调度员与操作人员包括监护人应了解操作目的和操作顺序以避免误操作，双方应全过程做好录音以备核查。操作人员（包括监护人）对操作指令有疑问时应向值班调度员询问清楚无误后执行。如果认为该操作指令不正确时，应向值班调度员报告，由值班调度员决定原调度指令是否执行。但当执行某项操作指令可能威胁人身、设备安全或直接造成停电事故时，应当拒绝执行，并将拒绝执行指令的理由报告值班调度员和本单位领导。

【事故案例】 ××变电站发生带环流拉隔离开关恶性误操作事故。

220kV××变电站3512××一线进行更换保护、涂 RTV 工作结束后，3512××一线恢复供电。13：07，地调令："将3512××一线由 35kV 甲母倒至 35kV 乙母运行"，操作程序为："采取停电方式操作"。操作人杨××未理解，填写了操作步骤错误的操作票，监护人向××进行了审核。13：21，在倒闸操作中，操作人员先拉开 3512 断路器，合上 3512 乙隔离开关（错误操作，用闸刀将两母线并列），然后拉开 3512 甲闸刀，造成带环流拉闸刀，弧光引起 3512 甲闸刀三相短路，2、3 号主变压器后备保护动作，3502、3503 断路器跳闸，35kV 甲、乙母线失压；14：25，合上 3502 断路器，用 2 号主变压器向 35kV 乙母线充电正常。15：34，恢复 35kV 出线供电。事故损失电量 8.49 万 kW·h，事故同时造成操作人员杨××、监护人向××被弧光灼伤的轻伤事故。该变电站 35kV 部分系统图如图 5-4 所示。

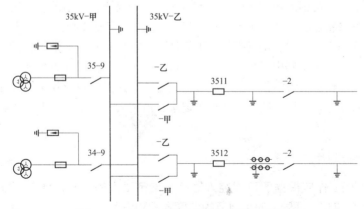

图 5-4　××220kV 变电站 35kV 部分系统图

5.3.2　倒闸操作可以通过就地操作、遥控操作、程序操作完成。 遥控操作、程序操作的设备应满足有关技术条件。

【释义】　就地操作是指在设备现场以电动或手动的方式进行的设备操作。

遥控操作是指远控操作，以电动、RTU、当地功能和计算机监控系统等方式进行的设备操作，只要将控制线引到异地，装上相应的开关或按钮，并加上一些保护闭锁电路。

程序操作是指可编程微机操作，所有的设备必须能电动操作，通过一套可编程微机处理器和用的 PLC 系统指令进行程序化操作，只需要根据操作要求选择一条程序化操作命令，操作的选择、执行和操作过程的校验由操作系统自动完成。

遥控操作和程序操作应满足倒闸操作基本要求，满足电网运行的方式，满足"五防"要求。

【事故案例】　××供电公司人员误将遥控端子错当遥信端子，造成母差保护跳闸事故。

××供电公司 220kV××开关站，工作人员调试新安装的 2246（旁路）监控单元 NSD263 装置时，误将 22464、22465、22466 遥控端子当作遥信端子依次进行传动，由于上述三组隔离开关控制电源保险未按规定取下，又因为 2246-47、2246-27 机械闭锁月牙板与传动轴焊接强度不够，在机构电机作用下开焊失去闭锁作用，致使 22464、22465、22466 隔离开关带接地开关依次合入运行的 220kV 4、5 母和处于检修状态的 6 母（旁母），引发 220kV 4、5 母线相继故障，母差保护动作跳闸，杨柳青电厂 7 号机（300MW）停机。

5.3.3　倒闸操作的分类。

5.3.3.1　监护操作：有人监护的操作。

监护操作时，其中一人对设备较为熟悉者作监护。特别重要和复杂的倒闸操作，由熟练的运维人员操作，运维负责人监护。

【释义】　由两人进行同一项的操作，监护操作时，其中一人对设备较为熟悉者作监护，特别重要和复杂的倒闸操作由熟练的运行人员操作，运行值班负责人监护。监护人和操作人在操作前要做好设备检查及用具准备工作，并做好模拟操作，得到监护人许可后方可操作。在操作过程中，监护人按操作票认真监护，严格执行唱票制度，操作过后项目逐一做记号表示已执行。

【事故案例】　××供电公司变电运行人员误操作触电死亡。

××供电公司××变电站白班，由值班长张××、值班员李××等四人值班。接班后，有三张工作票。10：30，600 断路器工作结束，10：45，600 断路器恢复热备用，但在操作时就未按规程要求执行，未作模拟操作。操作时，未带操作票，班长又让无权操作的学员操作等。11：00，调度下令倒 6kV 母线。甲母线运行，乙母线停电。接令后，班长让值班员李××填写操作票，自己复核并担任监护，也未做模拟操作，就要去 6kV 开关室进行操作，当即被李××制止，但在模拟操作中却极不认真，在模拟板上未拉开 614 号甲隔离开关下，加上了接地线夹子标志，未发现甲隔离开关处于合闸状态。11：00，在控制室的学习人员听到一声巨响，即跑到 6kV 开关室，发现李××倒在 614 号乙隔离开关间隔门口，不见班长。经墙外目击者告知：有一人身上着火从楼上跳下去了，才在室外扩建端找到班长，两人均因烧伤严重（都近 100% 烧伤），抢救无效死亡。事后检查 6kV 乙母线上隔离开关全部在断开位置，乙母线装的一组地线已烧断。6kV 甲母线上出线隔离开关及断路器均在合闸位置，614 的甲乙隔离开关在合闸位置，614 号乙隔离开关间隔设备烧损。有一组地线烧成碎段。检查模拟图板，发现 614 号隔离开关在合位置，乙隔离开关断开，6kV 乙母线上，隔离开关全断开，并装有一地线一组。614 号甲、乙隔离开关下各有地线一组。

5.3.3.2 单人操作：由一人完成的操作。

a) 单人值班的变电站或发电厂升压站操作时，运维人员根据发令人用电话传达的操作指令填用操作票，复诵无误。

b) 若有可靠的确认和自动记录手段，调控人员可实行单人操作。

c) 实行单人操作的设备、项目及人员需经设备运维管理单位或调度控制中心批准，人员应通过专项考核。

【释义】 单人操作是在没有监护下单独从事相关倒闸操作工作，因此应对单人操作的项目、设备的生产条件、安全设施做出严格的规定，同时也要对从事单人操作运行人员的技能、经验进行考核、批准，确保单人操作时设备与人员的安全。

【事故案例】 ××电业局 220kV ××变电站操作人员无操作票单人作业，导致带接地开关误合母线隔离开关的恶性误操作事故。

按调度命令，××变电站开始进行母联兼旁路 600 断路器代 616 运行的操作，在进行母线倒闸操作过程中，运行人员发现两个缺陷：①6121 隔离开关合不到位；②6001 隔离开关拉不开。操作人员随即将缺陷情况汇报省调及变电管理所生技股长郑××（××局变电管理所负责所辖设备的检修和运行工作，变电站生技股分管检修、变电站运行股分管运行）。10：30，郑××带领开关检修班班长邓×和罗××来到××变电站，办理一张工作任务为处理 6001 隔离开关拉不开故障的第二种工作票，工作负责人邓×和工作班成员罗××临时采取措施帮助倒闸操作人员拉开 6001 隔离开关，将 220kV Ⅰ 母转为冷备用。为将 6001 隔离开关故障彻底处理好，15：50，郑××又再次签发工作任务为"220kV ××变电站 6001 隔离开关分不开处理"的第一种工作票，工作负责人为变电管理所开关检修班副班长刘××。按工作票安全措施要求必须合上 220kV Ⅰ 母 6×10-2 接地开关，但郑××考虑到如果按正规手续申请和操作，时间会比较长，就与宝庆变站长蔡××商量自行合上 6×10-2 接地开关，蔡××表示同意。随后，站长蔡××在没有经过调度同意也没有拟写倒闸操作票的情况下单人擅自合上了 6×10-2 接地开关。将 220kV Ⅰ 母转为检修状态，并办理了工作票开工手续，许可开工。17：00左右，6001 隔离开关消缺工作接近尾声，郑××对工作负责人刘××讲："你们终结该工作票（6001 消缺工作）后，再办一张工作票，处理 6121 隔离开关缺陷"，但刘××说 6001 隔离开关的工作还要一会儿才能处理完，并继续清理 6001 隔离开关工作现场。这时，郑××对在现场的蔡××和另外两位工作人员邓×、罗××讲："6121 隔离开关消缺工作要搞，你们去看一下 6121 隔离开关的缺陷"。于是，郑××、邓×、蔡××、罗××四人来到了 6121 隔离开关机构箱旁。同时，郑××看到在刘××的监护下，另一名工作人员王××在试分 6001 隔离开关，就没有向其他人交代，立即往 6001 隔离开关走去看 6001 隔离开关检修情况。郑××离开后，为方便邓×、罗××查看 6121 隔离开关故障情况，蔡××用微机防误装置的紧急解锁钥匙打开了 6121 机构箱门，准备处理 6121 隔离开关缺陷。但蔡××马上想起 6×10-2 接地开关还在合位，也没有向邓×、罗××两人交代，就离去拉 6×10-2 接地开关。邓×、罗××两人检查发现 6121 隔离开关机构的蜗轮蜗杆已脱扣，就用摇把将 6121 隔离开关脱扣部位调整好，邓×想试试 6121 隔离开关能不能合到位，就在不了解现场接线方式，不清楚带电部位，没有采取任何安全措施的情况下盲目按下 6121 隔离开关合闸按钮。由于当时蔡××

还没有来得及拉开 6×10-2 接地开关，造成 220kV Ⅰ 母带接地开关送电，220kV 母差保护动作跳开 220kV 母线所有断路器。事故造成：××变电站 220kV 母线全停，母差保护动作断开××变电站 1 号主变压器 610、2 号主变压器 620、长宝Ⅱ线 608、长宝Ⅰ线 612、金宝线 614 断路器。此外，用户低压释放损失负荷 15MW，电量 0.5 万 kW·h。低周动作切除 8 条 10kV 线路，1 条 35kV 线路，损失负荷 19MW，电量 1.6 万 kW·h。

5.3.3.3　检修人员操作：由检修人员完成的操作。

a）经设备运维管理单位考试合格并批准的本单位的检修人员，可进行 220kV 及以下的电气设备由热备用至检修或由检修至热备用的监护操作，监护人应是同一单位的检修人员或设备运维人员。

b）检修人员进行操作的接、发令程序及安全要求应由设备运维管理单位审定，并报相关部门和调度控制中心备案。

【释义】　检修操作人员应经过相关的倒闸操作制度、调度规程、防止误操作安全管理规定以及现场典型操作票、操作注意事项等项目的培训，并经设备运行单位考试合格、批准后方可在监护人监护下进行 220kV 及以下的电气设备由热备用至检修或由检修至热备用的操作。检修人员进行操作的设备、项目、填写操作票、接发令、复诵、录音、汇报、记录等及安全要求应经设备运行单位总工程师审定，报上级有关部门和相应调度机构备案。

5.3.4　操作票。

5.3.4.1　倒闸操作由操作人员填用操作票。

【释义】　操作票是进行倒闸操作的书面依据，操作人员填写操作票的过程也是熟悉倒闸操作内容和操作顺序的过程，这对防止误操作是一个重要措施。操作前应根据调度下达的命令要求按安全规程、现场运行规程、典型操作票要求核对模拟图，将操作项目按先后顺序填写成操作票。填写操作票应使用规范的调度术语，并严格按照现场一、二次设备标示牌实际命名填写设备的双重名称。

【事故案例】　××供电公司发生人员未按照操作票规定的步骤逐项操作，造成带接地线合隔离开关恶性电气误操作事故。

110kV××变电站变电运行班正值夏××接到现场工作负责人变电检修班陆××电话，"110kV××变电站 10kVⅠ段母线电压互感器及 1 号主变压器 10kV101 断路器保护二次接线工作"结束，可以办理工作票终结手续。14：00，夏××到达现场，与现场工作负责人陆××办理工作票终结手续，并汇报调度。14：28，调度员下令执行将××变电站 10kVⅠ段母线电压互感器由检修转为运行，夏××接到调度命令后，监护变电副值胡××和方××执行操作。由于变电站微机防误操作系统故障（正在报修中），在操作过程中，经变电运行班班长方××口头许可，监控人夏××用万能钥匙解锁操作。运行人员未按顺序逐项唱票、复诵操作，在未拆除 1015 手车断路器后柜与Ⅰ段母线电压互感器之间一组接地线情况下，手合 1015 手车隔离开关，造成带地线合隔离开关，引起电压互感器柜弧光放电。2 号主变压器高压侧复合电压闭锁过电流Ⅱ段后备保护动作，2 号主变压器三侧断路器跳闸，35kV 和 10kV 母线停电，10kVⅠ段母线电压互感器开关柜及两侧的 152、154 开关柜受损。事故损失负荷 33MW。

5.3.4.2　操作票应用黑色或蓝色的钢（水）笔或圆珠笔逐项填写。用计算机开出的操作票应与手写票面统一；操作票票面应清楚整洁，不得任意涂改。操作票应填写设备的

双重名称。 **操作人和监护人应根据模拟图或接线图核对所填写的操作项目，并分别手工或电子签名，然后经运维负责人（检修人员操作时由工作负责人）审核签名。**

每张操作票只能填写一个操作任务。

【释义】 为了对操作票进行规范管理，计算机开出的操作票应与手写票面统一。操作票填写应用黑色或蓝色的钢（水）笔或圆珠笔，个别错漏字须修改时，字迹应清楚，但设备名称、编号、时间、动词不得涂改，以防止操作过程中因操作票票面不清、名称不全等原因造成误操作事故。操作人和监护人应对照模拟图或接线图核对所填写的操作项目，以防止或纠正操作票的错误，核对过程中发现问题应重新核对调度指令及操作任务和操作项目。若操作票存在问题应重新填写操作票。操作人和监护人对操作票审核正确无误后，分别手工或电子签名，电子签名应确保唯一性，然后经运行值班负责人（检修人员操作时由工作负责人）审核签名。

根据同一操作指令而依次进行的一系列相互关联的倒闸操作全过程，称为一个操作任务。本条文的每张操作票是指每份操作票，一份操作票可以包含一个操作任务的若干自然张操作票。

【事故案例】 ××供电公司220kV××变电站操作人员在进行110kV倒母线操作中，使用漏项的错误操作票，发生一起误操作事故。

事故前运行方式：××变电站220kV为双母线单分段接线并列运行，4801断路器及1号主变压器带全站负荷。110kV为双母线单分段接线，1号主变压器110kV侧701断路器，721、723、881、717出线断路器运行于ⅡA母线，718、722、728出线断路器运行于ⅡB母线，ⅡA与ⅡB母线的分段700断路器运行，Ⅰ母与ⅡA母线710联络断路器热备用，Ⅰ母与ⅡB母线720联络断路器热备用。35kV为单母线分段接线，1号主变压器301断路器及出线327断路器、电容器307断路器运行于35kVⅠ母，35kVⅡ母热备用。1月8日上午，××变电站倒母线操作中，操作票填票人李×在操作项中漏填了将主变压器中压侧701断路器由110kVⅡA母线倒至Ⅰ母线运行的操作项目，主值潘××在审票中未发现漏项，接班操作人员副值洪××、主值谷×、站长韩×在审票中仍未发现操作票漏项。"五防"模拟操作中，"五防"闭锁系统未发出任何闭锁和告警提示。实际操作中对所有运行的出线断路器进行了倒母线操作，而未对1号主变压器110kV侧701断路器倒换母线，10：32，拉开110kVⅠ母与ⅡB母母联720断路器时，监控机发"110kVⅠ母TV电压回路断线"文字告警，运行人员未能及时发现，继续拉开了7201、7202闸刀。在准备操作拉开700断路器时发现701断路器负荷潮流指示为零。操作人员发现操作错误后立即停止操作，汇报地调，对110kV所有设备外观进行检查，未发现异常后于10：43，合上110kVⅠ母与ⅡA母线的母联710断路器，恢复Ⅰ母线及所有出线运行。

5.3.4.3 下列项目应填入操作票内：

a) 应拉合的设备［断路器（开关）、隔离开关（刀闸）、接地开关（装置）等］，验电，装拆接地线，合上（安装）或断开（拆除）控制回路或电压互感器回路的低压断路器、熔断器，切换保护回路和自动化装置及检验是否确无电压等。

b) 拉合设备［断路器（开关）、隔离开关（刀闸）、接地开关（装置）等］后检查设备的位置。

c) 进行停、送电操作时，在拉合隔离开关（刀闸）或拉出、推入手车式开关前，检查断路器（开关）确在分闸位置。

d）在进行倒负荷或解、并列操作前后，检查相关电源运行及负荷分配情况。

e）设备检修后合闸送电前，检查送电范围内接地开关（装置）已拉开，接地线已拆除。

f）高压直流输电系统启停、功率变化及状态转换、控制方式改变、主控站转换，控制、保护系统投退，换流变压器冷却器切换及分接头手动调节。

g）阀冷却、阀厅消防和空调系统的投退、方式变化等操作。

h）直流输电控制系统对断路器（开关）进行的锁定操作。

【释义】　为了保证倒闸操作的正确无误，要求操作人员在操作过程中必须对以下项目进行检查确认，并填入操作票内。

a）在接地前应检查响应隔离开关确在断开位置和验明无电压等，以防止发生带电合接地开关或带电挂地线。为了防止电压互感器等发生反送电和保护误动，对必须拆除的控制回路或电压互感器回路的低压断路器、熔断器，以及检修结束后将其恢复等操作，均应填入操作票内。

b）为了保证操作安全、正确，防止设备操作后实际位置未到位或未全部到位时执行下一项操作而造成人为误操作事故，所以要求拉合设备［断路器（开关）、隔离开关（刀闸）、接地开关（装置）等］后检查设备的位置项目必须填入操作票内。

c）断路器（开关）在分闸位置时，可以防止带负荷拉合隔离开关或带负荷误拉出推入手车，防止误操作事故。

d）倒负荷是指将线路（或变压器）负荷转移至其他线路（或变压器）供电的操作。并列是指发电机（调相机）与电网或电网之间在相序相同且电压、频率允许的条件下并联运行的操作；解列是指通过人工操作或保护及自动装置动作使电网中断路器断开，使发电机（调相机）脱离电网或电网分成两个及以上部分运行的过程。并列一般有准同步并列、自同步并列和非同步并列。解列有正常解列和事故解列。并列用的断路器设有同步并列装置。解列用的断路器装有自动解列装置。并列与解列为电力系统的重要操作，若处理不当，可能造成系统事故或损毁设备。因此倒负荷或并列、解列操作前后，必须检查相关电源运行及负荷分配，防止负荷分配不均造成相关电源过负荷，同时应检查并列、解列开关的三相位置。

e）合闸送电前，应检查送电范围内接地开关（装置）已拉开，接地线已拆除，包括检修工作过程中合上或加挂的临时工作接地、个人保安线应全部拉开或拆除，防止发生带接地线合闸误操作事故。

f）高压直流输电系统启停、功率变化及状态转换，控制方式改变、主控站转换，控制、保护系统投退，换流变压器冷却器切换及分接头手动调节等操作项目，直接影响到换流站的运行方式及设备的运行状态，因此必须填入操作票内。

g）直流输电系统的阀冷却、阀厅消防和空调系统的投退、方式变化等操作都有可能影响直流输电系统的正常运行。因此阀冷却、阀厅消防和空调系统的投退、方式变化等操作应填入操作票内。

h）直流输电控制系统对断路器进行的锁定操作能够起到防止误操作的作用，应填入操作票内。

【事故案例】 ××供电公司发生带接地开关送电恶性误操作事故。

××供电局在进行110kV××Ⅱ线停电检修工作恢复送电时，发生一起由于接地开关拉杆与拐臂焊接处在操作中断裂，导致接地开关未与主设备触头完全断开的情况下，带接地开关送电的恶性误操作事故。5月21日，××供电局按照检修计划，安排110kV××Ⅱ线路断路器、电流互感器、耦合电容器、线路保护及线隔离开关进行检修、预试工作。16：43工作结束，××地调调度员首先调令××变电站拆除了110kV××Ⅱ线路接地线。16：45，又调令110kV××变电站："××Ⅱ线由检修转冷备用，即拆除1140××Ⅱ线路接地线"。值班负责人邓××接令后，即命令值班员贾××、张××进行操作，贾××为监护人，张××为操作人，两人按照填写好的操作票在模拟屏上模拟操作后，16：48开始进行实际操作，在现场操作中，贾××帮助扳闭锁钥匙，张××进行操作。16：52操作完毕，即报告值长汇报调度员调令执行完毕。17：23，××变电站按照调令合上1140××Ⅱ线断路器向线路送电时，××Ⅱ线手合加速保护动作，断路器跳闸。与此同时，××变电站值班负责人邓××在控制室听到室外有异常响声，随即进行设备检查，发现110kV××Ⅱ线接地开关未拉开，拉杆与拐臂的焊接处断开，造成110kV××Ⅱ线带接地开关送电恶性误操作事故。110kV××线系统图如图5-5所示。

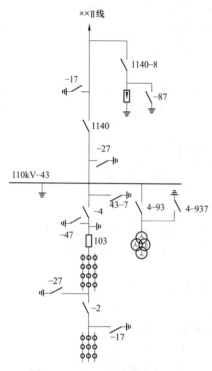

图5-5 110kV××线部分系统图

【事故案例】 ××供电局发生带电合接地开关的恶性误操作事故。

××供电局330kV××变电站值班员在拉开110kV××断路器线侧接地开关操作过程中，误将××线接地开关合上，造成××线带电合接地开关的恶性误操作事故。12月21日，××供电局进行330kV××变电站110kV扩建Ⅱ母母线引流线搭接工作。由于110kV××线断路器与工作点安全距离不够，故将110kV××线由Ⅱ母运行倒至旁母运行，××断路器转检修。11：50，母线搭接工作结束。13：26，地调下令将××断路器检修转运行，旁母运行转冷备用。××变电站操作人孙××，监护人陈××和第二监护人李××在填写完操作票后，在进行模拟操作中防误闭锁系统出现故障，模拟信息无法传输到电脑钥匙，李××经站长同意并登记后，取出解锁钥匙到现场进行操作。13：58，在执行操作票第一项操作"拉开112577××断路器线侧接地开关"时，误将同一构架水泥支柱的112567××线接地开关"五防"锁具解锁，该接地开关在合闸途中对地放电，造成××线短路接地，旁路开关保护接地Ⅰ段、零序Ⅰ段动作跳闸，重合失败。××变电站2号主变压器三侧断路器跳闸（保护装置显示冷却器故障跳闸），事故未造成对外停电。

5.3.5 倒闸操作的基本条件。

5.3.5.1 有与现场一次设备和实际运行方式相符的一次系统模拟图（包括各种电子接线图）。

【释义】 一次系统模拟图（包括各种电子接线图）是变电站设备实际运行方式的体现，运行人员根据设备实际运行方式填写操作票，并校核操作步骤的正确性。倒闸操作开始前，应先在一次系统模拟图（包括各种具备模拟功能的电子接线图）上进行核对性模拟预演，以防止或纠正操作票的错误，避免误操作。模拟预演过程中发现问题，应立即停止，重新核对调度指令及操作任务和操作项目，若操作票存在问题应重新填写操作票。

【事故案例】 2005 年 12 月 21 日，××供电公司运行人员未认真核对设备双重名称，用电脑钥匙与错误位置的"五防"闭锁锁具对位，导致带电合接地开关的恶性误操作事故。

2009 年 4 月 8 日，××供电公司 220kV××变电站运行值班人员在进行 110kV××545 线路由旁路 540 断路器代运行、545 断路器转检修的操作过程中，由于操作人员没有认真唱票、复诵、核对设备双重名称，没有正确使用电脑钥匙进行状态对位和开锁操作，发生了一起带电合接地开关的恶性误操作事故。4 月 8 日上午 7：40，××变值班员执行 D0904008 调令"××变：110kV 旁路 540 断路器代××线 545 断路器运行，545 断路器由运行转检修"的操作。执行完 0904070016 操作票前 64 项，545 断路器已转为冷备用。继续执行第 65 项"在 110kV××线 5453 隔离开关侧验明三相确无电压"时，在吴×监护下，周××在 5453××隔离开关线路侧带电设备上确认验电器完好。然后，吴×站在 5453××隔离开关南侧进行监护，周××站在 5453 隔离开关和 545 断路器之间，复令后开始验电，确认隔离开关侧无电。随后周××开始收验电器，吴×走到 5450 接地开关操作把手前（5450 接地开关与 54530 接地开关操作把手相邻但操作面相差 90°），在未仔细核对设备双重名称的情况下，便左手握住 5450 接地开关的挂锁、右手拿程序钥匙向挂锁插入（本应插在 54530 接地开关挂锁中），同时左手拉动挂锁，此时 5450 接地开关的挂锁锁环断落，程序钥匙未发出语音提示，吴×误以为开锁成功，只是挂锁损坏。锁具开启后，周××将操作杆放到"5450 接地开关"操作手柄上，欲执行第 66 项"合上 110kV 凤临线 54530 接地开关"，吴×下令"合闸"，此时，周××（个人安全防护措施齐全，戴绝缘手套、安全帽，穿棉布工作服、绝缘鞋）未再次确认设备编号，即合上 5450 接地开关，造成接地开关合于正在运行的 110kV 旁路母线，旁路 540 断路器保护动作跳闸。

5.3.5.2 操作设备应具有明显的标志，包括命名、编号、分合指示、旋转方向、切换位置的指示及设备相色等。

【释义】 设备标志是用以标明设备名称、编号等特定信息的标志，由文字和（或）图形及颜色构成。明显标志是指名称、符号足够醒目，含义唯一，安装位置合适。设备的命名、编号标志主要是防止操作人员误入设备间隔。设备相色标志主要便于操作人员正确辨识相序，A 相为黄色，B 相为绿色，C 相为红色，中性点接地是黑色或无色（不标相序漆）。设备的分合指示、旋转方向、切换位置标志主要是便于操作人员辨识设备操作方向、设备位置状态检查，以防止误操作。

【事故案例】 2012 年 4 月 8 日，××供电公司操作人员误入带电间隔，导致带电挂接地线恶性电气误操作事故。

2012 年 4 月 8 日，××供电公司在 220kV××变电站更换 110kV 甲线、乙线及丙线 3 个 110kV 间隔构架拉线绝缘子。甲线和乙线间隔的绝缘子更换工作结束后，监护人、操作人执行 110kV 丙线由运行转检修的操作，因临时增加清扫丙线阻波器绝缘子工作，需要在线路上增加一组临时接地线，经站长同意，监护人、操作人从刚结束工作的乙线间隔拆除临时接地线，错误进入运行中的 110kV 丁线间隔（无票操作，未核对间隔名称、编号，未经验电，未执行操作复诵的情况下），监护人将接地线的地端接在丁线出线架构的接地引下线上，操作人爬上绝缘梯将接地线挂在线路上，造成 110kV 丁线接地，出线架构的接地引下线烧断。监护人被引起的电弧灼伤，操作人站在绝缘梯上未受伤。

5.3.5.3　高压电气设备都应安装完善的防误操作闭锁装置。防误操作闭锁装置不得随意退出运行，停用防误操作闭锁装置应经设备运维管理单位批准；短时间退出防误操作闭锁装置时，应经变电运维班（站）长或发电厂当班值长批准，并应按程序尽快投入。

【释义】　防误操作闭锁装置是利用自身既定的程序闭锁功能，装设在高压电气设备上以防止误操作的机械装置。防误闭锁装置包括微机防误、电气闭锁、电磁闭锁、机械联锁、机械程序锁、机械锁、带电显示装置等。防误闭锁装置应具备"五防"功能：防止误分、误合断路器，防止带负荷分合隔离开关，防止带接地线或接地开关合断路器（隔离开关），防止带电挂接地线或合接地开关，防止误入带电间隔。因此防误装置不得随意退出运行，特殊情况下，防误装置退出时应经相关人员批准，同时应尽量避免倒闸操作。必须进行的倒闸操作应有针对防误装置缺失的安全措施。

【事故案例】　2009 年 8 月 7 日，××供电公司人员在检查防误闭锁装置时，擅自翻越安全围栏并攀爬已设有安全标识的爬梯，造成带电隔离开关对人体放电后坠落死亡事故。

2009 年 8 月 7 日，××供电公司变电运行工区安排综合服务班进行 110kV××变电站微机"五防"系统检查及 110、35kV 线路带电显示装置检查工作。当日工区副主任王××签发了变电站第二种工作票一张，工作内容为"保护室微机五防机装置检查，室外 110、35kV 设备区防误锁检查，线路带电显示装置检查"，计划工作时间为 2009 年 8 月 9 日 8：30～2009 年 8 月 9 日 21：00。

8 月 9 日 9：50，综合服务班班长、该项工作负责人曹×与工作班成员赵××（死者，男，汉族，38 岁，综合服务班技术员兼防误专责）来到××变电站。10：10，工作许可人张××办理了由曹×负责的 200908004 号第二种工作票，并在现场向曹×、赵××交代了安全措施、注意事项及补充安全措施后（工作票中补充安全措施为：①35kV××联线线路带电，562 隔离开关为带电设备，已在 562 隔离开关处设围栏，并挂"止步，高压危险"标示牌 2 块；②工作中加强监护，工作只限在 110、35kV 设备区防误锁及线路带电显示装置处，严禁误登带电设备），工作许可人与工作负责人双方确认签名，工作许可手续履行完毕。工作班成员赵××未在工作票上确认签名，随即两人开始工作。13：15，两人对××联线线路高压带电显示装置控制器检查完毕，判断控制器内 MCU 微处理机元件存在缺陷且无法消除，曹×决定结束工作，并与赵××一同离开设备区。两人到达主控楼门厅，曹×上楼去办理工作票终结手续，赵××留在楼下。随后，赵××独自返回工作现场，跨越安全围栏，攀登挂有"禁止攀登，高压危险！"标示牌的爬梯，登上 35kV 川米联线 562 隔离开关构架。13：30，赵××因与带电的 562 隔离开关 C 相线路侧触头安全距离不够，发生触电后从构架上坠落至地面。站内人员发现后立即联系车辆将伤者送医院救治。19：30，经抢救无效死亡。

5.3.5.4　有值班调控人员、运维负责人正式发布的指令，并使用经事先审核合格的操作票。

【释义】　值班调度员下达操作预令（操作任务布置）后，系统方式有可能发生变化，为了防止运行人员错误地依据操作预令操作酿成事故，所以倒闸操作必须有正式发布的操作指令。为保证操作正确无误，倒闸操作应有经审核、批准合格的操作票，并有值班调度员或运行值班负责人正式发布的指令，复诵无误后执行。

【事故案例】　2004年4月1日，××供电局运行人员使用未经审核合格的操作票，导致带电合接地开关的恶性误操作事故。

9：10，××供电局220kV××站更改201TA变比工作，调度下令将1号主变压器201断路器由运行转检修。当值运行人员接令后，使用上值运行人员填写的操作票，未审核出操作票错误项，在模拟操作时存在疑问时，仍擅自解锁操作且验电位置不正确，造成带电合接地开关的恶性事故，1号主变压器差动保护动作跳闸，10kV Ⅰ段母线失电，站用变压器停电，2号主变压器因风冷全停保护动作跳闸。

5.3.5.5　下列三种情况应加挂机械锁：

a）未装防误操作闭锁装置或闭锁装置失灵的隔离开关手柄、阀厅大门和网门。

b）当电气设备处于冷备用时，网门闭锁失去作用时的有电间隔网门。

c）设备检修时，回路中的各来电侧隔离开关操作手柄和电动操作隔离开关机构箱的箱门。

机械锁要1把钥匙开1把锁，钥匙要编号并妥善保管。

【释义】　a）未装防误闭锁装置或闭锁装置失灵的隔离开关手柄、阀厅大门和网门，在实际现场中不能及时补装或修复防误闭锁装置的情况下，为防止人员误动、误碰，应加装机械锁。

b）当电气设备处于冷备用时，如果使用电气连锁或电磁锁，这时网门是可以打开的，所以应加装机械锁。

c）为防止误拉、误合运行中的电气设备而导致突然来电造成检修人员触电伤亡或造成设备损坏、停电事故，当电气设备处于设备检修状态时，回路中的各来电侧隔离开关操作手柄和电动操作隔离开关机构箱的箱门上应加挂机械锁。

d）机械锁必须有专门的保管和使用制度，机械锁应有编号且一一对应，并定置管理。为防止人员误开启运行设备的机械锁，使用机械锁钥匙应经现场运行负责人批准，并在监护下现场进行核实确认无误后方可使用。机械锁要加强日常检查维护，发现问题及时修理。

【事故案例】　2010年9月26日，××供电公司人员强行打开具有带电闭锁功能的高压计量柜门触电身亡事故。

2010年9月26日8：30，应业扩报装用户××建材有限公司要求，××供电公司客服中心安排客户专责吕××组织对新安装的800kVA箱变进行验收。10：55，吕××带领验收人员××供电公司计量中心吴×、李×、生技部熊××和施工单位（××送变电工程分公司）李××等4人前往现场。到达现场后，吕××电话联系客户负责人，到现场协助验收事宜。稍后，现场人员听见"哎呀"一声，便看到计量中心李×跪倒箱变高压计量柜前的地上，身上着火。经现场施救后送往医院抢救无效死亡。经调查，9月17日，施工人员施工完毕并试验合格，因用户要求送电，施工人员在请示××送变电工程分公司经理薛××同意后，未经供电公司营销部门许可，擅自对箱变进行搭火。9月26日验收过程中，计量中心李×（男，27岁，大专学历，2006年参加工作）独自一人到箱变高压计量柜处（工作地点），没有查验箱变是否带电，强行打开具有带电闭锁功能的高压计量柜门，进行高压计量装置检查，触及带电的计量装置 10kV C 相桩头。

5.3.6 倒闸操作的基本要求：

5.3.6.1 停电拉闸操作应按照断路器（开关）—负荷侧隔离开关（刀闸）—电源侧隔离开关（刀闸）的顺序依次进行，送电合闸操作应按与上述相反的顺序进行。禁止带负荷拉合隔离开关（刀闸）。

【释义】 断路器具有灭弧功能，可用来直接切断或接通回路中的电流。而隔离开关没有灭弧装置，不具备拉、合较大电流的能力，拉、合负荷电流时产生的强烈电弧无法熄灭，可能引起弧光短路，造成人身伤害或设备损坏事故。因此停电拉闸操作应先拉开断路器（开关），禁止带负荷拉合隔离开关。

先拉负荷侧隔离开关的目的是为了防止发生意外情况，若断路器实际上未断开，先拉负荷侧隔离开关，造成带负荷拉闸所引起的故障点在断路器的负荷侧，这样可由断路器保护动作切除故障，把事故影响缩小在最小范围；反之，若先拉母线侧隔离开关，电弧所引起的故障点是在母线侧范围，将导致母线停电，扩大事故范围。另外，负荷侧隔离开关损坏后的检修比母线侧隔离开关损坏后的检修影响停电范围要小。

【事故案例】 2005 年 4 月 22 日，××供电公司操作票填写错误造成恶性误操作事故。

2005 年 4 月 22 日，××供电公司 220kV××变电站在进行 35kV 线路倒闸操作过程中，由于操作人员错误填写操作票（断路器两侧隔离开关操作顺序错误），并违规擅自使用"万能钥匙"解锁操作，造成带环流拉隔离开关，弧光引起隔离开关三相短路，主变压器后备保护动作跳闸，35kV 母线失压，损失电量 8.49 万 kW·h，同时造成操作人和监护人被弧光灼伤。

5.3.6.2 现场开始操作前，应先在模拟图（或微机防误装置、微机监控装置）上进行核对性模拟预演，无误后，再进行操作。操作前应先核对系统方式、设备名称、编号和位置，操作中应认真执行监护复诵制度（单人操作时也应高声唱票），宜全过程录音。操作过程中应按操作票填写的顺序逐项操作。每操作完一步，应检查无误后做一个"√"记号，全部操作完毕后进行复查。

【释义】 模拟预演（模拟操作）是为保障倒闸操作的正确和完整，在进行倒闸操作前将已拟定的操作票在模拟图（或微机防误装置、微机监控装置）上按照已定操作程序进行的演示操作。若模拟预演过程中发现问题应立即停止，重新核对调度指令及实际电系情况，如操作票存在问题应重新填写操作票。复诵制度是唱票、复诵制度，指监护人根据操作票内容（或事故处理过程中确定的操作内容）逐项朗诵操作指令，操作人将监护人的唱票内容逐条复述并得到监护人的认可，全过程宜录音，即从调度发令到操作汇报整个过程（包括模拟图板预演、唱票、复诵、操作检查等工作），操作过程中的录音应清晰、连续，不得无故中断，有条件的可以全程录像。

监护人在按顺序操作完每一步，经检查无误后（如检查设备的机械指示、信号指示灯、表计变化等），以确定设备的实际分合位置，做一个"√"记号，再进行下步操作内容。进行打勾的目的是防止漏步、跳步操作，且打勾也是设备操作后进行状态的确认。倒闸操作全部完毕经检查无误后，应在操作票上填入操作结束时间，报告调度员操作执行完毕。

【事故案例】 2009 年 6 月 9 日，××电业有限公司 35kV××变电站员工在进行电气操作时发生一起带负荷拉隔离开关的恶性误操作事故。

2009 年 6 月 9 日 16：05，××电业有限公司调度室调度员吴××电话命令 35kV××变电站值班员王××，要求将电锌厂 107 线路由运行状态转为检修状态（电锌厂要求停电处理电解槽的电缆）。××电业有限公司 35kV××变电站值班员王××接到调度命令后，即与同班的值班员何××商量决定，电气操作票由何××填写并担任监护人，电气操作由王××负责操作。电气操作票填好后，16：15 王××到操作现场进行操作，当时，何××正在工具柜处拿接地线、验电器和绝缘工具，而王××在没有按照规定对电气操作票进行预演和复诵的情况下便执行操作，且只凭指示灯不亮就确定 107DL 油断路器在完全断开的情况下，就拉 1071 隔离开关，在拉 1071 隔离开关时，1071 隔离开关触头出现了较大的电弧，引起了 2 号主变压器和××103、电锌厂 106 油断路器跳闸，从而发生了带负荷拉隔离开关的恶性误操作事故。事故发生后，××电业有限公司及时组织有关人员对事故现场进行处理。16：25 恢复 2号主变压器供电，19：36 恢复了××103 和电锌厂 107 线路供电。

5.3.6.3　监护操作时，操作人在操作过程中不准有任何未经监护人同意的操作行为。

【释义】　操作人在操作过程中未经监护人同意进行操作，容易引发误操作，所以操作人在操作过程中不准有任何未经监护人同意的操作行为，监护人要全过程监护操作，监护人不得随意离开操作现场。

【事故案例】　2007 年 4 月 4 日，××公司因操作人员对操作不熟悉，由监护人代替操作，导致带接地开关合断路器造成 1 号主变压器损坏事故。

2007 年 4 月 4 日 16：00 左右，330kV××变电站 10kV 1 号主变压器及三侧断路器，220kV 甲母线，以及 1 号站用变压器春检预试、检修、保护校验工作全部完工，具备加运条件。19：06，按网调令 1 号主变压器由检修转运行。21：55，站调口令：1 号站用变压器检修转运行，3 号站用变压器带 380V Ⅱ 段母线运行，操作票编号 200704036 号，操作人孔××、监护人李××、第二监护人张××（站技术员）、第三监护人薛××（工区专责）。21：57，正式开始操作。运行人员按照操作票顺序，约 22：04 左右，来到 10kV 配电室，执行操作票第 10 项操作"拉开 151 丁隔离开关（151 开关柜内接地开关）"，操作人员在操作前现场检查"接地开关合位"红灯亮、"接地开关分位"绿灯灭。但操作人对操作不熟悉，由监护人代替进行了操作，在执行"拉开 151 丁隔离开关"后，运行人员检查"接地开关合位"红灯灭，"接地开关分位"绿灯亮（操作票第 11 项）。在"检查 1 号站用变压器回路无地线"（操作票第 12 项）后，接着进行"推入 151 断路器手车至工作位置"（操作票第13 项操作），在小车断路器摇入过程中操作人感觉有点吃力，第二监护人张某便帮助其操作，将小车断路器摇出约 5cm 后，将 151 断路器小车摇到位。22：13，运行人员远方操作合 1 号站用变压器 151 断路器时，主控警铃、喇叭响，1 号主变压器 A 柜差动保护动作，3320、3322、2201、101 断路器跳闸，本体轻瓦斯保护动作，1 号站用变压器 RCS-9621 保护过电流 Ⅰ 段动作。

5.3.6.4　远方操作一次设备前，宜对现场发出提示信号，提醒现场人员远离操作设备。

【释义】　因变电站的遥视系统不一定能起到应有的作用，远方操作人员不清楚现场情况，因此远方操作人员应和现场人员提前沟通，通知现场人员远离设备。

5.3.6.5 操作中发生疑问时，应立即停止操作并向发令人报告。待发令人再行许可后，方可进行操作。不准擅自更改操作票，不准随意解除闭锁装置。解锁工具（钥匙）应封存保管，所有操作人员和检修人员禁止擅自使用解锁工具（钥匙）。若遇特殊情况需解锁操作，应经运维管理部门防误操作装置专责人或运维管理部门指定并经书面公布的人员到现场核实无误并签字后，由运维人员告知当值调控人员，方能使用解锁工具（钥匙）。单人操作、检修人员在倒闸操作过程中禁止解锁。如需解锁，应待增派运维人员到现场，履行上述手续后处理。解锁工具（钥匙）使用后应及时封存并做好记录。

【释义】 操作中发生疑问时（包括多方面的原因，比如由于设备的原因无法进行操作、操作过程中发现操作顺序不合理、发生异常或事故等现象），应立即停止操作，重新核对操作步骤及设备编号的正确性，查明原因，并向值班调度员或值班负责人报告。在查明原因或排除故障后，经发令人同意许可方可继续进行操作。不准擅自更改操作票，不准随意解除闭锁装置。

可用于解除防误装置闭锁功能的工具（钥匙）应有专门的保管和使用制度，所有操作人员和检修人员禁止擅自使用解锁工具（钥匙）。若遇特殊情况需解锁操作，应由设备所属单位的运行管理部门防误专责人到现场确认无误并同意签字后，由变电站或发电厂值班员报告当值调度员方可解锁操作。因为单人操作没有监护人员，无法为其操作的正确性进行把关，检修人员擅自解锁后可能在带电设备上工作危及人身安全，因此单人操作、检修人员在倒闸操作过程中禁止解锁。如确实需解锁，只有等待增派运行人员到达现场履行本条有关解锁的手续后方能实施解锁工具（钥匙），每次使用后应立即封存、填写记录并按值移交。

【事故案例】 5月27日，××供电分公司变电站运行人员在进行线路转运行操作过程中，擅自强制解锁，发生电弧灼伤事故。

5月27日上午9：00，××供电分公司××变电站运行人员宋××操作小班接班。10：30，宋××到调度室接受操作任务。当天的工作任务为：××变电站城7××线、城8××线两条10kV线路从检修改运行；配合10kV线路翻负荷操作（站内10kV分段从热备用改运行，站外拉开一把杆刀）；10kV分段从运行改检修；城13××线从运行改检修。10：30宋××在调度室接受任务后，先吃过午餐，于11：00到达××变电站。由于两人都带有解锁钥匙且曾经有过擅自解锁的经历（据了解两人于2003年9月组成操作小班时，宋××就给了潘××一把"五防"解锁钥匙，钥匙来源于变电站"五防"改造施工现场），因此当12：02到控制室接受调度城13××线操作指令后，两人即在模拟图板上进行不需要电脑钥匙操作步骤回送的状态修改，随后到开关室内将操作票放在一边，边录音边解锁操作。在一起执行完"取下城13××线重合闸压板、拉开城13××断路器、拉开城13××线路闸刀"操作步骤后，两人分开，操作人在城13××线刀仓打开网门挂接地线，监护人宋××则径直走到城13××线母刀仓，在没有拉开城13××母线闸刀的情况下解锁打开母刀仓网门，又未验电直接在断路器母刀侧挂接地线，造成10kV二段母线相间短路，引起2号主变压器过电流跳闸，监护人宋××被电弧严重灼伤。

5.3.6.6 电气设备操作后的位置检查应以设备各相实际位置为准，无法看到实际位置时，应通过间接方法，如设备机械位置指示、电气指示、带电显示装置、仪表及各种遥测、遥信等信号的变化来判断。判断时，至少应有两个非同样原理或非同源的指示发生对应变化且所有这些确定的指示均已同时发生对应变化，方可确认该设备已操作到位。 以上检查项目应填写在操作票中作为检查项。 检查中若发现其他任何信号有异常，均应停止操作，查明原因。 若进行遥控操作，可采用上述的间接方法或其他可靠的方法判断设备位置。

【释义】 为防止电气设备操作后发生漏检查、误判断而造成误操作事故，电气设备操作后的位置检查应以电气设备现场实际位置为准（如敞开式三相的隔离开关、接地开关等），并将以上检查项目应作为检查项填写在操作票中。当仪表指示与设备实际位置不一致时应以设备实际位置为准。在无法看到设备实际位置时，可以依据间接指示（设备机械位置指示、电气指示、带电显示装置、仪器仪表、遥测、遥信等指示）来确定设备位置，为了防止一种或几种指示显示不正确等情况而造成误判断，操作后位置检查应检查两个及以上非同样原理或非同源的指示发生对应变化，且所有指示均已同时发生对应变化才能确认该设备已操作到位。任何一个信号未发生对应变化均应停止操作；查明原因，否则不能作为设备已操作到位的依据。对应变化是指为了完成操作目的，设备操作前后的指示有了相应的变化。

【事故案例】 2月24日，220kV ××变电站运行人员操作时因断路器位置判断错误发生带电分隔离开关，并造成人身灼伤事故。

2月24日12：34：47，220kV××变电站10kV×× Ⅱ回906（接于10kV Ⅱ段母线）线路故障，906线路保护过电流Ⅱ段、过电流Ⅲ段动作，断路器拒动。12：34：49××变电站2号主变压器10kV侧电抗器过电流保护动作跳2号主变压器三侧断路器，5s后（12：34：54）10kV母分备自投动作合900断路器成功（现场检查906线路上跌落物烧熔，故障消失）。1、2号站用变压器发生缺相故障。值班长洪××指挥全站人员处理事故，站长陈××作为操作监护人与副值班工刘××处理906断路器柜故障。洪××、陈××先检查台监控机显示器：906断路器在合位，显示线路无电流。12：44在监控台上遥控操作断906断路器不成功，陈××和刘××到开关室现场操作"电动紧急分闸按钮"后，现场断路器位置指示仍处于合闸位置；12：50回到主控室汇报，陈××再次检查监控机显示该断路器仍在合位，显示线路无电流；值班长洪××派操作人员去隔离故障间隔，陈××、刘××带上"手动紧急分闸按钮"专用操作工具准备出发时，变电部主任吴××赶到现场，三人一同进入开关室。13：10操作人员用专用工具操作"手动紧急分闸按钮"，断路器跳闸，906断路器位置指示处于分闸位置，13：18由刘××操作断9062隔离开关时，发生弧光短路，电弧将操作人刘××、监护人陈××及变电部主任吴××灼伤。经××市第一医院诊断，吴××烧伤面积72%（其中Ⅲ度44%），刘××烧伤面积65%（其中Ⅲ度33%），陈××烧伤面积Ⅱ度10%。事故后现场检查发现：906断路器分闸线圈烧坏，操动机构A、B相拐臂与绝缘拉杆连接处松脱，906断路器C相主触头已断开，A、B相仍在接通状态。综自系统逆变电源由于受故障冲击，综自设备瞬时失去交流电源，监控后台机通信中断，监控后台机上不能实时刷新900断路器备自投动作后的数据。

5.3.6.7 继电保护远方操作时，至少应有两个指示发生对应变化且所有这些确定的指示均已同时发生对应变化，才能确认该设备已操作到位。

【释义】 继电保护远方操作时，为了防止一种或几种指示显示不正确等情况而造成误判断，操作后位置检查应检查两个及以上指示发生对应变化且所有指示均已同时发生对应变化才能确认该设备已操作到位。

【事故案例】 ××电力局远动班工作人员在进行隔离开关遥控合闸试验，工作中带接地线合闸，造成误操作事故。

××变电站110kV副母、110kV旁母、110kV旁路断路器、110kV母联断路器均在检修状态，1433线、1431线开关线路也在检修状态，1、2号主变压器110kV均正母运行，其他各110kV出线均正母运行状态，部分系统图如图5-6所示。工作内容为以上检修状态设备一、二次检修，1433、1431线测控装置插件调换、调试。工作班人员到现场后，一、二次工作均按工作票要求执行安全措施，其中1433、1431线遥控出口回路连接片均取下。14∶44，远动班人员在测控屏上进行1433正母闸刀遥控合闸试验时，在遥控连接片取下的情况下，由于闸刀遥控回路设计上存在问题，使1433线正母闸刀误动，造成带接地线合闸刀。此时，××变电站110kV母差保护动作，跳开110kV正母上所有运行断路器，事故造成110kV××变电站、××变电站全停，总计少送负荷90MW左右。事故发生后，当值人员立即对110kV母差保护范围内设备进行检查，发现1433线正母闸刀在合上位置，断路器与母线闸刀间接地线C相铜线与螺栓连接处烧断，其余设备无明显异常现象，并立即汇报调度。15∶30事故处理完毕，全部恢复送电。在检查1433线二次回路设计图时，发现正母闸刀二次回路遥控出口连接片并接于闸刀操作机构远方/就地转换ZK，当断路器机构箱转换ZK在远方位置，直接短接了1433线正母闸刀连接片出口回路，造成事故的发生。

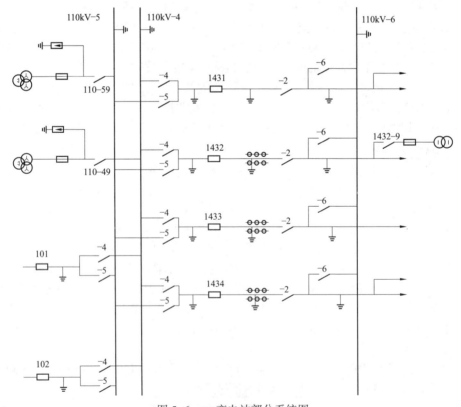

图5-6 ××变电站部分系统图

5.3.6.8 换流站直流系统应采用程序操作，程序操作不成功，在查明原因并经值班调控人员许可后可进行遥控步进操作。

【释义】 换流站直流系统的状态转换复杂，转换过程中需要进行大量的状态量检查，而某些状态量需要通过控制保护系统的程序来判断，且直流系统的解锁、闭锁必须通过程序操作完成。当程序操作不成功时，运行人员查明是否为控制系统故障情况并经调度值班员许可后进行遥控步进操作，如果不满足极状态转换条件或一次设备故障时，不可强行进行步进操作，且进行遥控步进操作时需严格按照程序（顺序控制）操作的顺序进行。

5.3.6.9 用绝缘棒拉合隔离开关（隔离开关）、高压熔断器或经传动机构拉合断路器（开关）和隔离开关（刀闸），均应戴绝缘手套。 雨天操作室外高压设备时，绝缘棒应有防雨罩，还应穿绝缘靴。 接地网电阻不符合要求的，晴天也应穿绝缘靴。 雷电时，禁止就地倒闸操作。

【释义】 绝缘棒受潮会产生较大的泄漏电流，危及操作人员的安全。为了避免所使用的绝缘棒受潮带来的危害，操作人员应戴绝缘手套，雨天操作室外高压设备时，还应穿绝缘靴，防止跨步电压带来的危害。绝缘棒加装防雨罩是为了将顺着绝缘杆流下的雨水阻断，使其不至于形成一个连续的水流柱而大大降低湿闪电压，同时可以保持一段干燥的爬电距离，以保证湿闪电压合格。加装防雨罩必须保证罩的上口和绝缘的部分紧密接触、无渗漏，如图5-7所示。

图5-7 加装绝缘罩的绝缘棒

雷电时，设备遭受直击雷和感应雷的机率较高，雷电过电压以及开合雷电流时可能会对设备和人员安全造成危害，因此，禁止雷电时在就地进行倒闸操作。

【事故案例】 2014年9月17日，××供电局员工未拉开高压隔离开关作业，造成人身触电身亡事故。

2014年9月17日，在"海鸥"台风抢修复电过程中，××供电局××供电所配电二班班长朱×在发现10kV××线市区B台区公共变压器B相高压跌落式熔断器故障后，未用绝缘棒拉开台变高压隔离开关，未办理工作票，未验电、挂接地线，未戴绝缘手套、安全帽和未系安全带登上高压带电的配电变压器台架，冒险触碰变压器高压侧B相接线柱上的螺钉，漏电流从左手经心脏到接触变压器外壳的腹部形成放电回路，造成触电死亡。

5.3.6.10 装卸高压熔断器，应戴护目眼镜和绝缘手套，必要时使用绝缘夹钳，并站在绝缘垫或绝缘台上。

【释义】 防护眼镜是个体防护装备中重要的组成部分，按照使用功能可分为普通防护眼镜和特种防护眼镜。防护眼镜是一种特殊型眼镜（见图5-8），它是为防止放射性、化学性、机械性和不同波长的光损伤而设计的，常见的有防尘眼镜、防冲击眼镜、防化学眼镜和防光辐射眼镜等多种。在装卸高压熔断器时，可能会产生强烈电弧，容易造成操作人员灼伤眼睛或人身触电，因此应佩戴防光辐射的护目眼镜和绝缘手套。绝缘夹钳（见图5-9）是用来安装和拆卸高压熔断器或执行其他类似工作的工具，由工作钳口、绝缘部分和握手三部分组成，各部分都用绝缘材料制成，所用材料与绝缘棒相同，只是工作部分是一个坚固的夹钳，并有一个或两个管型的开口，用以夹紧熔断器。使用绝缘夹钳可使高压熔断器与操作人员保持安全距离，阴雨天气在户外设备上使用时不得使用无绝缘伞罩的绝缘夹钳，操作时还应站在绝缘垫或绝缘台上。

图 5-8　护目眼镜

图 5-9　绝缘夹钳

操作高压熔断器多采用绝缘杆单相操作，分或合高压熔断器时不允许带负荷，如发生误操作产生的电弧会威胁人身及设备的安全。为防止可能发生的弧光短路事故，操作高压熔断器的顺序为：拉开时应先拉中间相，后拉两边相（且其中先拉下风相）；合闸时应先合两边相（且其中应先合上风相），再合中间相。

【事故案例】　2000 年 7 月 1 日，××供电局员工直接用手装设熔断器，导致被电击伤事故。

2000 年 7 月 1 日 9：20，××供电局配电事故抢修班接到市农机学校的报修电话，该校生活用 10kV 配电变压器跌落式熔断器三相均脱落。9：30 左右，抢修班人员张××、崔××到达现场，经初步检查发现，变压器高压桩头有放电痕迹，地面上有被电弧烧死的一只老鼠，判断为老鼠引起的高压三相短路。两人卸下熔断器、更换熔丝后，重新装设熔断器欲恢复供电。张××先将 C 相熔断器用令克棒挂上，在挂 A 相熔断器时，因设备锈蚀等原因，熔断器 A 相未能用令克棒挂上。张××随即爬上变压器支架，由于未戴绝缘夹钳，张××直接用手装设熔断器，此时因 C 相熔断器未取下，张××在攀爬过程中，左手抓握变压器 A 相高压桩头时，触电从变压器支架上跌落，左手、腹部、双膝关节处被电击伤。

5.3.6.11　断路器（开关）遮断容量应满足电网要求。如遮断容量不够，应用墙或金属板将操动机构（操作机构）与该断路器（开关）隔开，应进行远方操作，重合闸装置应停用。

【释义】　遮断容量又称断流容量，它是指高压断路器等设备断开短路电流能力的一项技术数据，与额定开断电流一样，是表征断路器开断能力的参数。在额定电压下，断路器能保证可靠开断的最大短路电流，就是额定开断电流，其单位用断路器触头分离瞬间短路电流周期分量有效值的千安数表示，断路器的额定开断电流与额定电压乘积的根号三倍，就是遮断容量。由于高压电流在断开的过程中产生电弧，即使断路器触头分开，但电路并未断开，必须消弧才能完全断开电路电流，因此把断路器完全断开电路电流称为遮断。如果断路器（开关）遮断容量不能满足装设地点短路容量的要求，那么在切、合大的故障电流时有发生设备爆炸的危险，因此应将操动机构（操作机构）用墙或金属板与该断路器（开关）隔开，还应采用远方遥控操作方式，并停用重合闸装置。

【事故案例】　2016 年 9 月 12 日，××110kV 变电站 5 号断路器遮断容量不满足装设地点的短路容量的要求，导致该断路器爆炸事故。

2016 年 9 月 12 日 9：37，××110kV 变电站 10kV 5 号出线过电流三段保护动作，导致断路器跳闸，随后重合闸成功。10：44，10kV 母联分段断路器过电流一段动作（10kV 出线采用单母线分段的连接方式），母联分段断路器跳闸，5 号线断路器爆炸，断路器手车上方母线桥顶部金属盖板炸飞，但是 5 号线保护始终没有动作。经检查 10kV 5 号输电线路，在线路末端一处分支发现有一用户的 10 kV 配电变压器在 9：30 停电，低压侧电能表短路着火，高压侧三相跌落式熔断器烧坏，在线路出线端处三相短路时，电流的最大瞬时值高达额定电流的 10~15 倍，而绝对值可达上万安培，甚至十几万安培，导致断路器爆炸。

5.3.6.12 电气设备停电后（包括事故停电），在未拉开有关隔离开关（刀闸）和做好安全措施前，不得触及设备或进入遮栏，以防突然来电。

【释义】 电气设备停电（包括事故停电）后，因为反送电、误操作等原因，随时都有突然来电的可能，如果此时工作人员触及设备或进入遮栏工作，很可能发生人身触电事故。因此只有将断路器两侧的隔离开关拉开，形成明显断开点，设备两侧合接地开关或挂地线并做好安全措施后，才能认为设备处于不带电的安全状态。

【事故案例】 3 月 14 日，××送变电工程公司发生反送电人身触电身亡事故。

3 月 14 日，送变电工程公司承包西二线 16~38 号区段支线进行换线改造工作。8：30 工作许可人丁××许可送变电公司开始工作。接到许可命令后，停复电联系人、工作负责人命令现场有关施工人员，先低压验电，后对上层高压验电，验明无电后在西二线 16 号和丰庆支 8 号各挂接地线一组，并将 37 号杆变压器高压引下线拆除。9：30 开始工作。12：50，田××、于××及李×在西二线 37 号杆丰庆支工作，在用绳吊线夹时，线夹挂在下层 380V 导线上，李×遂用手取，此时低压线路有电，李×触电后，由于安全带控制未掉下，仰躺在低压线路上。发现触电后，经查找电源点，发现今日世界娱乐有限责任公司配电室为返送电源。拉开该电源后，公网无电，将李×救下并用救护车送省人民医院，经抢救无效死亡。

5.3.6.13 单人操作时不得进行登高或登杆操作。

【释义】 登高或登杆作业具有一定危险性且单人登高或登杆操作时操作人的注意力集中在操作上，对周边环境和危险点难以全面把控，容易造成高处坠落。而且单人操作时，一旦发生事故，无人进行及时救护，所以，在没有监护的情况下禁止单人操作。

【事故案例】 2006 年 6 月 10 日，××供电公司发生独自登高人身死亡事故

2006 年 6 月 10 日上午，××供电公司变电管理所检修人员在 35kV××变电站进行 35kV 312-2 隔离开关消缺工作。运行人员在巡视设备时发现 311 断路器及 311-4 隔离开关接头过热。与调度联系后，操作人员将 311 断路器及 311-4 隔离开关由运行转检修。因 312-2 隔离开关消缺工作未办理工作终结手续，311 断路器及 311-4 隔离开关的消缺工作未开具工作票。操作队队长吕××安排靳××（死者，31 岁，1997 年参加工作，变电值班员）和其一起对 311 断路器粘贴试温蜡片。靳××在吕××去拿试温蜡片时，独自登梯高 2m 的人字梯，身体失稳，从 1m 多高处跌落，安全帽脱落，右后脑撞击断路器基础右角处，导致脑颅损伤并伴有大量失血而死亡。该变电站部分系统图如图 5-10 所示。

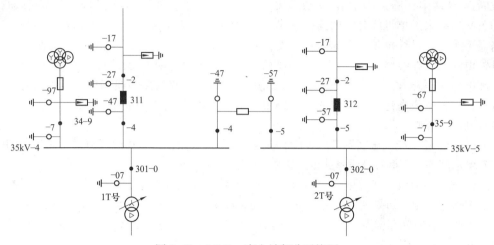

图 5-10　35kV××变电站部分系统图

5.3.6.14　在发生人身触电事故时，可以不经许可，即行断开有关设备的电源，但事后应立即报告调度控制中心（或设备运维管理单位）和上级部门。

【释义】　当危及人身安全和发生人身触电事故时，应坚持以人为本，把保护人的生命放在第一位，运行人员可以不经调度许可，自行切断相关电源设备进行紧急处理，但事后应立即向调度（或设备运行管理单位）和上级部门报告。

【事故案例】　××发电公司运行人员发生触电身死亡事故。

××发电公司运行人员发现 5 号机除尘 A 变压器温控仪故障，通知检修人员处理。10：37，变配电班刘××开具工作票，16：20，办理开工手续。19：40，变配电班刘××（工作负责人）和钟××（死者，男 32 岁）到现场开始工作。由于该变压器温控器和 4 个冷却风机共用一个 16A 低压断路器，初步判断某个冷却风机故障造成低压断路器跳闸，温控器面板电源失去。为便于今后检修和故障判断，将 4 台冷却风机电源改为由 4 个 3A 空气开关分别控制。工作中进一步确认，一台冷却风机风扇卡死且电动机线圈开路。21：20，刘某回班组找风机备品，离开时向钟某交代让其休息等待。22：10，刘某回到配电室，发现钟某趴倒在地，面部周围有血迹，左手拿一根导线，身下压有一根导线。刘某判断其触电，立即切断电源并打电话呼救，随后同赶到现场的运行人员轮流用心肺复苏法进行抢救。22：23，公司值班医生和救护车到达现场进行急救，并随即送往医院，在医院抢救后，确认钟××已无生命体征，诊断死亡。

5.3.6.15　同一直流系统两端换流站间发生系统通信故障时，两换流站间的操作应根据值班调控人员的指令配合执行。

【释义】　正常工作状态下，同一直流系统两端的换流站信息是通过通信通道进行数据交换，两端换流站配合的操作由控制系统自动完成。当两站之间发生通信故障时，两端换流站无法判断对方运行状态等信息准确性，控制系统无法自动完成，需两端换流站配合的操作，此时一般应停止操作。当系统需要进行操作时，为保证操作顺序正确，防止出现输电侧解锁、受电侧未解锁等故障，两站间的操作应根据值班调度员的指令配合进行。

5.3.6.16　双极直流输电系统单极停运检修时，禁止操作双极公共区域设备，禁止合

上停运极中性线大地/金属回线隔离开关（隔离开关）。

【释义】 当双极直流输电系统单极停运检修时，另一极处于运行状态，双极公共区域设备为运行设备，若操作双极公共区域设备，将可能造成运行中的一极闭锁，故此时禁止操作双极公共区域设备。若合上停运极中性线大地/金属回线隔离开关，将造成检修中的直流极与运行极的接地极回路相连且流过相应的运行电流造成设备和人身危险。

5.3.6.17 直流系统升降功率前应确认功率设定值不小于当前系统允许的最小功率，且不能超过当前系统允许的最大功率限制。

【释义】 当直流电流的平均值小于某一定值时，直流电流波形可能出现间断，即直流电流出现断续现象。这种电流断续的状态对于直流输电工程是不允许的，因为电流断续将会造成换流变压器、平波电抗器等电感元件上产生很高的过电压。因此直流输电工程规定有最小直流电流限值，不允许直流运行电流小于此限值。当功率大于系统允许的最大功率时，谐波电流将增大，会影响设备使用寿命，增大对水冷等辅助设备的使用要求，对安全运行造成较大压力，同时也增加了谐波的干扰水平。

【事故案例】 2007 年 10 月 27 日，××输变电公司 220kV ××变电站直流系统装置不正确动作，导致变电站全站停电事故。

2007 年 10 月 27 日上午，××输变电公司 220kV ××变电站发生一起由于外包作业人员不规范作业，误入有电间隔，引起 110kV 副母线放电的电气故障，并由于站内直流系统装置不正确动作，导致 220kV 四回电源线路保护动作跳闸，变电站全站停电。事故受损负荷 11 万 kW。220kV ××变电站××1162 回路进行断路器小修预试、电流互感器调换及线路闸刀大修工作，由××送变电工程公司承接施工，工作票工作负责人为超高压公司检修西部的检修人员。经现场工作许可后于 9：20 开始工作。工作负责人在交待完安全措施后，吩咐作业人员做起吊电流互感器的钢丝绳准备工作，××送变电施工人员监护人在下层布置工作时，擅自扩大准备工作范围，误从上层走廊将钢丝绳施放至临近运行中的××1161 线路间隔，先后触及××1161 C 相断路器线路侧和母线侧有电部位，分别造成××1161 线路（电缆线路无重合闸）和 110kV 副母故障，110kV 母差保护动作后发生直流分屏上中央信号直流小开关跳闸，导致 220kV 电压互感器闸刀切换直流电源失却，距离保护失压动作出口，致使××4101、4102，××4127、4128 四回电源线先后跳闸，造成 220kV ××变电站全停。本次事故扩大的直接原因是直流分屏上中央信号电压切换直流小开关跳开所致。该小开关跳开导致从其上引接直流电源的 220kV 电压互感器闸刀切换直流电源消失，从而引发 220kV 电压小母线失电，由于 CSL-101A 保护启动元件动作在第一次故障后均尚未返回，导致保护动作。直流分屏上直流小开关跳开的原因经检查分析认为其下属回路在本次故障过程中有短路等原因导致电流过大，造成小开关跳闸。

5.3.6.18 手动切除交流滤波器（并联电容器）前，应检查系统有足够的备用数量，保证满足当前输送功率无功需求。

【释义】 在直流输电系统中，为了滤除直流控制系统产生的谐波以避免对交流输电系统带来不良影响，同时补偿直流控制系统消耗的无功功率，在直流系统运行过程中必须投入一定数量的交流滤波器（必须满足交流滤波器组数最小运行方式），交流滤波器由电容、电抗和电阻串并联组成。因此，手动切除交流滤波器前应检查系统满足最小无功配置原则，防止发生强迫停运或降功率的情况。

5.3.6.19 交流滤波器（并联电容器）退出运行后再次投入运行前，应满足电容器放电时间要求。

【释义】 交流滤波器未达到放电时间（通常在 3~10min）便再次投入运行，这时交流滤波器的剩余电压不能降至允许值，将使交流滤波器在带有一定电荷的情况下又重新充电，致使交流滤波器因过电压超过允许值而损坏。

5.3.7 下列各项工作可以不用操作票：

a) 事故紧急处理。

b) 拉合断路器（开关）的单一操作。

c) 程序操作。

上述操作在完成后应做好记录，事故紧急处理应保存原始记录。

【释义】 事故紧急处理是指在日常生产和生活中在发生危及人身安全或财产安全的紧急状况或事故时，为迅速解救人员、隔离故障设备、调整运行方式，以便迅速恢复正常运行的操作过程。为了提高事故处理的速度，减少事故损失，事故应急处理时可以不用填操作票，但应执行操作监护制度和对事故处理的过程做好详细的记录，并保存原始记录，以便于管理和事故调查。

拉、合断路器的单一操作比较简单，因此可以不用操作票，但必须执行操作监护制度和做好记录，以便于管理。

5.3.8 同一变电站的操作票应事先连续编号，计算机生成的操作票应在正式出票前连续编号，操作票按编号顺序使用。作废的操作票，应注明"作废"字样，未执行的应注明"未执行"字样，已操作的应注明"已执行"字样。操作票应保存一年。

【释义】 操作票的连续编号和按编号顺序使用是为了加强操作票统计和管理，也有利于防止误操作和事故调查。为了保证操作票编号的连贯性，有利于上接下转，防止散落丢失。为防止错用已作废或未执行的操作票而发生误操作事故，对作废或未执行的操作票应及时盖"作废"章或"未执行"章，并注明作废或未执行原因。操作完毕并全面检查无误后，应在操作票上填入操作结束时间，报告调度员操作执行完毕，并在操作票上加盖"已执行"章。在操作票执行过程中因故中断操作，则应在已操作完的步骤下面盖"已执行"章，并在"备注"栏内注明中断原因。若此任务还有几页未操作的项目，则应在未执行的各页"操作任务"栏盖"未执行"章。为加强操作票管理，应定期或不定期对操作票进行检查、分析与总结交流，以提高正确执行操作票的水平，因此操作票应保存一年。

【事故案例】 2003 年 5 月 11 日，220kV ×× 变电站操作人使用未注明"作废"的错误操作票，导致 110kV 母线失压事故。

2003 年 5 月 11 日 17：16，220kV×× 变电站 1 号主变压器高压侧 2201 断路器检修工作结束，运行操作人余 ××、监护人黄 ×× 进行 "1 号主变压器高压侧 2201 断路器由冷备用状态转为运行状态，220kV 旁路 2030 断路器由运行状态转热备用状态"操作。由于上一个班次操作人员填写的操作票顺序存在错误（先投差动保护出口连接片，再合 2201 断路器、切 2030 断路器），而且当时未加盖"作废"字样，现值操作人员误认为该操作票正确，因此，17：22，当值操作人员按照错误的操作票投入主变压器差动功能连接片及出口连接片后，差动保护动作跳开中压侧 101、低压侧 501 断路器，110kV 母线失压。受影响的 110kV B、C、D 站 110kV 备自投成功，但 110kV E、F、G 站失压。17：27，合上 E 站大平乙线断路器，由 220kV H 站恢复对 E、F、G 站及 A 站 110kV 母线供电。18：17，A 站及斗门电网恢复正常运行状态。

5.4　高压设备上工作

5.4.1　在运用中的高压设备上工作，分为三类：

5.4.1.1　全部停电的工作，是指室内高压设备全部停电（包括架空线路与电缆引入线在内），并且通至邻接高压室的门全部闭锁，以及室外高压设备全部停电（包括架空线路与电缆引入线在内）的工作。

5.4.1.2　部分停电的工作，是指高压设备部分停电，或室内虽全部停电，而通至邻接高压室的门并未全部闭锁的工作。

5.4.1.3　不停电工作是指：

a）工作本身不需要停电并且不可能触及导电部分的工作。

b）可在带电设备外壳上或导电部分上进行的工作。

【释义】　全部停电的工作是指必须将引至停电处各设备的电源全部断开，有相应隔离开关的也应拉开，形成明显断开点。还应将邻近高压设备室或通往其他高压设备室的门应全部关闭并锁上，防止作业人员误入邻近或其他高压设备室而造成人员触电。

部分停电的工作是指被检修的设备已停电且与系统断开隔离，作业环境（人体、物件）安全距离大于设备不停电时的安全距离，但隔离区域检修设备以外的设备在运行中，存在作业人员误入带电设备的可能。室内设备虽全部停电，若通至邻接高压室的门并未全部闭锁，则视为部分停电。

不停电的工作是指由于工作本身不需要停电、对设备正常运行无影响、安全措施可靠的工作方式，可在带电设备外壳上进行的工作指运行设备经绝缘隔离的外壳上的工作，可在导电部分上进行的工作是指带电作业。

【事故案例】　2013 年 10 月 19 日，××检修公司在进行 220kV ××变电站 35kV 开关柜大修准备工作时，发生人身触电伤亡事故。

2013 年 10 月 19 日，××检修公司变电检修中心变电检修六组组织厂家对 220kV ××变电站 35kV 开关柜做大修前的尺寸测量等准备工作，当日任务为"2 号主变压器 35kV 三段开关柜尺寸测绘、35kV 备 24 柜设备与母线间隔试验、2 号站用变压器回路清扫"。工作班成员共 8 人，其中××检修公司 3 人，卢×（伤者）担任工作负责人；设备厂家技术服务人员陈×、林×（死者）、刘×（伤者）等 5 人，陈×担任厂家项目负责人。9：25～40，××检修公司运行人员按照工作任务要求实施完成以下安全措施：合上 35kV 三段母线接地手车、35kV 备 24 线路接地开关，在 2 号站用变压器 35kV 侧及 380V 侧挂接地线，在 35kV 二/三分段开关柜门及 35kV 三段母线上所有出线柜加锁，挂"禁止合闸、有人工作"牌，邻近有电部分装设围栏，挂"止步，高压危险"牌，工作地点挂"在此工作"牌，对工作负责人卢×进行工作许可，并强调了 2 号主变压器 35kV 三段开关柜内变压器侧带电。10：00 左右，工作负责人卢×持工作票召开站班会，进行安全交底和工作分工后，工作班开始工作。在进行 2 号主变压器 35kV 三段开关柜内部尺寸测量工作时，厂家项目负责人陈×向卢×提出需要打开开关柜内隔离挡板进行测量，卢×未予以制止，随后陈×将核相车（专用工具车）推入开关柜内打开了隔离挡板，要求厂家技术服务人员林×留在 2 号主变压器 35kV 三段开关柜内测量尺寸。10：18，2 号主变压器 35kV 三段开关柜内发生触电事故，林×在柜内进行尺寸测量时，触及 2 号主变压器 35kV 三段开关柜内变压器侧静触头，引发三相短路，2 号主变压器低压侧、高压侧复压过电流保护动作，2 号主变压器 35kV 四段断路器分闸，并远跳 220kV 浏同 4244 线宝浏站断路器，35kV 一/四分段断路器自投成功，负荷无损失。林×当场死亡，在柜外的卢×、刘×受电弧灼伤。2 号主变压器 35kV 三段开关柜内设备损毁，相邻开关柜受电弧损伤。

5.4.2 在高压设备上工作，应至少由两人进行，并完成保证安全的组织措施和技术措施。

【释义】 在高压设备上工作，除了经批准的单人操作之外，其他所有在高压设备上的工作都应至少由两人进行，以便在作业时有人提醒纠正和监护，万一遇到意外情况还可及时得到帮助和救护。

在高压设备上工作具有一定的危险性，为了保障工作人员的人身安全，防止发生人身触电伤害和设备故障情况，应完成保证安全的组织措施（工作票制度、工作许可制度、工作监护制度、工作间断转移和终结制度）和技术措施（停电、验电、接地、悬挂标示牌和装设遮栏或围栏）。

【事故案例】 2005 年 3 月 8 日，××电业局检修人员误入带电间隔，触电伤亡事故。

2005 年 3 月 8 日，××电业局根据年度设备预试工作计划，由修试所高压班和开关班对城东变电站 110kV 城西Ⅱ回线路 042 断路器、避雷器、TV、电容器进行预试及断路器油试验工作。在做完断路器试验，并取出油样后，高压班人员将设备移到线路侧做避雷器及 TV 预试工作。此时，开关班人员发现城西Ⅱ回线路 042 三相断路器油位偏低，需加油。在准备工作中，开关班工作负责人（兼监护人）查××因上厕所短时离开工作现场，11：29，开关班临时工热×走错间隔，误将正在运行的 2 号主变压器 032 断路器认作停运检修的 042 断路器，爬上断路器准备加油，刚接触到 2 号主变压器 032 断路器 A 相，发生触电，随即从 032 断路器 A 相处坠地，经抢救无效于 2005 年 3 月 8 日 11：36 死亡。

6 保证安全的组织措施

6.1 在电气设备上工作，保证安全的组织措施

a）现场勘察制度。

b）工作票制度。

c）工作许可制度。

d）工作监护制度。

e）工作间断、转移和终结制度。

【释义】 变电检修（施工）作业，工作票签发人或工作负责人认为有必要现场勘察的，检修（施工）单位应根据工作任务组织现场勘察，并填写现场勘察记录。现场勘察由工作票签发人或工作负责人组织。

工作票既是准许工作人员在电气设备上进行工作的书面命令，也是明确有关人员安全职责，实施保证安全的技术措施，向工作班成员进行安全交底，以及履行工作许可、工作间断转移和工作终结的书面依据。因此在电气设备上工作时填用工作票，是保证工作中人身、设备安全的重要组织措施，必须按照要求认真执行。

现场勘查制度的由来：应该说这一条款是《电业安全工作规程》（GB 26164—2010）与《国家电网公司电力安全工作规程》（Q/GDW 1799—2013）的一处较大的改动，它主要是结合"三集五大"及变电站无人值班的情况而增加的内容。

【事故案例】 ××商业街配电柜发生人员触电事故

××供电公司计量班班长李×安排王××（死者）、张×和刘××前往××商业街配电房高压计量柜内安装计量表计。当天 8：40，王××、张×和刘××到达××商业街配电房。由于配电房门已上锁，王××通过电话找到××房地产开发有限公司××商业街工地相关负责人邓××，邓××随即指派工作人员黄××（非电工）到达配电房为工作人员开门。王××等进入高压配电室，来到计量柜前，并询问黄××设备有没有电时，黄××答："表都没装，怎么会有电！"（实际进线高压电缆已带电）。然后王××吩咐刘××从车上将工器具及表计等搬下车，张×松开计量表计的接线端子螺钉，王××自己一人走到高压计量柜前，打开计量柜门（门上无闭锁装置），将头伸进柜内察看柜内设备安装情况，高压计量柜带电部位当即对王××头部放电，王××触电后发出"啊"一声倒在地上。王××经医院抢救无效死亡。

6.2 现场勘察制度

变电检修（施工）作业，工作票签发人或工作负责人认为有必要现场勘察的，检修（施工）单位应根据工作任务组织现场勘察，并填写现场勘察记录。现场勘察由工作票签发人或工作负责人组织。

【释义】 现场勘察工作是为了保证施工、检修作业安全，有关变电的四类施工、检修

作业项目在进行作业前，应严格执行现场勘察制度，工作票签发人或工作负责人应认真做好记录，包括：①主设备大修、改造；②设备改进、革新、试验、科研项目的施工作业；③改变设备及系统接线方式和运行参数的工作项目；④变电站二次回路安装、改动、更新及设备不停电进行二次回路测试工作，更换或改动保护及自动装置工作。另外，外单位或本单位其他进入系统内运行设备或运行区域内的作业项目以及工作票签发人或工作负责人认为有必要进行现场勘察的其他检修作业，也应该做现场勘察。

现场勘察的内容一般包括：①勘察现场施工检修作业需要停电的范围及设备，保留的带电部位以及并架或邻近、交叉带电设备作业现场的条件、环境、地形及其他危险点等并初步确定作业方法；②施工检修作业需停电的范围及设备接线方式等；③其他影响施工检修作业的危险因素。

现场勘察结束后，根据现场勘察结果对危险性、复杂性、困难程度较大的作业项目应编制组织措施、技术措施、安全措施经本单位主管领导批准后执行。

填写勘察记录应遵循以下要求：①勘察单位部门、班组应填写进行组织现场勘察的线路（设备）运行管理单位名称；②现场勘察记录填写一式两份，一份交运行单位部门、班组保存，一份由工作负责人收存；③工作地段示意图应符合现场实际标明停电线路设备双重名称、电压等级、停电范围、保留带电部位、采取的安全措施接地线位置，应拉开的断路器、隔离开关、熔断器等相关信息；④工作范围一次接线图应符合现场实际，标明停电设备双重名称、电压等级、停电范围、邻近保留带电间隔、接地线位置、应拉开的断路器、隔离开关、熔断器等相关信息；⑤现场勘察记录应按顺序编号，每月进行装订、保管；⑥现场勘察负责人、参与勘察人员的签名应由本人填写，其他人员不得代签。

【事故案例】 2003年6月13日，××电力检修公司工作人员未进行现场勘察，导致改造工作中触电身亡事故。

2003年6月13日，××电力检修公司变电一处在66kV××变电站改造工作中，工作班成员王×进入北大线开关柜下间隔准备更换断路器操作机构时，碰触到北大线乙隔离开关线路侧触电，经抢救无效死亡。事故原因及教训：北大线开关柜是利用电容器开关柜改造的，改造时，没有将乙隔离开关移到开关柜后间隔，遗留下了事故隐患。管理人员对北大线乙隔离开关实际位置不清楚，又没有进行现场勘察，在编制和审核施工安全组织技术措施计划时，没有明确指出带电设备的危险点。

6.3 工作票制度

6.3.1 在电气设备上的工作，应填用工作票或事故紧急抢修单，其方式有以下6种：

a）填用变电站（发电厂）第一种工作票（见《国家电网公司电力安全工作规程变电部分》附录B）。

b）填用电力电缆第一种工作票（见《国家电网公司电力安全工作规程变电部分》附录C）。

c）填用变电站（发电厂）第二种工作票（见《国家电网公司电力安全工作规程变电部分》附录D）。

d）填用电力电缆第二种工作票（见《国家电网公司电力安全工作规程变电部分》附

录 E）。

e）填用变电站（发电厂）带电作业工作票（见《国家电网公司电力安全工作规程变电部分》附录 F）。

f）填用变电站（发电厂）事故紧急抢修单（见《国家电网公司电力安全工作规程变电部分》附录 G）。

【释义】 工作票是允许在电气设备及其相关场所进行工作的书面命令，也是明确安全职责，向工作人员进行安全交底，实施保证工作人员安全的组织、技术措施的书面依据。因此执行工作票是在电气设备上工作时保证人身、设备安全的重要措施，要认真执行。

在电气设备及其相关场所的工作，必须执行工作票。相关场所的工作，是指在变电站内从事与电气设备无关的工作，如绿化、下水道疏通、建构筑物维护等工作。

运维人员实施不需高压设备停电或做安全措施的变电运维一体化业务项目时，可不使用变电站（发电厂）第二种工作票，但应使用作业指导卡（书），并按公司运检部要求做好相应记录（安全措施、操作和工作等内容）。

送电施工、变电站施工、其他配电基础施工、电缆沟漕开挖等不涉及运用中的电气设备的工作，要使用安全施工作业票。

【事故案例】 ××在配电变压器低压计量装置工作，无票、单人工作，造成相间短路致使作业人员被电弧灼伤。

××供电局××供电站作业人员对运行中的配电变压器低压计量箱进行带电检查时，单人无票工作，检查过程中使用不包绝缘的螺钉旋具（螺丝刀），发生相间短路，造成作业人员电弧灼伤。

6.3.2 填用第一种工作票的工作为：

a）高压设备上工作需要全部停电或部分停电者。

b）二次系统和照明等回路上的工作，需要将高压设备停电者或做安全措施者。

c）高压电力电缆需停电的工作。

d）换流变压器、直流场设备及阀厅设备需要将高压直流系统或直流滤波器停用者。

e）直流保护装置、通道和控制系统的工作，需要将高压直流系统停用者。

f）换流阀冷却系统、阀厅空调系统、火灾报警系统及图像监视系统等工作，需要将高压直流系统停用者。

g）其他工作需要将高压设备停电或要做安全措施者。

【释义】 填用第一种工作票的关键点是需要高压设备停电或做安全措施。站内不论是电气一次回路、二次回路、照明回路，或因土建施工、高压设备房屋修缮等非电气设备上的工作需要将高压设备停电或做安全措施的工作，均应填写变电站第一种工作票，其目的是为了完善作业现场的安全措施，强化安全管理，从而保证人身、设备及电网的安全。

其他工作需要做安全措施的是指：检修设备所关联电气连接部分已隔离，但由于环境、接线方式等因素使工作地点的安全距离不能满足安全要求，需采取一定的安全措施方能确保工作安全开展。如敞开式配电设备采用双母线接线方式的，在进行一个间隔的母线隔离开关检修时，其相关联的另一母线隔离开关虽然在拉开位置，但其隔离开关一端仍带电，威胁作业人员的安全。因此可采用将其隔离开关加锁且加装隔离挡板等安全措施，以满足安全要求。

【事故案例】 刚×在变电站设备年检工作中人身触电死亡。

××单位按计划进行 10kV Ⅱ段部分设备年检，办理了"开关班0905004"第一种工作票，主要工作任务为：10kV桃建线314、桃南线312、桃杰线308、桃北线306、桃天线302开关柜小修、例行试验和保护全检；桃南线312、桃杰线308、桃北线306、桃天线302开关柜温控器更换、3×24TV（电压互感器）本体小修和例行试验等工作，系统图如图6-1所示。8：30，变电站工作许可人罗××与工作负责人谭××办理完成工作许可手续。8：40左右，工作负责人谭××召开开工会，进行任务布置与安措交底（未宣读工作票上，由工作许可人填写的"补充工作地点保留带电部分和安全措施"栏内"3×24TV 后门内设备带10kV电压"安全注意事项）。工作开始后，工作负责人谭××安排易××进行312间隔检修，安排刚×进行314小车清扫，由蔡××用专用扳手打开302、306、308、312、314等5个间隔的后柜门，由张××进行柜内清扫。蔡××打开5个柜门后，把专用扳手随手放在312间隔后柜门边的地上，随后到屏前协助易××进行312间隔检修。刚×完成314小车清扫工作后，自行走到屏后，移开挡住3×24TV 后柜门的安全遮栏，用放在地上的专用扳手卸下3×24TV后柜门2颗螺钉，并打开后柜门准备进行清扫。9：06，3×24TV后柜内的母排B相对刚×人体放电，刚×被击倒在开关柜旁，经医院抢救无效死亡。

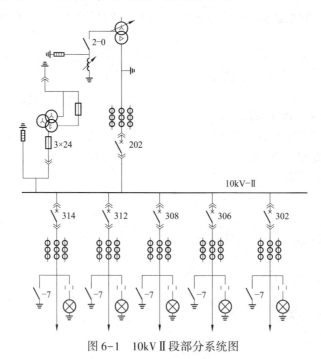

图6-1 10kV Ⅱ段部分系统图

【事故案例】 潘××在复电操作中违章作业，触电死亡。

00：51，××电业局停电处理"110kV××变电站3号主变压器6032隔离开关发热缺陷"，3：05缺陷处理完毕。3：25调度下令南郊集控所复电操作。现场操作监护人为刘××、操作人为王××，协助人为黄××。南郊集控所所长潘××和副所长刘×于前日23时就已到达现场，以加强现场监督。4：26执行"10kV工农路652断路器由冷备用转热备用"操作，当操作人王××操作到第三项时发现 6522 隔离开关合不上，王××认为自己力气不足，请副所长刘×帮忙又去试合一次，还是合不上。所长潘××就让现场人员停止操作，随即从操作人手上取走电脑钥匙去主控室。4：35，潘××带着电脑钥匙返回 10kV 开关室，并独自一人使用电脑钥匙将 652 断路器下柜门打开，进入柜内检查，造成 6522 隔离开关线路侧带电部位对人体放电，即送医院抢救，于次日 6：30 由院方宣告抢救无效死亡。

【事故案例】 ××变电站未进行停电验电手续，陈××误碰带电体。

××变电站西关路 218 断路器速断保护动作跳闸，调度值班人员当即通知配电工区电缆运行班班长陈××查找事故，陈××到达现场经检查后，报调度电缆已挖断，并申请停电处理。调度令变电工区运行人员完成停电、验电、装设接地线等安全措施后，给陈××下达施工令，工作负责人陈××发现现场有两条电缆（东西并排）且均受到不同程度的破坏。在处理东侧故障电缆时，工作负责人陈××主观认为东侧电缆是西关一路并接的另一条电缆（实际是运行中的西关二路），在没有使用绝缘刺锥确认无电的情况下，即开始此条电缆的故障处理。工作班成员陈××、谷××在割破西关二路电缆绝缘后触电，陈××经抢救无效死亡。

6.3.3 填用第二种工作票的工作为：

a）控制盘和低压配电盘、配电箱、电源干线上的工作。

b）二次系统和照明等回路上的工作，无需将高压设备停电者或做安全措施者。

c）转动中的发电机、同期调相机的励磁回路或高压电动机转子电阻回路上的工作。

d）非运维人员用绝缘棒、核相器和电压互感器定相或用钳形电流表测量高压回路的电流。

e）大于表 1 距离的相关场所和带电设备外壳上的工作以及无可能触及带电设备导电部分的工作。

f）高压电力电缆不需停电的工作。

g）换流变压器、直流场设备及阀厅设备上工作，无需将直流单、双极或直流滤波器停用者。

h）直流保护控制系统的工作，无需将高压直流系统停用者。

i）换流阀水冷系统、阀厅空调系统、火灾报警系统及图像监视系统等工作，无需将高压直流系统停用者。

【释义】 使用第二种工作票的工作主要是（包括人体、工器具、材料等）不触及带电设备，与高压设备的安全距离满足安全距离要求，不需要高压设备停电或采取安全措施的工作。

【事故案例】 ××电业局发生计量保护误动

××电业局电能计量中心外校三班按照计划对 110kV ××变电站办理工作票进行电能表轮换工作。工作负责人黄××在工作票所列安全措施栏未写明需要短接的端子编号、不能短接的端正编号等，同时未明确计量作业能在指定的回路和区域内进行。10：25，工作班成员孔××在 Ⅱ 号主变压器 902 断路器间隔用短接线接触电流短的方式进行电流短接，当短接线插入 A501，准备短接 B501 时，主变压器两侧断路器跳闸。保护系统显示"Ⅱ 号主变压器复式比率差动动作，故障相别 AB 相，差动电流 $I = 2.09A$"经查，A501、B501、C501、N501 不是计量绕组端子，而是主变压器差动保护端子，误短接上述端子是造成主变压器两侧断路器跳闸的直接原因。

6.3.4 填用带电作业工作票的工作为：

带电作业或与邻近带电设备距离小于表1、大于表4规定的工作。

【释义】 带电作业是指在高压电气设备上不停电进行检修、测试的一种作业方法。电气设备在长期运行中需要经常测试、检查和维修，带电作业是避免检修停电，保证正常供电的有效措施。带电作业的内容可分为带电测试、带电检查和带电维修等几方面。带电作业的对象包括发电厂和变电站电气设备、架空输电线路、配电线路和配电设备。带电作业的主要项目有：带电更换线路杆塔绝缘子，清扫和更换绝缘子，水冲洗绝缘子，压接修补导线和架空地线，检测不良绝缘子，测试更换隔离开关和避雷器，测试变压器温升及介质损耗值。带电作业根据人体与带电体之间的关系可分为三类：等电位作业、地电位作业和中间电位作业。

（1）等电位作业。人体直接接触高压带电部分，处在高压电场中的人体，会有危险电流流过危及人身安全，因而所有进入高电场的工作人员，都应穿全套合格的屏蔽服，包括衣裤、鞋袜、帽子和手套等。全套屏蔽服的各部件之间须保证电气连接良好，最远端之间的电阻不能大于20Ω，使人体外表形成等电位体。

（2）地电位作业。人体处于接地的杆塔或构架上，通过绝缘工具带电作业，因而又称绝缘工具法。在不同电压等级电气设备上带电作业时，必须保持空气间隙的最小距离及绝缘工具的最小长度。在确定安全距离及绝缘长度时，应考虑系统操作过电压及远方落雷时的雷电过电压。

（3）中间电位作业。通过绝缘棒等工具进入高压电场中某一区域，但还未直接接触高压带电体，是前两种作业的中间状况。因此，前两种作业时的基本安全要求，在中间电位作业时均须考虑。

6.3.5 填用事故紧急抢修单的工作为：

事故紧急抢修应填用工作票，或事故紧急抢修单。

非连续进行的事故修复工作，应使用工作票。

【释义】 事故应急抢修工作是指电气设备发生故障被迫紧急停止运行，需短时间内恢复的抢修和排除故障的工作，其目的是为了防止事故扩大或尽快恢复供电，可不用工作票，但应使用事故应急抢修单。工作负责人应根据抢修任务布置人的要求及掌握到的现场情况填写安全措施，到抢修现场后再勘察，补充完善安全措施，工作开始前应得到工作许可人的许可。符合事故应急（紧急）抢修工作定义、短时间可以恢复且连续进行的事故修复工作可用事故应急抢修单，一般指24h内能完成的事故应急抢修工作。

未造成电气设备被迫停运的缺陷处理工作不得使用事故应急抢修单，应使用工作票。

【事故案例】 ××县供电公司人员未办理事故紧急抢修单发生触电身亡事故。

××供电局调度通信所保护二班在处理110kV××变电站10kVⅡ段YH二次电压不平衡问题时，10kVⅡ段YH A相绝缘不良击穿，熔断器爆炸，飞弧引起A、B相短路，紧接着发展为10kV母线三相短路，致使现场工作人员（五人）受到烟雾和弧光的熏燎，导致人身轻伤（伤势认定以医院最终诊断为准）。14：10 10kVⅡ段YH冷备用转检修；14：15许可调度通信所保护二班张××工作。保护班工作人员为了图省事使用了事故抢修单，但是现场危险点分析不全面，经现场停电对二次回路接线检查无异常后，为进一步查明原因需对10kVⅡ段YH进行带电测量，判断是否由于YH本身原因引起，要求将10kVⅡ段YH插车（隔离开关）推入运行位置，带电测量YH二次电压。14：29变电站值班员王××、梁××，拆除 10KVⅡ段 YH 两侧地线，将 10kVⅡ段 YH 插车进车，保护人员开始测量 YH 二次电压（值班员梁××回到主控室，王××留在工作现场配合）；14：38 保护班人员正在测试过程中，10kVⅡ段 YH A 相绝缘不良击穿，熔断器爆炸，飞弧引起 A、B 相短路，紧接着发展为 10kV 母线三相短路，致使现场工作人员（到位干部黄××，保护班张××、靳×、张××及值班员王××共五人）受到烟雾及弧光的熏燎；同时 2 号主变压器后备保护动作，10kV 母联 211 断路器及 2 号主变压器低压侧 102 断路器跳闸，10kVⅡ段母线失压。经现场检查，10kVⅡ段 YH A、B 相有裂纹，高压侧三相保险爆炸，BLQ 计数器爆炸；受伤人员随即送往医院，诊断为轻伤。

6.3.6　运维人员实施不需高压设备停电或做安全措施的变电运维一体化业务项目时，可不使用工作票，但应以书面形式记录相应的操作和工作等内容。

各单位应明确发布所实施的变电运维一体化业务项目及所采取的书面记录形式。

【释义】 该条款的提出，主要是针对当前国家电网公司提出的运维一体化工作，由于运维一体化工作是将运维人员开展的典型维护性检修项目纳入运维人员职责，为了提高工作效率，采取将开展的具体运维一体化作业指导卡来替代工作票，从而大大提升运维人员的工作效率。

6.3.7　工作票的填写与签发：

6.3.7.1　工作票应使用黑色或蓝色的钢（水）笔或圆珠笔填写与签发，一式两份，内容应正确，填写应清楚，不得任意涂改。如有个别错、漏字需要修改，应使用规范的符号，字迹应清楚。

【释义】 为了防止工作票上填写与签发内容的字迹（如双重名称、编号、动词、时间等）随意修改，使用过程中字迹褪色；同时，为了工作票归档保存应使用水笔、钢笔或圆珠笔填写时，内容应正确，字迹应工整、清楚。如果工作票填写不清楚或任意涂改，在执行过程中可能由于识别或理解错误，导致安全措施不完善，工作任务不明确，危及人身、设备安全。

6.3.7.2　用计算机生成或打印的工作票应使用统一的票面格式，由工作票签发人审核无误，手工或电子签名后方可执行。

工作票一份应保存在工作地点，由工作负责人收执；另一份由工作许可人收执，按值移交。工作许可人应将工作票的编号、工作任务、许可及终结时间记入登记簿。

【释义】 为了对工作票进行规范管理，计算机生成或打印的工作票与手工填写的工作票应按规定采用统一的票面格式。工作票应由签发人审核无误，手工或电子签名后，方可执行。

工作票应一式两份，工作许可后，其中一份由工作负责人收执，作为其向工作班人员交代工作任务、安全注意事项、现场安全措施等的书面凭证；另一份由工作许可人收执，按值移交，作为掌握工作情况、安全措施设置的依据。将工作票的编号、工作任务、许可及终结时间记入登记簿主要是为了便于运行人员掌控现场工作情况。

6.3.7.3　一张工作票中，工作许可人与工作负责人不得互相兼任。若工作票签发人兼任工作许可人或工作负责人，应具备相应的资质，并履行相应的安全责任。

【释义】 该条款的提出，是应对当前国家电网公司"三集五大"体系中提出的运维一体化工作，将《电业安全工作规程》（GB 26164—2010）相关内容做了相应修改，目的也在于适应当前运维一体化工作要求。

6.3.7.4　工作票由工作负责人填写，也可以由工作票签发人填写。

【释义】　工作负责人是现场工作的主要组织者和实施者，对安全措施的现场实施负安全责任同时，填写工作票的过程，也是熟悉作业流程、安全措施的过程。因此，工作票由工作负责人填写。但工作负责人填写工作票后，工作票签发人应认真审核后签发，工作票签发人对工作票所列安全措施的正确性、完整性负全面责任，故也可由工作票签发人填写。

6.3.7.5　工作票由设备运维管理单位签发，也可由经设备运维管理单位审核合格且经批准的检修及基建单位签发。　检修及基建单位的工作票签发人、工作负责人名单应事先送有关设备运维管理单位调度控制中心备案。

【释义】　设备运维管理单位是设备安全稳定运行的责任主体，工作票应由设备运维管理单位签发；检修及基建单位对所派人员情况更为熟悉，经设备运维单位审核合格且批准后，检修及基建单位也可签发工作票。

【事故案例】　××发电厂新加电气预防性试验工作未办理工作票，单位管理人员未认真审核原有工作票，造成检修人员触电身亡事故。

5月5日，××发电厂110kV××线出线间隔停电检修。电气车间检修副主任曹×签发了110kV××线133断路器检修及××线出线间隔绝缘子清扫的电气一种检修工作票。由邱×担任工作负责人，成员共5人。工作开始后，曹×又签发了一张110V Ⅰ段母线停电清扫的一种电气检修工作票，由兰×担任工作负责人。邱×的工作组全部并入兰×的工作组，工作组成员共7人。在邱×的工作中，车间又安排了电气预防性试验的工作内容，工作由电气试验班完成，但工作任务、工作组人员没写在邱×的工作票上。在试验班做试验时，邱×配合拆开了所需预试设备的接线头。5日下午，当邱×拆完××线A相耦合器接线头后，就穿越1334旁路隔离开关上方构架去拆C相，拆完后做试验。试验于16：00做完，试验班人员离开现场，但该耦合电容器的接头没立即接好。5月6日，电厂又安排清扫110kV Ⅱ段母线设备的绝缘子，这样就需将110kV Ⅰ段母线恢复运行。运行要进行倒母线的操作。运行副总范×先来到110kV变电站，了解检修工作完成情况，范×问在变电站的配电班班长刘×，刘×答110kV Ⅰ段母线工作没有了，可以进行倒母线操作。但110kV Ⅱ段母线的清扫工作，检修没向运行提交工作票。运行副总在问明110kV Ⅰ段母线清扫工作完了之后即令运行人员开始进行110kV Ⅱ段母线的倒母线操作。10：15，运行人员对110kV Ⅰ段母线充电。这样就造成旁路1334隔离开关母线侧带电，但××线间隔的工作没结束，运行人员没向邱×交代这一运行方式的改变情况，也没在旁路1334隔离开关处挂"止步、高压危险"的警告牌。邱×打电话问试验班，××线耦合器是否可以接线了，答复可以。于是邱×来到110kV变电站，去××线耦合器接头。由于邱×不知道110kV Ⅰ段母线已充电，当接完A相又按昨天的方法穿越1334路隔离开关去接C相接头，当爬到1334旁路隔离开关母线侧时，由于安全距离不够而放电，邱×触电后从9.2m高处坠落地面。在场人员立即将其送医院抢救，因伤势严重，抢救无效死亡。因C相对地放电，保护动作造成1、2号主变压器、4号发电机跳闸；又因220kV××线路高频保护误动而跳闸，造成重庆地区大面积停电。事故损失电量57300kW·h。

6.3.7.6　承发包工程中，工作票可实行"双签发"形式。　签发工作票时，双方工作

票签发人在工作票上分别签名，各自承担本规程工作票签发人相应的安全责任。

【释义】　发包工程的工作票可由设备运行管理单位或设备检修维护单位和承包单位共同签发，共同承担安全责任。

承发包工程中，设备运维管理单位对设备接线情况和运行方式熟悉，但对前来施工人员的安全技术素质情况较难掌握。而外来施工单位掌握工作负责人和工作班成员情况，但对设备接线情况、运行方式、工作现场的实际情况不熟悉，所以工作票由设备运维管理单位工作票签发人和外来施工单位的签发人共同签发，各负其责。

6.3.7.7　第一种工作票所列工作地点超过两个，或有两个及以上不同的工作单位（班组）在一起工作时，可采用总工作票和分工作票。 总、分工作票应由同一个工作票签发人签发。 总工作票上所列的安全措施应包括所有分工作票上所列的安全措施。 几个班同时进行工作时，总工作票的工作班成员栏内，只填明各分工作票的负责人，不必填写全部工作班人员姓名。 分工作票上要填写工作班人员姓名。

总、分工作票在格式上与第一种工作票一致。

分工作票应一式两份，由总工作票负责人和分工作票负责人分别收执。分工作票的许可和终结，由分工作票负责人与总工作票负责人办理。分工作票应在总工作票许可后才可许可，总工作票应在所有分工作票终结后才可终结。

【释义】　同一张工作票所列工作地点超过两个或两个及以上的工作（单位）班组，在一起工作时，存在工作性质不相同、工作地点区域分散、工作进度不一样等情况，为了使每个班组对其所工作区域的安全措施负责，故采用总、分工作票形式。

总票与分票是一种包含与被包含的关系，总票安全措施应包括所有分票上所列的安全措施。为了体现总、分工作票的层次关系，几个工作班同时进行工作时，总票的工作班成员栏内，只填明各分工作票的负责人，分票上要填写各工作班全体人员姓名。分票必须在总票许可后才许可，总票必须在所有分票终结后才可总结。

6.3.7.8　供电单位或施工单位到用户变电站内施工时，工作票应由有权签发工作票的用户单位、施工单位或供电单位签发。

【释义】　由于用户变电站的特殊性，供电单位或施工单位到用户变电站内施工时，工作票应由有权签发工作票的供电单位、施工单位或用户单位签发。供电单位对变电站内施工的工作任务、电气设备和所采取的安全措施相对熟悉，因此供电单位可以签发用户变电站工作票。

【事故案例】　××电业局发生电杆倾倒事故。

××电业局与××电力开发有限公司签订了施工合同，将××县××村10kV低压改造工程交其施工。11月30日，该公司元坝施工队工作负责人张××带领马××、李××拆除华山村二组1~6号杆旧低压线路。8：50左右，3人来到3号杆处，在未采取任何保杆措施的情况下，李××便登杆作业并带张力剪线，在剪线电源侧第5根导线时，电杆向受电侧方向倾倒，并在距地面1.1m处折断，李××随3号杆倾倒受伤，经抢救无效死亡。工作负责人张××未采取任何保护措施，对现场可能出现的危险点分析不透彻，导致出现电杆受力倾倒，这是导致本次事关发生的一个主要因素。

6.3.8　工作票的使用。

6.3.8.1　一个工作负责人不能同时执行多张工作票，工作票上所列的工作地点，以

一个电气连接部分为限。

a）所谓一个电气连接部分是指：电气装置中，可以用隔离开关同其他电气装置分开的部分。

b）直流双极停用，换流变压器及所有高压直流设备均可视为一个电气连接部分。

c）直流单极运行，停用极的换流变压器、阀厅、直流场设备、水冷系统可视为一个电气连接部分。双极公共区域为运行设备。

【释义】　一个电气连接部分是指：配电装置的一个电气单元与其他电气部分之间装有能明显分段的隔离开关，在这些隔离开关之间进行部分停电检修时，只要在各隔离开关处断路器侧或待修侧施以安全措施，就可以保证作业安全。比如高压母线或送电线路，它们与系统各个方向各端都可以用隔离开关明显地界隔开，可以称为一个电气连接部分。

一个工作负责人不能同时执行多张工作票，是指已经许可而尚未结束的工作票只能有一张，但可以持有多张未经许可的工作票。为了确保工作负责人集中精力、监护到位，避免工作负责人将几张工作票的工作任务、时间、地点、安全措施等混淆。因此，工作负责人在同一时间内，只能执行一张工作票。

6.3.8.2　**一张工作票上所列的检修设备应同时停、送电，开工前工作票内的全部安全措施应一次完成。 若至预定时间，一部分工作尚未完成，需继续工作而不妨碍送电者，在送电前，应按照送电后现场设备带电情况，办理新的工作票，布置好安全措施后，方可继续工作。**

【释义】　由于工作票所列的检修设备全部安全措施应一次设置、拆除，所以工作票上所列的检修设备应同时停、送电。工作中如需将部分已完工的设备投入运行，未完工设备仍需继续工作而不妨碍送电时，在送电前必须将该工作票办理终结手续，然后按送电后的工作任务和临近带电设备情况办理新的工作票，布置好安全措施，重新履行工作许可手续后方可继续工作。

【事故案例】　××变电站全站停电检修，因安全措施未完全做好，试验电源串入 TV 二次回路瞬间反送电，造成人员触电轻伤事故。

××变按计划全站停电检修。9：10 运行人员许可变电工区当天综合检修第一种工作票，主要工作内容为设备预试、喷漆、清扫、仪表校验、开关机构检查等。10：20 正在 35kV Ⅱ段 TV 吊线串上清扫的带电班王××突然感到有电，王××触电后由 8m 高的吊线串上坠落到约 6m 高时被安全带保险绳拉住吊在空中，现场立即停止了一切工作。此时，王××从构架上自行下来，经送医院检查，王××两腿处各有一轻微电击点，腰部因安全带突然受力不适，其他无异常，随后回家休息。经现场调查了解：造成麻电的原因是工作票上未要求拉开 35kV Ⅱ段 TV 隔离开关，运行人员也未拉开此隔离开关；工作票上显示已断开的 TV 二次保险实际也未断开；仪表班校验 2 号变压器 35kV 有功电能表时已拆除的 TV 二次线未包扎，试验电源线受力后与 TV 二次线瞬间接触，导致试验电源串入 TV 二次回路瞬间反送电。

6.3.8.3　**若以下设备同时停、送电，可使用同一张工作票：**

a）属于同一电压等级、位于同一平面场所，工作中不会触及带电导体的几个电气连接部分。

b）一台变压器停电检修，其断路器（开关）也配合检修。

c）全站停电。

【释义】 设备同时停、送电以及设备属于同一电压等级、地处同在一平面场所且工作中不会触及带电导体的几个电气连接部分的工作地点和人员相对集中，现场管理和安全监护可以到位，为提高工作效率、简化办票手续，可以使用同一张工作票。

一台变压器停电检修，其各侧的断路器也配合检修，虽然不属于同一电压等级，不属于同一工作地点，但是能同时停、送电且属于同一电气连接部分，可以使用一张工作票。若变压器停电检修，变压器各侧或其一侧电气连接的母线也停电检修时，变压器设备与母线设备不属于同一电气连接部分，也不属于同一电压等级，且变压器设备与母线设备存在不是同时停、送电及地处也可能不处于同一平面场等因素，因此，变压器检修与母线检修工作不得使用同一张工作票。

全站高压电气设备均停电，全站高压电气设备电源已被断开也没有来电的可能，可以使用一张工作票进行检修工作。

如果工作现场受设备结构、接线布置等时机限制，带电设备与检修部分邻近、无可靠的绝缘隔离措施、难以防止作业人员接近带电导体等工作，则不能几个电气连接部分共用一张工作票，应将各电气连接部分独立出来，分别办理相应的工作票。

6.3.8.4 同一变电站内在几个电气连接部分上依次进行不停电的同一类型的工作，可以使用一张第二种工作票。

【释义】 同类型工作是指设备同类型、作业方法、安全措施、工作内容相同的工作。

6.3.8.5 在同一变电站内，依次进行的同一类型的带电作业可以使用一张带电作业工作票。

【释义】 在同一所变电站内，作业类型、安全措施、作业方法均相同的带电作业项目且逐项依次进行作业，可使用同一张带电作业工作票。

6.3.8.6 持线路或电缆工作票进入变电站或发电厂升压站进行架空线路、电缆等工作，应增填工作票份数，由变电站或发电厂工作许可人许可，并留存。

上述单位的工作票签发人和工作负责人名单应事先送有关运维单位备案。

【释义】 作业人员持线路或电缆工作票进入变电站或发电厂升压站内工作，应得到厂站工作许可人许可，因为运行人员对厂站内设备带电情况、工作地点的危险源等掌握清楚，可以提出厂站内工作的安全注意事项并补充必要的安全措施以起到安全把关的作用。所以，进厂站工作应增填工作票份数，由厂站运行人员对工作票进行审核、许可并执存。

为了便于运行单位掌握相关人员是否具备资格，线路或电缆工作票签发人和工作负责人名单应事先送有关运行单位备案。

6.3.8.7 需要变更工作班成员时，应经工作负责人同意，在对新的作业人员进行安全交底手续后，方可进行工作。 非特殊情况不得变更工作负责人，如确需变更工作负责人应由工作票签发人同意并通知工作许可人，工作许可人将变动情况记录在工作票上。 工作负责人允许变更一次。 原、现工作负责人应对工作任务和安全措施进行交接。

【释义】 工作负责人是现场工作的组织者和监护者，要掌握工作班成员情况，因此变更工作班人员须经工作负责人同意，由于新的工作班成员刚到工作现场，对工作现场的安全措施、邻近带电设备、工作中的注意事项等情况不清楚，所以工作负责人必须在工作前对其进行安全交底，并将变更的情况记录在工作票的"工作人员变动情况"一栏内。

若更换工作负责人涉及重新熟悉工作班成员，现场安全措施等情况的过程，而这个过程对工作的进程和安全性造成不利的影响，所以非特殊情况不得变更工作负责人。工作票签发人对所派工作负责人是否合适负责，如确需变更工作负责人时，应得到工作票签发人同意，并通知工作许可人以便于工作联系和工作票的终结。工作许可人将变动的情况记录在工作票的"工作负责人变动情况"一栏内。工作负责人多次变更可能造成工作任务、现场安全措施交待不清，影响安全作业的连续性，所以规定工作负责人只能变更一次。

6.3.8.8 **在原工作票的停电及安全措施范围内增加工作任务时，应由工作负责人征得工作票签发人和工作许可人同意，并在工作票上增填工作项目。若需变更或增设安全措施者应填用新的工作票，并重新履行签发许可手续。**

【释义】 如果增加工作任务时不涉及停电范围及安全措施的变化，现有条件可以保证作业安全，经工作票签发人和工作许可人同意后，可以使用原工作票。但是应在工作票上注明增加的工作项目并告知作业人员，如果增加工作任务时涉及变更或增设安全措施时，应先办理工作票终结手续，然后重新办理新的工作票，履行签发、许可手续后方可继续工作。禁止擅自扩大工作范围，增加工作任务及变更或增设安全措施，使作业项目脱离安全措施保护范围，可能引发人身触电、设备损坏的事故。

【事故案例】 ××电业局员工擅自扩大工作范围，造成事故。

××电业局220kV某变电站发生一起检修人员带接地开关合隔离开关的恶性误操作事故，造成220kV变电站220kV母线全停。

工作任务为"220kV××变电站6001隔离开关分不开处理"，工作负责人为变电管理所开关检修班副班长刘××。按工作票安全措施要求必须合上220kVⅠ母6×10-2接地开关，但郑××考虑到如果按正规手续申请和操作，时间会比较长，就与××变电站站长蔡××商量自行合上6×10-2接地开关，蔡××表示同意。随后，站长蔡××在没有经过调度同意也没有拟写倒闸操作票的情况下单人擅自合上了6×10-2接地开关，将220kVⅠ母转为检修状态，并办理了工作票开工手续，许可开工。6001隔离开关消缺工作接近尾声，郑××对工作负责人刘××讲："你们终结该工作票（6001消缺工作）后，再办一张工作票，处理6121隔离开关缺陷"。为方便邓×、罗××查看6121隔离开关故障情况，蔡××用微机防误装置的紧急解锁钥匙打开了6121机构箱门，准备处理6121隔离开关缺陷。邓×想试试6121隔离开关能不能合到位，就在不了解现场接线方式，不清楚带电部位，没有采取任何安全措施的情况下盲目按下6121隔离开关合闸按钮。由于当时蔡××还没有来得及拉开6×10-2接地开关，造成220kVⅠ母带接地开关送电，220kV母差保护动作跳开220kV母线所有断路器。在未完成6001隔离开关的处缺工作，擅自扩大工作范围，要求进行6121隔离开关缺陷工作，而且工作班成员邓××在不了解现场设备运行接线方式的前提下，擅自拉合6121隔离开关，导致出现带地线误合隔离开关的恶性误操作行为，这是本次事故发生的直接原因。

6.3.8.9 **变更工作负责人或增加工作任务，如工作票签发人和工作许可人无法当面办理，应通过电话联系，并在工作票登记簿和工作票上注明。**

【释义】 若工作票签发人和工作许可人不在现场，应通过电话联系，向工作票签发人和工作许可人说明变更工作负责人或增加工作任务等具体内容，待工作票签发人和工作许可人综合考虑安全性等情况同意后办理相关手续。相关变动情况还应在工作票登记簿和工作票上注明。

6.3.8.10 第一种工作票应在工作前一日送达运维人员，可直接送达或通过传真、局域网传送，但传真传送的工作票许可应待正式工作票到达后履行。临时工作可在工作开始前直接交给工作许可人。

第二种工作票和带电作业工作票可在进行工作的当天预先交给工作许可人。

【释义】 因为第一种工作票是高压设备停电作业或做安全措施，为便于运行人员有充分时间对工作内容、停电范围和安全措施进行审核，审核中发现疑问还需联系工作票签发人。此外，也要给予运行人员准备安全措施的时间，因此要求第一种工作票提前一日送达运行人员。传真可能会产生字迹模糊，因此传真的工作票不能当作正式的工作票使用，应待正式工作票到达后方可履行工作许可手续。由于临时工作的不确定性和时间较紧，临时工作的工作票可以在工作开始前交予工作许可人。第二种工作票和带电作业工作票无需高压设备停电，因此可在工作当天预先将工作票交给工作许可人。

6.3.8.11 工作票有破损不能继续使用时，应补填新的工作票，并重新履行签发许可手续。

【释义】 如果工作票破损会造成填写项目字迹不清楚或缺失，在执行过程中可能由于识别或理解错误，导致执行时安全措施不完善、工作任务不明确，危及人身、设备安全。因此应补填新的工作票替代原票，并重新履行签发许可手续，原工作票保留备查。

6.3.9 工作票的有效期与延期。

6.3.9.1 第一、二种工作票和带电作业工作票的有效时间，以批准的检修期为限。

【释义】 工作票的有效时间以正式批准的检修时间为限，批准的检修时间为从调度下达开工令时间到向调度汇报完工的时间，或从开工到完工的时间。

第二种工作票和带电作业工作票的有效时间，以签发的检修工作时间为准。

6.3.9.2 第一、二种工作票需办理延期手续，应在工期尚未结束以前由工作负责人向运维负责人提出申请（属于调控中心管辖、许可的检修设备，还应通过值班调控人员批准），由运维负责人通知工作许可人给予办理。第一、二种工作票只能延期一次。带电作业工作票不准延期。

【释义】 对停电设备，提前申请办理延期手续是为了给调度或运行部门预留调整运行方式以及变更、办理送电计划的时间，并提前将延迟送电情况通知用户。对不停电设备，提前申请办理延期手续是为便于运行部门调整验收时间和安排人员。

第一、二种工作票延期手续只能办理一次，如果延期太多，不利于现场作业安全，第一、二种工作票延期后在有效时间内不能完成工作，则应先将该工作票办理终结手续后再重新填用新的工作票，并履行工作许可手续。

带电作业对天气和安全措施执行要求较高，因此不准延期。

6.3.10 工作票所列人员的基本条件。

6.3.10.1 工作票签发人应是熟悉人员技术水平、熟悉设备情况、熟悉本规程，并具有相关工作经验的生产领导人、技术人员或经本单位批准的人员。工作票签发人员名单应公布。

【释义】 工作票签发人是电力安全生产中很重要的职能负责人，担任工作票签发人，不仅要熟悉设备和生产运行情况，熟悉专业班组人员的状况、技术水平，还要熟悉《电业安全工作规程》和现场运行管理规程，能正确把握工作的必要性。工作票签发人是否合格，应由企业主管生产的领导批准，生产部门按专业门类用行文公布。这既是对工作人员的安全负责，也是对工作票签发人本人负责。

6.3.10.2　工作负责人（监护人）应是具有相关工作经验，熟悉设备情况和本规程，经工区（车间，下同）批准的人员。　工作负责人还应熟悉工作班成员的工作能力。

【释义】　工作负责人是组织、指挥工作班人员完成本项工作任务的责任人员，对工作完成的质量和安全负责，因此工作负责人除应具备相关岗位技能要求，还应有相关实际工作经验和熟悉工作班成员的工作能力。工作负责人每年应该通过安全规程的考试，经工区（所、公司）生产领导书面批准以后，以书面的形式公布。

【事故案例】　××供电公司工作负责人不具备相关条件，造成事故。

××供电公司变电运行工区安排综合服务班进行 110kV××变电站微机"五防"系统的检查消缺及 110、35kV 线路带电显示装置检查工作。8 月 9 日，综合服务班班长、工作负责人曹××带领工作班成员赵××到达××变电站，10：10，工作许可人张××向曹××交代安全措施及注意事项后开始工作，13：15，检查工作结束，因××联线线路带电显示装置插件损坏，缺陷未能消除，工作负责人曹××离开工作现场，准备办理工作总结手续，赵××怀疑是感应棒的原因造成带电显示装置异常，于是私自跨越已经围好安全围栏和爬梯上"禁止攀登，高压危险！"的标示牌，登上 35kV 川米联线 562 隔离开关架构，13：30，赵××因与带电 562 隔离开关线路侧触头安全距离不够，触电从架构上坠落后经抢救无效死亡。本事故案例中，工作负责人曹××没有认真履行监护责任，在未办理工作总结手续以前，擅自离开工作岗位，致使作业现场失去监护，是造成本次事故的主要原因。

【事故案例】　工作负责人不具备施工资质，违章指挥造成线路跳闸。

××电业局对某 220kV 线路进行综合检修，由工作负责人甲（原来未搞过带电作业，仅仅学习了十多天基础知识，在模拟杆上搞了几次实际操作）带领工作班九人（带电技工四人，民工五人）前往 92 号直线铁塔更换双串绝缘子（×—4.5）中的一串。共更换方法是：用绝缘滑车组承受导线荷重，用绝缘操作杆拔出弹簧肖子，杆上杆下电工相互配合将绝缘子串换下。当杆上人员刚挂好绝缘滑车组，突然起雨（注：当他们出去工作时，天气就不大好）。工作负责人说："还是恢复，我们不搞了"。作业班成员说："没有大雨下，这点小雨不要紧（注：作业点离公路较远，需徒步 4min，他们不愿再往返一次）。"工作负责人也附和说："好！免得明天再来"。就这样，他们便将需更换的绝缘子串脱离导线，并将新绝缘子串吊至杆上。准备组装时，天下大雨，杆上人员说："有麻电威觉"。工作负责人说："你们马上下杆。"他们下杆不久，由于泄漏电流引起弧光接地短路，"砰"的一声全线跳闸，事故后检查绝缘保险绳烧断，绝缘滑车组的绝缘绳烧断一部分。

6.3.10.3　工作许可人应是经工区批准的有一定工作经验的运维人员或检修操作人员（进行该工作任务操作及做安全措施的人员），用户变、配电站的工作许可人应是持有效证书的高压电气工作人员。

【释义】　工作许可人是指变电站当值的运行人员，在值班负责人的指挥下完成各项安全措施，负责办理工作许可、中断、转移和终结手续的人员。工作许可人对工作现场安全措施的正确性和完备性负责，是工作票流程中的最后把关人，所以工作许可人应是经工区（所、公司）生产领导书面批准的有一定工作经验的运行人员或检修操作人员，进行该工作任务操作及做安全措施的人员担任。工作许可人每年应通过安全规程的考试，经工区

（所、公司）生产领导书面批准以后，以书面的形式公布。

考虑到工作许可人的重要作用，对用户变、配电站的工作许可人也应有资质要求，即应是持有效证书的高压电气工作人员。

【事故案例】　××供电公司工作许可人不具备相关条件，造成事故。

110kV××变电站值班人员在无工作票、无监护人的情况下，在主控室将开关室的钥匙交给行政处电力建筑工程队所使用的包工队人员卓××和李××，许可其进入35kV开关室打扫玻璃窗和灯罩的卫生。19：03，李××在开关柜背后移动铝合金扶梯时，触及35kV格水393线路断路器至穿墙套管间A相铝排，引起单相接地。之后扶梯滑落，又同时触及B向铝排，造成两相短路，35kV格水393线路速断保护动作，断路器跳闸，主变压器重瓦斯动作，三侧断路器跳闸。李××左上胸、双脚被电击伤。李××在开关室使用不符合要求的安全工器具且与带电体没有保持足够的安全距离，导致其身体对带电体放电，这是本次事故发生的直接原因。

6.3.10.4　专责监护人应是具有相关工作经验，熟悉设备情况和本规程的人员。

【释义】　在电气设备上的工作中，有许多工作作业技术复杂，邻近强电场而空间活动范围窄小，安全条件差，作业时安全防范措施相对不够充分。对此，工作票签发人和工作负责人应视现场实际条件，确定所有需要在工作中被监护的人数，增设专人进行专职的特殊监护。这些为保证安全专事监护责任的人员就是专责监护人，也是指不参与具体工作，专门负责监督作业人员现场作业行为是否符合安全规定的责任人员进行危险性大、较复杂的工作，如临近带电设备、带电作业及夜间抢修等作业等，仅靠工作负责人无法监护到位，因此除工作负责人外还应增设监护人，在带电区域进行非电气工作时如绿化、刷油漆、修路等也应增设监护人。专责监护人主要监督被监护人员遵守本规程和现场安全措施，及时纠正不安全行为。因此，专责监护人应掌握安全规程，熟悉设备和具有相当的工作经验。

【事故案例】　××供电公司未设置专责监护人不具备相关条件，造成事故。

××是石油公司黄泥岩加油站低压线换线工程由××供电局线路检修班施工。工作地段全长0.54km，其中7~8号杆跨公路。施工时，在跨公路处设了一名指挥车辆的监护人。11：30，在进行7~8号杆段的防线工作时，驶来一辆公共汽车。此时，一根导线已悬在空中（离路面约2.4m），另一根导线横在公路上，负责人刘××指挥旗呼其停车不成，汽车右后轮泥板挂住横在公路上的导线，前行拖走12m左右，造成在8号杆上工作的宋××随机倒地受伤，身体左侧第4~10根肋骨骨折。

6.3.11　工作票所列人员的安全责任。

6.3.11.1　工作票签发人：

a) 确认工作必要性和安全性。

b) 确认工作票上所填安全措施是否正确完备。

c) 确认所派工作负责人和工作班人员是否适当和充足。

【释义】　工作票签发人应根据现场的运行方式和实际情况对工作任务的必要性、安全性以及采取的停电方式、安全措施等进行考虑，审查工作票上所填安全措施是否与实际工作相符且正确完备，以及所派工作负责人及工作班成员配备是否合适等，各项内容经审核通过后签发工作票。

【事故案例】 ××供电公司工作票签发人未能履行安全责任，造成事故。

110kV××变电站工作人员在对部分设备进清扫、消缺、刷相序漆工作，35kV甲、乙线隔离开关带电。工作负责人李××办理了第一种工作票，工作时间为29日8：00~30日14：00。30日早晨，工作负责人变更为史××（当日值班负责人），站长师××对全站人员分配了具体任务，并让史××联系制药厂电工联××、来××和一名机修工张××协助工作。站长分配工作负责人史××负责监护3名外协人员刷相色漆，史××带领3人到35kV设备区，向其指明带电设备和工作范围，重点交代了甲、乙线隔离开关带电不许工作。当工作至35kVⅡ母线电压互感器时，史××让3人稍作休息后在继续刷漆。随后，监护人史××去清扫甲线开关端子箱。在无人监护的情况下，联××、来××上架构刷完35kVⅡ母电压互感器隔离开关（10号间隔）后，沿备用架构（11号间隔）向甲线隔离开关（12号间隔）移动，扶梯人张××说，你们下来，沿梯子上，联××、来××二人未听劝告，继续向3527甲线C相隔离开关所在架构走去，当联××进入12号间隔背对甲线C相隔离开关时，腰部右侧以下部位触电，倒在35kV甲线C相隔离开关上，送医院抢救无效死亡。工作票所列工作班组成员数量不足，临时增加外协人员参加工作，安全教育不到位，是此次事故发生的重要原因。

6.3.11.2　工作负责人（监护人）：

a）正确组织工作。

b）检查工作票所列安全措施是否正确完备，是否符合现场实际条件，必要时予以补充完善。

c）工作前，对工作班成员进行工作任务、安全措施、技术措施交底和危险点告知，并确认每个工作班成员都已签名。

d）组织执行工作票所列安全措施。

e）监督工作班成员遵守本规程、正确使用劳动防护用品和安全工器具以及执行现场安全措施。

f）关注工作班成员身体状况和精神状态是否出现异常迹象，人员变动是否合适。

【释义】 工作负责人是执行工作票工作任务的组织指挥和安全负责人，负责正确安全地组织现场作业，同时工作负责人还应负责对工作票所列现场安全措施是否正确、完备，是否符合现场实际条件等方面情况进行检查，必要时还应加以补充完善。工作许可手续完成后，工作负责人应向工作班成员交代工作内容、人员分工、带电部位和现场安全措施，告知危险点，在每一个工作班成员都已知晓并履行确认手续后，工作班方可开始工作，工作负责人应始终在工作现场认真履行监护职责，督促监护工作班成员遵守本规程，正确使用劳动防护用品和执行现场安全措施，及时纠正工作班成员不安全的行为。工作负责人还要负责检查工作班成员变动是否合适，精神面貌、身体状况是否良好等方面情况，因为变动不合适工作班成员精神状态、身体状况不佳等因素极有可能引发事故。

【事故案例】 ××供电公司工作许可人不具备相关条件，造成事故。

××供电公司变电检修中心组织厂家对220kV变电站35kV开关柜做大修前的尺寸测量等准备工作，当日任务为"2号主变压器35kV三段开关柜尺寸测绘、35kV备24柜设备与母线间隔试验、2号站用变压器回路清扫"。工作班成员共8人，其中××检修公司3人，卢×（伤者）担任工作负责人；设备厂家技术服务人员陈×、林×（死者）、刘×（伤者）等

5人，陈×担任厂家项目负责人。9：25~9：40，××检修公司运维人员按照工作任务要求实施完成以下安全措施：合上35kV三段母线接地手车、35kV备24线路接地开关，在2号站用变压器35kV侧及380V侧挂接地线，在35kV二/三分段开关柜门及35kV三段母线上所有出线柜加锁，挂"禁止合闸、有人工作"牌，邻近有电部分装设围栏，挂"止步，高压危险"牌，工作地点挂"在此工作"牌，对工作负责人卢×进行工作许可，并强调了2号主变压器35kV三段开关柜内变压器侧带电。10：00左右，工作负责人进行安全交底和工作分工后，工作班开始工作。在进行2号主变压器35kV三段开关柜内部尺寸测量工作时，厂家项目负责人陈×向卢×提出需要打开开关柜内隔离挡板进行测量，卢×未予以制止，随后陈×将核相车（专用工具车）推入开关柜内打开了隔离挡板，要求厂家技术服务人员林×留在2号主变压器35kV三段开关柜内测量尺寸。10：18，2号主变压器35kV三段开关柜内发生触电事故，林×在柜内进行尺寸测量时，触及2号主变压器35kV三段开关柜内变压器侧静触头，引发三相短路，2号主变压器低压侧、高压侧复压过电流保护动作，2号主变压器35kV四段断路器分闸，并远跳220kV浏同4244线宝浏站断路器，35kV一/四分段断路器自投成功，负荷无损失。林×当场死亡，在柜外的卢×、刘×受电弧灼伤。2号主变压器35kV三段开关柜内设备损毁，相邻开关柜受电弧损伤。工作负责人未能正确安全的组织工作，现场作业人员对设备带电部位、作业危险点不清楚，在2号主变压器带电运行、进行开关变压器静触头带电的情况下，违规打开35kV三段母线进线开关柜内的隔离挡板进行测量，触及变压器侧静触头，是此次事故的直接原因。

6.3.11.3　工作许可人：

a）负责审查工作票所列安全措施是否正确、完备，是否符合现场条件。

b）工作现场布置的安全措施是否完善，必要时予以补充。

c）负责检查检修设备有无突然来电的危险。

d）对工作票所列内容即使发生很小疑问，也应向工作票签发人询问清楚，必要时应要求作详细补充。

【释义】　工作许可人应严格审查工作票所列工作内容、安全措施及注意事项等是否正确、完备，是否符合现场工作实际，对工作票内容、安全措施等有任何疑问时，应向工作票签发人询问清楚，必要时要求做详细补充，落实工作票中相关的安全措施，检查工作现场布置的安全措施是否完善。必要时予以补充完善，检查检修设备是否有突然来电的危险，确保作业人员安全作业。

【事故案例】　××供电公司工作许可人未能履行安全责任，造成事故。

220kV××变电站收到进行"10kVⅠ段电压互感器更换"工作。7：23，变电站值班员完成将"10kVⅠ段母线电压互感器由运行转检修"操作，在验明电压互感器确无电压并完成工作票所列安全措施后，工作许可人何××与工作负责人徐××办理了许可工作手续。开工会上，工作负责人徐××安排何××、石××更换电压互感器，袁××、汪××两人在10kV高压室外整理包装箱。8：30，高压室一声巨响，1号主变压器10kV低压后备保护动作，10kV分段931断路器跳闸，1号主变压器10kV侧901断路器跳闸。现场发现徐××和石××两人在10kVⅠ段母线电压互感器柜内被电击当场死亡，何××严重烧伤，10kVⅠ母电压互感器柜烧损。设备厂家提供的10kV手车式母线电压互感器柜，电压互感器和避雷器一次接线与设计图纸以及技术协议不符，未将10kV母线避雷器接在母线设备间隔高压熔丝小车之后，而是将 10kV 避雷器直接连接在 10kV 母线，导致拉出 10kV 母线电压互感器高压熔丝小车后，10kV 避雷器仍然带电。而工作许可人和工作负责人等人一同到现场只对 10kV Ⅰ 段电压互感器进行了验电，对同样是工作范围内避雷器的带电情况未进行验证，由于电压互感器与避雷器共同安装在 10kV Ⅰ 段母线设备柜内，检修人员在工作过程中，触碰到带电的避雷器上部接线桩头，造成人员触电伤亡。现场工作负责人作为开关设备安装工作负责人，直接参加了设备的交接验收和安装，对电压互感器柜内的避雷器接线应该清楚，但安全意识薄弱，现场作业过程中危险点分析和控制不到位，现场勘查不仔细，工作许可同处一室的避雷器带电情况不清楚，对现场未采取有限的安全措施，仍然许可此次工作，是导致此次事故的主要原因。

6.3.11.4 专责监护人：

a）确认被监护人员和监护范围。

b）工作前，对被监护人员交待监护范围内的安全措施，告知危险点和安全注意事项。

c）监督被监护人员遵守本规程和执行现场安全措施，及时纠正被监护人员的不安全行为。

【释义】 专责监护人应明确自己的被监护人员、监护范围，确保被监护人员始终处于监护之中。专责监护人在工作前应向被监护人员交待安全措施，告知危险点和安全注意事项，并确认每一个工作班成员都已知晓且做好事故应急工作。专责监护人应全程监督被监护人员遵守本规程和现场安全措施，及时纠正不安全行为，从而保证作业安全。

【事故案例】 ××供电公司专责监护人未能履行安全责任，造成事故。

110kV ×× 变电站北母运行，南母、旁母转检修，甲、乙线路撤运，进行设备消缺清扫工作。当值人员在验收过程中，值班长余××发现甲线断路器 A 相母隔离开关侧无试温腊片，随后安排当值值班员宋××和魏××去给甲线断路器 A 相母线隔离开关补贴试温蜡片，宋、魏二人走向甲线断路器时，路经甲线北母隔离开关（带电处），发现该隔离开关 C 相母线侧无示温蜡片，没有核对设备，即由魏××扶梯，宋××等贴蜡片，当宋××右手准备贴蜡片时，造成触电烧伤坠落。110kV 母线差动保护动作，全站失压。作业人员未核对设备名称，误等带电设备，是造成此次事故的直接原因。值班长在安排工作时，监护人和作业人员职责不清，对带电设备、危险点及安全注意事项没有交代清楚，是造成此次事故的主要原因。

6.3.11.5 工作班成员：

a）熟悉工作内容、工作流程、掌握安全措施，明确工作中的危险点，并在工作票上履行交底签名确认手续。

b）服从工作负责人（监护人）、专责监护人的指挥，严格遵守本规程和劳动纪律，在确定的作业范围内工作，对自己在工作中的行为负责，互相关心工作安全。

c）正确使用施工机具、安全工器具和劳动防护用品。

【释义】 工作班成员要认真参加班前会、班后会，认真听取工作负责人或专责监护人交代的工作任务，熟悉工作内容、工作流程、掌握安全措施，明确工作中的危险点，并履行确认手续。这是确保作业安全和人身安全的基本要求。工作班成员应自觉遵守安全规章制度、技术规程和劳动纪律，服从工作负责人的分配和统一指挥，对自己在工作中的行为负责，不违章作业、互相关心工作安全，并监督本规程的执行和现场安全措施的实施，这是作业人员的权利和义务。正确使用安全工器具及劳动安全保护用品，并在使用前认真检查，这是作业人员保证安全作业的重要措施。

【事故案例】 ××超高压分公司在220kV××变电站110kV三个间隔开展修试工作，一名工作人员误登带电间隔，造成电弧灼伤。

××超高压分公司变电检修部人员在220kV××变电站按检修计划进行28114、28122、28113三个间隔断路器、电流互感器预试、热工仪表校验、隔离开关检查、保护定检工作。17：44，在未经工作指派和工作许可的情况下，李××（伤者）擅自进入带电28101断路器间隔，造成电弧灼伤，坠落在28101断路器下部。附近工作人员闻声赶到现场，对李××进行了急救，并立即通知120急救中心。18：20，急救车到达现场，将李××送至第一人民医院。经医院诊断，李××脸部、手臂及身体局部灼伤，高处坠落伴有身体损伤，48h观察生命体征已基本平稳，5月21日晚，将伤者转至医院进行治疗。伤者李××在未经工作指派和工作许可的情况下，擅自扩大工作范围，进入相邻带电的28101间隔，造成人身电弧灼伤。

6.4 工作许可制度

6.4.1 工作许可人在完成施工现场的安全措施后，还应完成以下手续，工作班方可开始工作。

6.4.1.1 会同工作负责人到现场再次检查所做的安全措施，对具体的设备指明实际的隔离措施，证明检修设备确无电压。

6.4.1.2 对工作负责人指明带电设备的位置和注意事项。

6.4.1.3 和工作负责人在工作票上分别确认、签名。

【释义】 工作许可制度是工作许可人（当值值班电工）根据低压工作票或低压安全措施票的内容在做设备停电安全技术措施后，向工作负责人发出工作许可的命令，工作负责人方可开始工作。在检修工作中，工作间断、转移以及工作终结，必须由工作许可人的许可，所有这些组织程序规定都称为工作许可制度。履行工作许可手续的目的，是为了在完成安全措施以后，进一步加强工作责任感。确保万无一失所采取的一种必不可少的"把关"措施。因此，必须在完成各项安全措施之后再履行工作许可手续。变电站工作许可人（值班员）在完成施工现场的安全措施后，还应会同工作负责人到现场再次检查所做的安全措施，手指背面触试已停电的设备，以证明设备确无电压（这一举动是工作许可人向检修人员交代安全措施的一种最好的、直观的表达方式，使工作负责人及其工作人员亲眼看到，检修的设备确实已无电。工作许可人的这一举动是对检修人员生命安全高度负责的体现）。对工作负责人指明带电设备的位置和注意事项，和工作负责人在工作票上分别签名，发放工作票；完成上述许可手续后，工作班方可开始工作。

【事故案例】 ××供电公司工作负责人与工作许可人未履行工作许可手续，造成事故。

××变电站按计划全站停电检修，9：10，运行人员许可了变电工区当天综合检修第一种工作票，工作内容为设备预试、喷漆、清扫、仪表检验、开关机构检查。10：20，正在35kVⅡ短电压互感器吊线串上清扫的带电班王××突然触电，由吊线串上坠落（约8m高），被安全带保险绳悬在空中（约6m高），经送医院检查，王××两腿各有一处轻微点击伤。经检查，工作票上未要求拉开35kVⅡ段电压互感器隔离开关，运行人员也未拉开；工作票上显示已断开的电压互感器二次保险实际也未断开，仪表班校验2号变压器35kV有功表时（已拆除的电压互感器二次线未包扎），试验电源线和电压互感器二次线瞬间接触，导致试验电电源串入电压互感器二次回路瞬间反送电。许可工作时，工作许可人、工作负责人未对所做安全措施进行检查，是造成此次事故的重要原因。工作票签发人、工作负责人填写和签发工作票停电措施不完备（应拉开 35kV Ⅱ 段电压互感器隔离开关），是造成此次事故的主要原因。

6.4.2 运维人员不得变更有关检修设备的运行接线方式。 工作负责人、工作许可人任何一方不得擅自变更安全措施，工作中如有特殊情况需要变更时，应先取得对方的同意并及时恢复。 变更情况及时记录在值班日志内。

【释义】 工作中若检修设备运行接线方式变更，很可能改变原安全措施的有效性，甚至可能造成检修设备带电。安全措施已经工作负责人、工作许可人双方现场检查并确认，任何一方擅自变更将导致安全措施的完备性遭到破坏，留下安全隐患。特殊情况下，其中一方需对安全措施进行变更时应征得另一方的同意，变更后工作负责人应及时向全体工作班成员讲明变更情况，工作许可人将变更情况记录在运行日志中，当该项作业完成后应及时将变更的安全措施恢复到原有状态，并告知另一方。

6.4.3 变电站（发电厂）第二种工作票可采取电话许可方式，但应录音，并各自做好记录。 采取电话许可的工作票，工作所需安全措施可由工作人员自行布置，工作结束后应汇报工作许可人。

【释义】 因为第二种工作票不涉及停电作业，只要作业人员保持安全带电距离，不误动变电站内设备，基本上不会发生危险。因此，工作人员可以通过电话许可的方式，自行布置安全措施，电话许可时，必须采取录音措施，并各自做好记录，保证作业的安全性。

6.5 工作监护制度

6.5.1 工作许可手续完成后，工作负责人、专责监护人应向工作班成员交代工作内容、人员分工、带电部位和现场安全措施，进行危险点告知，并履行确认手续，工作班方可开始工作。 工作负责人、专责监护人应始终在工作现场，对工作班人员的安全认真监护，及时纠正不安全的行为。

【释义】 工作监护制度是指检修工作负责人带领工作人员到施工现场，布置好工作后，对全班人员不断进行安全监护，以防止工作人员误走（登）到带电设备上发生触电事故，误受到危险的高空，发生摔伤事故，以及错误施工造成的事故。同时工作负责人因事离开现场必须指定临时监护人。在工作地点分散，有若干个工作小组同时进行工作，工作负责人必须指定工作小组监护人。监护人在工作中必须履行其职责，所有这种制度称为工作监护制度。

【事故案例】 ××供电公司工作负责人未履行工作监护责任，造成事故。

××供电公司职工刘×（男，1972 年出生），在 35kV××变电站 10kV 罗屯线 456 断路器消缺过程中触电，抢救无效死亡。4 月 12 日 8：36，35kV××变电站 10kV 系统发生单相接地。调度员在试拉线路寻找接地时，10kV××线 456 断路器遥控跳闸后合不上，调度主站收到 10kV××线 456 断路器控制回路断线信号，调度随即通知变电运维室和变电检修室现场检查修复。为避免用户长时间停电，随后将 10kV××线负荷倒至 35kV 道口铺站 10kV 道西线供电。9：40，变电运维室运维人员到达 35kV××变电站 10kV××线 456 断路器现场，检查发现有异味，怀疑跳闸线圈烧坏，将检查情况汇报调度。调度下令将10kV××线456断路器转检修，10：12操作完毕。变电检修室安排工作负责人焦××、工作班成员叶××、刘×于14：00到达××变电站处理缺陷。在运维人员做好现场补充安全措施，设置好围栏标示牌后，办理事故应急抢修单开工手续，工作负责人焦××向工作班成员叶××、刘×交代完安全措施，强调禁止开启后柜门等安全注意事项后开始工作。更换完跳闸线圈后，经过反复调试，10kV××线456断路器仍然机构卡涩，合不上。20：10，焦××、叶××两人在开关柜前研究进一步解决机构卡涩问题的方案时，刘×擅自从开关柜前柜门取下后柜门解锁钥匙，移开围栏，打开后柜门欲向机构连杆处加注机油，当场触电倒地，经抢救无效死亡。工作负责人焦××监护责任不落实，焦××在与叶××研究进一步解决机构卡涩问题的方案时，注意力分散，造成刘×失去监护，是造成此次事故的主要原因。

6.5.2 所有工作人员（包括工作负责人）不许单独进入、滞留在高压室、阀厅内和室外高压设备区内。

若工作需要（如测量极性、回路导通试验、光纤回路检查等），而且现场设备允许时，可以准许工作班中有实际经验的一个人或几人同时在他室进行工作，但工作负责人应在事前将有关安全注意事项予以详尽的告知。

【释义】 工作人员单独进入、滞留在高压室、阀厅内和室外高压设备区，现场失去监护而容易发生误入带电间隔，误碰有电设备而发生事故及万一发生意外将无人救护。在安全措施可靠、人员不致误触导电部分时，可以准许工作班中有实际经验的一个人或几个人分开在两地工作，但工作负责人应事先将有关安全注意事项告知清楚，如果其他室内工作人员在两人及以上时，应指定其中一人负责监护。

6.5.3 工作负责人、专责监护人应始终在工作现场。

工作票签发人或工作负责人，应根据现场的安全条件、施工范围、工作需要等具体情况，增设专责监护人和确定被监护的人员。

专责监护人不得兼做其他工作。专责监护人临时离开时，应通知被监护人员停止工作或离开工作现场，待专责监护人回来后方可恢复工作。若专责监护人必须长时间离开工作现场时，应由工作负责人变更专责监护人，履行变更手续，并告知全体被监护人员。

【释义】 工作监护制度是保证人身安全及操作正确的主要措施。执行工作监护制度为的是使工作人员在工作过程中有人监护、指导，以便及时纠正一切不安全的动作和错误做法，特别是在靠近有电部位及工作转移时更为重要。监护人应熟悉现场的情况，应有电气工作的实际经验，其安全技术等级应高于操作人。

监护工作应做到以下几点：①完成工作许可手续后，工作负责人（监护人）应向工作班人员交代工作内容、人员分工、现场安全措施、带电部位、和其他注意事项，工作负责人（监护人）必须始终在工作现场对工作班人员的安全认真监护，及时纠正不安全行为；②所有工作人员（包括工作负责人）不许单独留在高压室内和室外变电站高压设备区内，如工作需要（如测量、试验等）且现场允许时，可准许有经验的一人或几人同时在他室进行工作，但工作负责人在事前应将有关安全注意事项予以详尽的指示；③带电或部分停电作业时，应监护所有工作人员的活动范围，使其与带电部分保持安全距离，监护工作人员使用的工具是否正确，工作位置是否安全，操作方法是否正确等；④监护人在执行监护时，不得兼做其他工作，但在下列情况下，监护人可参加工作班工作：在全部停电时，在变、配电站内部分停电时，只有在安全措施可靠，人员集中在一个地点，总人数不超过三人时，所有室内、外带电部分，均有可靠的安全遮栏足以防止触电的可能，不致误碰导电部分时；⑤工作负责人或工作票签发人，应根据现场的安全条件、施工范围、需要等具体情况增设专人监护和批准被监护的人数，专责监护人不得兼做其他工作；⑥工作期间，工作负责人若因故必须离开工作点时，应指定代替人，交代清楚，并告知工作班人员；返回时，也应履行同样的交接手续，工作负责人需长时间离开，应由原工作票签发人变更新的工作负责人，两工作负责人应做好必要的交接；⑦值班员如发现工作人员违反安全规程或任何危及工作人员安全的情况时，应向工作负责人提出改正意见，必要时可暂时停止工作，并立即报告上级。

【事故案例】　××供电公司工作票签发人登塔触电坠落死亡事故。

××供电公司送电工区带电班，在带电的 66kV 木瓦线安装防绕击避雷针作业中，工作票签发人王×在登塔过程中触电坠落死亡。该项作业工作票号（带电作业票）为带电班012-0048，工作内容为 66kV××线 53～59 号，72～77 号架空地线上安装防绕击避雷针。工作地点为 66kV××线 56 号塔。计划工作时间为 2009 年 6 月 25 日8：30～18：00。6 月 25 日10：30，班组人员到达作业现场，工作负责人杨××宣读工作票、布置工作任务及本项目安全措施后，11：10 工作班成员开始作业。工作负责人杨××负责监护，郑××、陈××负责塔上安装防绕击避雷针，其他 5 人负责地面配合工作，王×（死者）为送电工区检修专工，工作票签发人。11：15，郑、陈二人在 56 号塔上安装防绕击避雷针过程中，安装机出现异常，工作负责人杨××指定王×作临时监护人，并要求王×与他一起登塔查看安装机异常原因。在对安装机进行调试过程中，突然听见放电声，看见王×由 56 号塔高处坠落地面，经抢救无效死亡。这起事故中，工作班成员没有做到相互关心，没有制止非工作班成员登塔作业，是本次事故的另一原因。

6.5.4　工作期间，工作负责人若因故暂时离开工作现场时，应指定能胜任的人员临时代替，离开前应将工作现场交待清楚，并告知工作班成员。原工作负责人返回工作现场时，也应履行同样的交接手续。

若工作负责人必须长时间离开工作现场时，应由原工作票签发人变更工作负责人，履行变更手续，并告知全体作业人员及工作许可人。原、现工作负责人应做好必要的交接。

【释义】　工作负责人确需暂时离开工作现场时，应指定能胜任的人员临时代替，以保证工作现场始终有人负责，原工作负责人应向临时工作负责人详细交代现场工作情况、安全措施、邻近带电设备等，并移交工作票，同时还应告知工作班成员和通知工作许可人，原工作负责人返回工作现场后，也应与临时工作负责人履行同样的交接手续，临时工作负责人不得代替原工作负责人办理工作终结手续。若作业现场没有能胜任的人担任临时工作负责人，工作负责人又确须离开现场时，则应将全体工作人员撤出现场，停止工作。若工作负责人确须长时间离开工作现场，应向工作票签发人申请变更工作负责人。经同意后，通知工作许可人，由工作许可人将变动的情况记录在工作票"工作负责人变动"一栏内，原工作负责人在离开前应向新担任的工作负责人交代清楚工作任务、现场安全措施、工作班人员情况及其他注意事项等，并告知全体工作班成员。

【事故案例】　××电业局一临时工因工作负责人临时离开工作现场失去监护，误入带电间隔发生人身触电伤亡事故。

11：29，××电业局根据年度设备预试工作计划，由修试所高压班和开关班对城东变电站 110kV 城西Ⅱ回线路 042 断路器、避雷器、TV、电容器进行预试及断路器做油试验工作。在做完断路器试验，并取出油样后，高压班人员将设备移到线路侧做避雷器及 TV 预试工作。此时，开关班人员发现城西Ⅱ回线路 042 三相断路器油位偏低，需加油。在准备工作中，开关班工作负责人（兼监护人）因上厕所短时离开工作现场，11：29，开关班一临时工作人员走错间隔误入 2 号主变压器 032 断路器带电间隔，发生一起人身触电伤亡事故，造成 1 人死亡。

6.6 工作间断、转移和终结制度

6.6.1 工作间断时，工作班人员应从工作现场撤出。每日收工，应清扫工作地点，开放已封闭的通道，并电话告知工作许可人。若工作间断后所有安全措施和接线方式保持不变，工作票可由工作负责人执存。次日复工时，工作负责人应电话告知工作许可人，并重新认真检查确认安全措施是否符合工作票要求。间断后继续工作，若无工作负责人或专责监护人带领，作业人员不得进入工作地点。

【释义】 工作间断制度是在执行工作票或安全措施票期间，因故暂时停止工作，然后又复工或当日收工，次日再进行工作，即工作中间有间断以及在工作间断时所规定的一些制度。工作间断主要有三种：①工作间断或遇雷雨等威胁工作人员安全时，应使全体工作班人员从工作场地撤出，所有安全措施保持不动，工作票仍由工作负责人执存，间断后继续工作无须通过工作许可人，每次收工应清扫工作地点，开放已封闭的通道，并将工作票交回值班员保管，次日复工时，必须重新履行工作许可制度，工作负责人必须重新认真检查安全措施，符合工作票的要求后方可工作，若无工作负责人或监护人带领，工作人员不得进入工作地点；②在同一电气连接部分，用同一张工作票依次在几个地点转移工作时，全部安全措施由值班员在开工前一次做完，不需再办理转移手续，但工作负责人在转移到下一个工作地点时，应向工作人员交代停电范围、安全措施和注意事项；③在未办理工作票终结手续以前（交回工作票），值班员不准将施工设备合闸送电，但应先将工作班全班人员已经离开工作地点的确切根据通知工作负责人或电气分场负责人，在得到可以送电的答复后方可执行。

电气作业时，同一电气连接部分中的工作安全措施，反映在一张工作票上是作为一个措施整体一次布置完毕的。对于现场设备带电部位和补充安全事项等，工作许可人向工作负责人在履行许可手续时都已交代清楚。但是，转移到不同的工作地点时，特别应注意的是新工作地点的环境条件对工作将产生的影响。工作负责人在每转移到一个新工作地点时，都要向工作人员详细交代带电范围、安全措施和应予注意的其他问题，这是工作转移制度的主要内容。

工作终结制度是指检修工作完毕，由工作负责人检查督促全体工作人员撤离现场，对设备状况、现场清洁卫生工作以及无遗留物件等进行检查，检修人员自己采取的临时安全技术措施，如接地线应自行拆除，然后向工作许可人报告，并一同对工作进行验收、检查，合格后双方在工作、安全措施票上签字，这时工作票才算终结。

6.6.2 在未办理工作票终结手续以前，任何人员不准将停电设备合闸送电。

在工作间断期间，若有紧急需要，运维人员可在工作票未交回的情况下合闸送电，但应先通知工作负责人，在得到工作班全体人员已经离开工作地点、可以送电的答复后方可执行，并应采取下列措施：

a) 拆除临时遮栏、接地线和标示牌，恢复常设遮栏，换挂"止步，高压危险！"的标示牌。

b) 应在所有道路派专人守候，以便告诉工作班人员"设备已经合闸送电，不得继续工作"。守候人员在工作票未交回以前，不得离开守候地点。

6.6.3 检修工作结束以前，若需将设备试加工作电压，应按下列条件进行：

在未办理工作票终结手续以前，任何人员一旦将停电设备合闸送电将有可能造成带地线合隔离开关事故，甚至危及人生安全。但是在工作试验、保护间断期间，若有紧急需要送电时，运维人员在通知工作负责人后，并了解工作班全体人员已撤离工作现场、地线已拆除等现场满足恢复送电的要求时，可以合闸送电。恢复送电后必须拆除临时遮栏、接地线和标示牌，恢复常设遮栏，换挂"止步，高压危险！"的标示牌，以此提醒设备已带电，任何人不得误入间隔、误碰设备；同时，告知工作人员"设备设备已经合闸送电，不得继续工作"。守候人员在工作票未交回以前，不得离开守候地点。

【释义】 设备试加工作电压是在检修设备上施加电压，为防止发生检修作业人员触电，试验加压前应通知与试验无关的全体作业人员撤离到被试设备所加电压的安全距离以外。在一个电气连接部分进行高压试验，为保证人身及设备安全，只能许可一张工作票，由一个工作负责人掌控、协调工作，试验工作需检修人员配合，检修人员应列入电气试验工作票中，也可以将电气试验人员列入检修工作票中，但在试验前应得到检修工作负责人的许可。若检修试验分别填用工作票，检修工作已先行许可工作，电气试验工作票许可前，应将已许可的检修工作票收回，检修人员撤离到安全区域，试验工作票未终结前不得许可其他工作票，以防其他人员误入试验区，误碰被试设备造成人身触电伤害，然后拆除临时遮栏、接地线和标示牌，恢复常设遮栏。

在工作负责人和运行人员对待试电气设备进行全面检查无误后，取得试验负责人许可后方可由运行人员进行加压试验，设备加压试验结束后，由于工作票的安全措施已经改变，不能满足工作要求，所以应重新履行工作许可手续后工作班方可继续工作。

6.6.4 在同一电气连接部分用同一张工作票依次在几个工作地点转移工作时，全部安全措施由运维人员在开工前一次做完，不需再办理转移手续。但工作负责人在转移工作地点时，应向作业人员交代带电范围、安全措施和注意事项。

【释义】 全部安全措施由运行人员在开工前一次做完的，目的是防止边做措施边施工而发生误入带电间隔、误碰带电部位，进而造成人身、设备事故。由于工作的每个工作地点的安全措施、周围带电设备等情况不同，为了保证每名工作成员都能安全地进行工作，工作负责人在每转移到一个新工作地点时，都应向工作人员详细交待带电范围、安全措施和注意事项。

6.6.5 全部工作完毕后，工作班应清扫、整理现场。工作负责人应先周密地检查，待全体作业人员撤离工作地点后，再向运维人员交待所修项目、发现的问题、试验结果和存在问题等，并与运维人员共同检查设备状况、状态，有无遗留物件，是否清洁等，然后在工作票上填明工作结束时间。经双方签名后，表示工作终结。

待工作票上的临时遮栏已拆除，标示牌已取下，已恢复常设遮栏，未拆除的接地线、未拉开的接地开关（装置）等设备运行方式已汇报调控人员，工作票方告终结。

【释义】 工作终结要做到以下几点：①全部工作完毕后，工作班应清扫、整理、检查现场和存在问题等，待全体工作人员撤离工作地点后，再向值班员汇报，讲清所检修项目、发现的问题、试验结果和存在问题等，并与值班员共同检查设备情况，是否有遗留物、设备清洁度等；②工作负责人应会同值班员对检修设备进行检查，特别要核对断路器、隔离开关的分、合位置是否符合工作票规定的位置。核对无误；③检查设备上、线路上及工作现场的工具和材料，不应有遗漏；④拆除临时遮栏、标示牌、恢复永久遮栏、标示牌等，清点工作人员人数无误；⑤拆除临时接地线，拆、装的接地线组数是否相同，接地开关的分、合位置是否与工作票的规定相符。最后在工作票上填明终结时间，双方签字后工作票即告终结；⑥只有在同一停电系统的所有工作票收齐（结束）、并得到值班负责人（或上级）的许可命令后，方可合闸送电；⑦遵照送电操作票操作规程送电后，工作负责人应检查用电设备运行情况，正常后方可离开现场；⑧已操作执行的工作票，至少保留一年。

【事故案例】 ××供电公司工作票终结前要求检修人员清扫工作现场，该员工因不满工作安排造成高处作业坠落死亡事故。

110kV××变电站停电检修，变电站站长武××在验收设备时，发现110kV××电流互感器漏油未清扫，要求检修人员重新清扫，被检修负责人拒绝并发生争执。武××情绪激动，即带领两名当值值班员一起去清扫该设备。到达工作地点后，武××未戴安全帽，即用竹梯登上××电流互感器架构，一只脚踩在架构槽钢上，另一只脚在移动时踏空，从距地面2.7m的架构上摔下，头后侧撞地死亡。变电站运行人员带情绪工作、精神状态不良、不戴安全帽、未系安全带擅自登高作业，是造成此次事故的主要原因。

6.6.6 只有在同一停电系统的所有工作票都已终结，并得到值班调控人员或运维负责人的许可指令后，方可合闸送电。

【释义】 同一停电系统中往往有多张工作票，为了保证停电系统工作人员的安全，应在同一停电系统的所有工作票都已终结（所有工作都已验收完毕、所有措施都已恢复、确认无工作人员在现场工作）并得到值班调度员或值班负责人的指令以后，才能将检修后的设备恢复送电。

6.6.7 已终结的工作票、事故紧急抢修单应保存 1 年。

【释义】 为便于对工作票、事故应急抢修单的统计，并对其执行中存在的问题进行分析、总结及采取改进措施，所以应保存一年。

7 保证安全的技术措施

7.1 在电气设备上工作，保证安全的技术措施

a）停电。

b）验电。

c）接地。

d）悬挂标示牌和装设遮栏（围栏）。

上述措施由运维人员或有权执行操作的人员执行。

【释义】 保证安全的技术措施：是指运用工程技术手段消除物的不安全因素，实现生产工艺和机械设备等生产条件本质安全的措施。

停电：即停止电力传送，使电器无法获取外部电源。

验电：通过验电可以确定停电设备是否无电压，以保证装设接地线人员的安全和防止带电装设接地线或带电合接地开关等恶性事故的发生。

接地：是指电力系统和电气装置的中性点、电气设备的外露导电部分和装置外导电部分经由导体与大地相连。

标示牌：具有标记、警示的作用，标示牌主要是通过视觉来表现它的作用。

保证安全的技术措施由运行人员或各单位根据实际情况批准的有权执行操作的人员执行。主要考虑运行人员和批准的有权执行操作的人员对现场的设备运行情况、工作内容、工作范围、邻近带电部分、危险源非常了解，能够正确快速地完成安全措施的执行，给检修工作提供有力的安全保障。

7.2 停电

7.2.1 工作地点，应停电的设备如下：

a）检修的设备。

b）与作业人员在进行工作中正常活动范围的距离小于表 7-1 规定的设备。

c）在 35kV 及以下的设备处工作，安全距离虽大于表 3 规定，但小于表 7-1 规定，同时又无绝缘隔板、安全遮栏措施的设备。

d）带电部分在作业人员后面、两侧、上下且无可靠安全措施的设备。

e）其他需要停电的设备。

表 7-1　　　作业人员工作中正常活动范围与设备带电部分的安全距离

电压等级（kV）	安全距离（m）	电压等级（kV）	安全距离（m）
10 及以下（13.8）	0.35	1000	9.50
20、35	0.60	±50 及以下	1.50

续表

电压等级（kV）	安全距离（m）	电压等级（kV）	安全距离（m）
66、110	1.50	±400	6.70①
220	3.00	±500	6.80
330	4.00	±660	9.00
500	5.00	±800	10.10
750	8.00②		

注：表中未列电压按高一档电压等级的安全距离。

示例 1：注 1：±400kV 数据是按海拔 3000m 校正的，海拔 4000m 时安全距离为 6.80m。

示例 2：注 2：750kV 数据是按海拔 2000m 校正的，其他等级数据按海拔 1000m 校正。

【释义】　要确保作业人员的人身安全，正常工作、活动时不会触电，检修的设备及工作人员与周围设备带电部分距离小于表 3 规定的设备应停电。其他有些与安全距离无关的工作（如二次系统上有的工作），需要将设备停电。

在 35kV 及以下的设备上或附近工作，工作人员与周围设备带电部分的距离：10kV，大于 0.35m，小于 0.7m；20、35kV，大于 0.6m，小于 1.0m，如工作地点和周围设备带电部分间加装绝缘隔板或安全措施后，该设备可以不停电。

因作业人员工作中往往只注意保持与正面带电设备的安全距离，如果带电设备在作业人员的后面、两侧、上下，即使与作业人员之间的距离大于表 3 的规定，也应采取安全、可靠的措施与该设备隔离，后面、两侧可用遮栏隔离。否则，应将这些设备停电。

【事故案例】　110kV 变电站发生民工触电重伤事故。

110kV××变电站 35kV2 号母线上有出线三回，其中甲线 327 号变电、线路设备已经报停，乙线 325 号变电设备已经报停，但是线路带电，丙线 326 号设备在役运行（长期处于停用状态）。3 月 1 日，在 110kV 南坪变电站进行 35kV 2 段母线停电工作，工作任务是 35kV 2 段母线及出线设备、旁路母线设备预试小修，保护校验，更换母线避雷器，丙 326 路、3263 隔离开关、3265 隔离开关与穿墙套管之间引线拆除。上午 7：40 变电站操作队人员将 35kV 旁路、35kV 2 段母线 2 号 TV 转停用，35kV 分段 300 路、2 号变压器总路 302 号 35kV 旁母转检修。由于工作票签发人、工作许可人误认为乙线 325 路已停用，而未对线路侧采取安全措施（而实际上情况是 35kV 乙线线路有电，3253 号隔离开关静触头带电），同时许可人安排另一操作人将所有 35kV 出线隔离开关间隔网打开。9：10 工作许可人带领工作负责人等人一道去工作现场交代工作后，工作负责人（监护人）带领两个民工做 35kV 2 段母线设备清洁。9：56 一民工失去监护，单独进入南明 3253、3255 隔离开关网门内，右手持棉纱接近 3253 隔离开关 C 相静触头准备清洁，此时 3253 隔离开关对其右手和左脚放电致使其倒地。随即在场人员将伤者送市急救中心抢救，后转送西南医院治疗。

7.2.2　**检修设备停电，应把各方面的电源完全断开（任何运行中的星形接线设备的中性点，应视为带电设备）。禁止在只经断路器（开关）断开电源或只经换流器闭锁隔离电源的设备上工作。应拉开隔离开关（刀闸），手车开关应拉至试验或检修位置，应使各方面有一个明显的断开点，若无法观察到停电设备的断开点，应有能够反映设备运行状态的电气和机械等指示。与停电设备有关的变压器和电压互感器，应将设备各侧断开，防止**

向停电检修设备反送电。

【释义】 为了保证工作人员工作时不发生触电危险，检修设备必须从运行的系统中完全隔离出来，保证没有来电的可能。所以检修设备停电，应把各方面的电源完全断开，断开各侧断路器和隔离开关。

运行中星形接线设备由于三相对地电容不同，其中性点存在位移电压；在中性点非有效接地系统（不接地、经消弧线圈接地和经高电阻接地）和中性点有效接地系统中性点不接地的变压器发生单相接地故障时，中性点对地具有较高的电位，最高可达相电压。因此，运行中星形接线设备的中性点应视为带电设备，应将检修设备的中性点与其他运行中星形接线设备的中性点断开。

将检修设备停电，仅拉开断路器或换流器闭锁隔离电源，可能发生断路器或换流器实际未断开、绝缘介质击穿、误送电等情况，停电不可靠，工作不安全。因此，禁止在只经断路器（开关）断开电源或只经换流器闭锁隔离电源的设备上工作。应拉开隔离开关，使检修设备和电源之间再有一断点；手车开关应拉至试验或检修位置，使检修设备和电源之间隔离达到安全之目的。

有些设备（如组合电器）等，拉开隔离开关已达到断开点之目的，只是看不到而已。为检查断路器、隔离开关是否确已断开，应有能够反映设备运行状态的电气和机械等指示，对于一些无法看到电气设备实际断开位置的设备按相应条款进行判断。为防止停电的变压器或电压互感器反送电，应将停电的变压器、电压互感器的各侧断开。

【事故案例】 110kV 变电站电容器间隔检修，发生 1 人触电死亡事故。

按检修计划，变电修试公司在 110kV ×× 变电站进行 326 电容器间隔的检修工作。×× 电力局维操队于 2005 年 8 月 27 日 18：20，收到由变电修试公司朱 × 签发的变 050833 娄底电业局变电站第一种工作票，工作任务：326 电容器间隔断路器、电缆、电容器、电抗器小修预试以及保护校验，工作负责人谢 ×，工作班成员贺 ×（高试）、刘 ××（检修）、刘 ×（检修）、王 ××（继保）、周 ××（继保）。8 月 28 日 9：55，新化电力局维操队员曾 ×× 会同工作负责人谢 ×（死者，男，39 岁，大专，1983 年参加工作）检查 326 电容器间隔的安全措施，并交代注意事项："10kV 母线带电，326 间隔后上网门 10kV 母线带电。" 10：00，工作许可手续办理完毕，谢 × 召集工作班成员进行了交代，正式开始工作，谢 × 与工作班成员贺 × 负责进行设备预试工作。谢 × 与贺 × 在 326 断路器柜后进行电缆试验，电缆未解头带 TA 进行试验时，发现 C 相泄漏电流偏大，随即将电缆解头重新试验，泄漏电流正常。试验完毕，谢 × 听到 326 断路器柜内有响声，便独自去 326 断路器柜前检查，并擅自违章将柜内静触头挡板顶起，工作中不慎触电倒在 326 小车柜内。工作人员听到声音后，立即赶来将其送医院，经抢救无效死亡。

7.2.3 检修设备和可能来电侧的断路器（开关）、隔离开关（刀闸）应断开控制电源和合闸能源，隔离开关（刀闸）操作把手应锁住，确保不会误送电。

【释义】 为确保检修设备上工作的作业人员人身安全，应断开检修设备的控制电源和合闸电源，弹簧、液压、气动操作机构应释放储能或关闭有关阀门，以防意外分、合闸伤害在设备上工作的作业人员。可能来电侧的断路器（开关）、隔离开关（刀闸），也应断开控制电源和合闸电源，操作机构应泄压或关闭有关阀门；对一经合闸就可能送电到停电检修设备的隔离开关操作把手应锁住，以确保不会向检修设备误送电。

【事故案例】　检修人员在检修 220kV ×× 变电站 1 号站用变压器 316 断路器时，误入带电的 3161 隔离开关柜被电弧严重烧伤事故。

××电业局检修一公司对 220kV ×× 变电站 1 号站用变压器及 1 号站用变压器 316、316 断路器电缆、316 保护仪表进行预试检验工作。10：10，运行值班人员对检修设备停电操作完毕并做好安全措施后，将 316 断路器柜前后下层柜门打开。随后由值班负责人周×× 会同工作负责人熊×× 到现场，再次检查所做安全措施，交代安全注意事项，许可开工。10：24，控制室喇叭响，警铃响，1 号主变压器 310、308、314 断路器跳闸。经现场检查，发现工作班成员周新赞触电，电弧将周××、熊×× 烧伤。周×× 烧伤严重，熊×× 面部上半身部分烧伤，现已住院救治。据医院初步诊断，周×× 全身烧伤面积约 80%，其中约 60% 为 Ⅲ 度烧伤，熊×× 灼伤面积约 20%。事故直接原因为：在对 316 断路器进行检修时，工作负责人熊×× 和工作班成员周×× 共同将 GN9-10-041 型开关柜上层柜门打开，周×× 进入 10kV 带电母线及 3161 隔离开关柜内时导致放电短路（工作票上已经注明"3161 隔离开关靠 10kV 母线侧带 10kV 电压"，不属本次工作范围），酿成了人身重伤事故和主变压器低压侧断路器跳闸。

7.2.4　对难以做到与电源完全断开的检修设备，可以拆除设备与电源之间的电气连接。

【释义】　某些检修设备在工作中不能做到与电源之间完全隔离，形成明显的断开点，而确保设备无来电的可能。对这些难以做到与电源完全断开的检修设备，如母线隔离开关检修，可以拆除母线隔离开关与母线之间的连接，以满足断开工作电源的需要。

【事故案例】　110kV ×× 变电站 10kV 设备改造线路反送电地线脱落，造成作业人员触电重伤事故。

××供电公司变电工区变电一班进行 110kV ×× 变电站 10kV 设备改造工作，工作班成员张× 在工作过程中触电灼伤。工作任务为 110kV ×× 变电站 221 断路器更换、保护改造、B 相加装 TA，工作班成员为孙××（工作负责人）、侯××、梁××、张×（男，25 岁，高中文化程度，1999 年 8 月军转，经培训 2002 年 8 月工作）。现场采取的安全措施为在 221-5 隔离开关（母线侧隔离开关）断路器侧挂地线一组并在隔离开关口加装绝缘隔板、在 221-2 隔离开关（线路侧隔离开关）线路侧挂地线一组。16：00 左右进行 221-2 隔离开关与 TA 之间三相铝排安装，当时张× 在 221 开关柜内右侧进行 A 相接引、校正 A 相铝排，侯×× 在柜门左外侧协助工作，孙×× 在柜门外侧监护工作。约 16：10，221 线路来电，造成工作班成员张× 触电灼伤，随即将其送至县医院进行抢救。

7.3　验电

7.3.1　验电时，应使用相应电压等级且合格的接触式验电器，在装设接地线或合接地开关（装置）处对各相分别验电。验电前，应先在有电设备上进行试验，确认验电器良好，无法在有电设备上进行试验时可用工频高压发生器等确认验电器良好。

【释义】　验电器是检测电气设备上是否存在工作电压的工器具，应对各相分别验电，以防可能出现一相、两相带电的情况。只有确认三相全部无电后，才能装设接地线或合接地开关（装置）。验电时应使用相应电压等级（即验电器的工作电压应与被测设备的电压相同）、接触式的验电器，使用前应对验电器进行检查。各电压等级验电器如图 7-1 所示。

声光验电器是按检验50Hz正弦交流电杂散电容电流的电容型验电器，目前，绝大部分验电器的"自检按钮"都只能检测部分回路，即不能检测全回路。因此，不能以按验电器"自检按钮"，发出"声"、"光"信号作为验电器完好的唯一依据。只有在有电设备上进行试验，确证验电器是否良好才是最可靠的。当无法在有电设备上进行试验时，可采用工频高压发生器（即50Hz、正弦波的高压发生器，见图7-2）确证验电器良好，与电容型验电器工作原理及使用环境一致，不得采用中频、高频信号发生器确证验电器的良好。

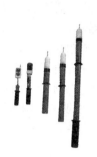 

图7-1　各电压等级验电器　　　　图7-2　各种工频高压发生器

7.3.2　高压验电应戴绝缘手套。 验电器的伸缩式绝缘棒长度应拉足，验电时手应握在手柄处不得超过护环，人体应与验电设备保持表7-1中规定的距离。 雨雪天气时不得进行室外直接验电。

【释义】　验电时，为保证验电时的人身安全，伸缩式绝缘棒验电器的绝缘杆应全部拉出，以保证达到足够的安全距离，手应握在验电器的手柄处不得超过护环，人体与被验电设备应保持相应的安全距离。另外，为了防止泄漏电流对人体的危害，验电人员对高压设备进行验电时必须戴绝缘手套。

雨雪天气时，对户外电气设备验电，绝缘杆受潮不均，对地电容会发生变化，可能发生"不均匀湿闪"，对验电人员造成伤害，因此，规定不得进行直接验电。

【事故案例】　验电器无电，导致带负荷挂地线。

××供电公司220kV变电站的110kV 190断路器及线路检修。当值值班员易××和孟××进行相关操作，孟××是监护人。当进行到190-5隔离开关（出线隔离开关）断路器侧验明无电压，合上接地开关后；在190-5隔离开关（出线隔离开关）线路侧验明无电压，合上接地开关时（当时线路还有电），造成带电合接地开关的恶性误操作事故。经查，虽用验电器验电，后查验电器自带电池无电，使用前没经过检测导致事故发生。

7.3.3　对无法进行直接验电的设备、高压直流输电设备和雨雪天气时的户外设备，可以进行间接验电，即通过设备的机械指示位置、电气指示、带电显示装置、仪表及各种遥测、遥信等信号的变化来判断。 判断时，至少应有两个非同样原理或非同源的指示发生对应变化且所有这些确定的指示均已同时发生对应变化，才能确认该设备已无电。 以上检查项目应填写在操作票中作为检查项。 检查中若发现其他任何信号有异常，均应停止操作，查明原因。 若进行遥控操作，可采用上述的间接方法或其他可靠的方法进行间接验电。

330kV及以上的电气设备，可采用间接验电方法进行验电。

【释义】　对GIS（组合电器）或具有"五防"功能的高压开关柜、环网柜等电气设备、高压直流输电设备，无法进行直接验电；雨雪天气时对户外设备直接验电不安全，而这些设备在合接地开关（装置）、装设接地线前也应验电，此时，只能采用间接验电方式。

间接验电是通过设备的机械指示位置、电气指示、带电显示装置、电压表、ZnO 避雷器在线检测的电流表及各种遥测、遥信等信号的变化来判断设备是否有电。判断时，应有两个及以上非同样原理或非同源的指示发生对应变化且所有指示均已同时发生对应变化，才能确认该设备已无电。任何一个信号未发生对应变化均应停止操作查明原因，否则不能作为验明无电的依据。间接验电作为一些设备或特定条件时的验电方式，应具体写入操作票内。

遥控操作是指从调度端或集控站发出远方操作指令，以微机监控系统或变电站的 RTU 当地功能为技术手段，在远方变电站实现的操作。采用遥控操作，为保证验电的准确性，应全面检查隔离开关的监控位置、遥测值、遥信信号以及带电显示装置的指示，证明设备确已无电后，在进行操作。

对于 330、500、750、1000kV 等电气设备的直接验电，验电器过于笨重，操作不便；有的还没有成熟的产品，此时，可采用间接验电方法进行验电。

【事故案例】　10kV 电容器停电操作检查项目漏项，在母隔离开关分闸不到位情况下，造成带电合接地开关恶性误操作事故。

××变电站运行值班人员根据地调命令"将 10kV 1 号电容器 961 断路器由热备用转冷备用"。10：03，当值操作人袁×、监护人姚×、值班负责人王××执行"10kV 1 号电容器 961 断路器由热备用转冷备用"令，操作票第 5 项"拉开 1 号电容器 961 隔离开关"后，检查隔离开关操作手把和隔离开关分合闸指示均在分闸位置，但未检查隔离开关实际位置（由于 9611 母隔离开关传动轴变形，分闸不到位），即向地调汇报操作完成。10：22，袁×、姚×在合 1 号电容器 96110 接地开关时，发现有卡涩现象，并向王××汇报，王××到现场后未核实 9611 隔离开关实际位置，即同意继续操作，导致三相接地短路，10kV 侧 A 相母线桥，2 号主变压器差动保护动作，202、102、902 断路器跳闸，110kV Ⅱ 母、10kV Ⅱ 段母线失压。

7.3.4　表示设备断开和允许进入间隔的信号、经常接入的电压表等，如果指示有电，在排除异常情况前，禁止在设备上工作。

【释义】　如果电气指示表示设备未断开或表计指示有电，这说明设备或表计有异常情况，可能是信号、表计失灵或者是设备确实带有电压，应认真查明原因，在排除异常情况前，禁止在该设备上工作。

【事故案例】　××电气检修仪表班在 65 乙备断路器后间隔 TA 根部加电流试验时，造成弧光短路，致使 1 人死亡 3 人轻伤事故。

××公司 5 号机组大修从 5 月 15 日开始，6 月 17 日大修工作进入第 34 天，DCS 改造项目已首次受电进入调试阶段。6 月 17 日上午，电检分公司仪表班 7 人对 65 乙段中 DCS 改造需引入电流量的停电断路器进行通电流模拟试验，以检查变送器及通道正确与否。工作班成员王××、冀××、王×、赵××、陈××五人负责在 65 乙段各开关柜分别加二次电流，班长郭××和张××两人在集控室变送器间用对讲机和下边核对。11：45，班长郭××到 65 乙段配电室宣布工作结束，郭××交代后，即先行离开工作现场。但王××认为 65 乙备测试数据有些不准，提出在 TA 根部接线处再试一次（按照电检分公司统一安排，65 乙备 TA 试验工作应在 6 月 22 日将该间隔停电后进行）；于是，王××、冀××、王×、赵××、陈××五人去 65 乙备后间隔，从 TA 根部加电流试验。当时，冀××提醒王××：带电指示灯亮，此间隔有电。王说：没事。随即拆除了电气运行人员设置的遮栏绳，强行打开 65 乙备断路器后间隔的下柜门门锁，做 TA 根部加电流试验。在变送器间的张××用步话机和 65 乙段配电室联系，A 相试验做完后，当联系 C 相试验结束后，下部无应答（试验只做 A、C 相）。随即，集控室发现 3 号高备变于 11：57 掉闸。在运行人员查保护掉牌时，陈××跑回集控室报告：段内着火了，还有一人未出来。运行人员随即跑向 65 乙段配电室，进行处理、救人，并打"120"报警。后经冀××回忆说，段内弧光短路，引燃了王××、冀××的衣服，冀脱下着火的上衣，和王×一起拿来灭火器，把王××身上的火扑灭才跑出去。现场人员将王××从 65 乙段配电室救出，由"120"急救车将五人一起送往市第一人民医院。王××因烧伤严重，经医院全力抢救无效于 18 日 0：30 死亡。另外三名工作人员不同程度受轻伤，住院治疗。

7.4 接地

7.4.1 装设接地线应由两人进行（经批准可以单人装设接地线的项目及运维人员除外）。

【释义】 装设接地线是在高压设备上进行的工作，但此时保证安全的技术措施尚未全部完成，因此装设接地线应由两人进行，一人操作，一人监护，以确保装设地点、操作方法的正确性，防止因错挂、漏挂而发生误操作事故。

对于接地线已置于完善的防误操作闭锁装置的变电站，在确保单人装设接地线时人身安全的前提下，经有关部门批准的运行人员可以实行单人装设接地线。

7.4.2 当验明设备确已无电压后，应立即将检修设备接地并三相短路。 电缆及电容器接地前应逐相充分放电，星形接线电容器的中性点应接地、串联电容器及与整组电容器脱离的电容器应逐个多次放电，装在绝缘支架上的电容器外壳也应放电。

【释义】 在验明设备确无电压后应立即装设三相短路式接地线或合上接地开关（装置）。接地用于防止检修设备突然来电，消除邻近高压带电设备的感应电，还可以放尽断电设备的剩余电荷。当发生检修设备突然来电时，短路电流使送电侧继电保护动作，断路器快速跳闸切断电源、三相短路使压降到最低程度，以确保检修设备上作业人员的人身安全。在需接地处验电，确认无电后应立即接地，如果间隔时间过长，就可能发生意外的情况（如停电设备突然来电）而造成事故。此外，验电后装设接地线或合接地开关（装置）前操作人员不得去其他地点或做其他事情，否则，应重新验电。

停电后，电缆及电容器仍有较多的剩余电荷，应逐相充分放电后再短路接地。停电的星形接线电容器即使已充分放电及短路接地，由于其三相电容不可能完全相同，中性点仍存在一定的电位，所以，星形接线电容器的中性点应另外接地。与整组电容器脱离的电容器（熔断器熔断）和串联电容器无法通过放电装置一次放尽剩余电荷，因此，应逐个多次放电。装在绝缘支架上的电容器外壳会感应到一定的电位，绝缘支架无放电通道，也应单独放电。

【事故案例】 运行操作人员在 35kV ××变电站操作过程中发生触电死亡事故。

6：57，××供电分公司××中心站操作人员在进行 35kV ××变电站 2 号主变压器检修停役操作中，发生一起人身死亡事故。9 月 24 日，按照计划安排，××变电站进行 2 号主变压器小修预试、有载修试，城柏 3511 断路器小修预试、母刀、线刀、电流互感器修试等工作。

当日凌晨 5：10 左右，沪西供电分公司××中心站彭××小班到××变电站进行 2 号主变压器停役操作。带班人兼监护人为彭××，操作人为朱×（死者，男，23 岁，中专生，2000 年 11 月进厂）。6：57，当××变电站 2 号主变压器改到冷备用后，在等待××中心站将××3511 从运行改为冷备用时，彭××、朱×二人在控制室等待调度继续操作的指令。当调度员通过对讲机呼叫彭××并告知××中心站已将××3511 改为冷备用时，朱×擅自一人离开控制室并走到 2 号主变压器室内将 2 号主变压器两侧接地线挂上且打开××3511 进线电缆仓网门，将 11 挡竹梯放入到网门内。待彭××接好将 2 号主变压器及××3511 由冷备用改检修状态命令后，寻找到朱×时，发现 2 号主变压器两侧接地线已接好。彭××为弥补 2 号主变压器现场操作录音的空白，即在××3511 进线电缆间隔与朱×一起唱复票以补 2 号主变压器两侧挂接地线这段操作的录音，边在做××3511 进线电缆头处验电的操作。当朱×在验明××3511 进线电缆头上无电后，未用放电棒对电缆头进行放电，即进入电缆间隔爬上梯子准备在电缆头上挂接地线，彭××未及时制止纠正其未经放电就爬上梯子人体靠近电缆头这一违章行为。这时朱×右手掌触碰到××3511 线路电缆头导体处（时间约 6：57），左后大腿碰到铁网门上，发生电缆剩余电荷触电，朱随即从梯上滑下，彭急上前将其挟出仓外，并对朱进行人工心肺复苏急救，后送医院抢救无效死亡。

7.4.3 对于可能送电至停电设备的各方面都应装设接地线或合上接地开关（装置），所装接地线与带电部分应考虑接地线摆动时仍符合安全距离的规定。

【释义】 装设接地线或合接地开关（装置），最重要的是用于防止检修设备突然来电，因此，对所有可能送电至停电设备的各方面都应装设接地线或合接地开关（装置），保证作业人员始终在接地的保护范围内工作。

对有可能产生感应电压的设备也应视为电源设备，应视情况适当增加接地线。若断开有感应电压的连接部件，在断开前应在断开点两侧各装一组地线。

所装的接地线及接地线摆动时与带电部分应保持表 1 的安全距离。

【事故案例】 线路工作不验电不挂地线，造成触电死亡。

××电业局 10kV 甲线（35kV 火电厂变电站到××开关站）发生接地故障，安排线路工区进行分段停电检查。由于现场人员将需要停电的 10kV 甲线和 10kV 乙线（两条线路同杆架设，甲线在上，乙线在下）误报为 10kV 甲线和 10kV 乙线，导致调度将上述两条线路停电，而没有对 10kV 乙线停电。工作人员上杆塔工作前又未验电和挂接地线，造成上杆的工作人员（长期临时工，藏族）触电死亡。

7.4.4 对于因平行或邻近带电设备导致检修设备可能产生感应电压时，应加装工作接地线或使用个人保安线，加装的接地线应登录在工作票上，个人保安线由作业人员自装自拆。

【释义】 工作接地：操作接地实施后，在停电范围内的工作地点，对有可能来电（含感应电）的设备端进行的保护性接地。

个人保安线：防止工作人员在设备上作业时遭受感应电触点，防止电源侵入，由工作人员自挂自拆的地线。为了区别于正常接地线，故称为个人保安辅助接地线。

在变电站内，因设备较多，电压较高，平行的母线或邻近的高压设备都可能导致检修设备产生感应电压，危及作业人员的安全，此时，应在检修设备上加装工作接地线或使用个人保安线。加装的工作接地线应登录在工作票上，列入工作票的管理。个人保安线由工作人员自装自拆，要明确责任，防止漏挂、漏拆。

【事故案例】 1992年4月4日，感应电造成施工人员死亡。

1992年4月4日，××电业局变电班长王××等10人在××站220kV 2号64（××西线）施工，进行连接引下线等工作。工作前工作票签发人寥××借了一副接地线带到工作地点，向大家交代工作票内安全技术措施。但变电工作票没有写"在线路侧挂接地线"，施工人员认为寥××拿来的接地线短了，不好挂，没有执行。11：00左右开始工作。王××进行工作安排，在没有验电的情况下，就开始在设备上工作了。王××和曹××二人在门型架上工作。当在C相绝缘子串耐张线夹处触及导线时，就感到有感应电压，喊地勤人员送上绝缘手套戴好，就把悬空的C相引下线上端与耐张线夹接好了。之后站在隔离开关处的副班长李××叫谭××（站在接地开关水平连杆上）帮他把引下线拉过来，当谭××伸手去抓引下线还未接触时就放电了，发出放电声，谭××受惊立即从隔离开关架上下来，叫人把接地线挂起，地勤人员将接地线的接地端接在接地开关的软铜辫子上，导线端缠绕在引下线下端构成接地。当李××比划好引下线长度，正准备放下引下线时，王××已取开引下线的上端，左手抓住线路侧导线，右手抓住引下线，线路上的感应电流通过人体，沿引下线入地，被感应电压电击死亡。（事故后测量，××西线感应电压，上相7300V，中相300V，下相5900V。）

7.4.5 在门型构架的线路侧进行停电检修，如工作地点与所装接地线的距离小于10m，工作地点虽在接地线外侧，也可不另装接地线。

【释义】 作业人员应在接地的保护范围内工作，门型构架的线路侧停电检修，如工作地点与所装设接地线或线路接地开关之间的距离小于10m（10m为电气距离，不是平面距离，这个数字是从人体通过最大致命电流的经验值得来的），如在线路避雷器上工作，工作地点虽在接地线或线路接地开关外侧，但与接地线或线路接地开关的电气距离小于10m可不装设接地线。发生突然来电时，在接地线或线路接地开关外侧，10m处的残压仍是人体可承受的，前提是接地线装设应可靠。

7.4.6 检修部分若分为几个在电气上不相连接的部分〔如分段母线以隔离开关（刀闸）或断路器（开关）隔开分成几段〕，则各段应分别验电接地短路。 降压变电站全部停电时，应将各个可能来电侧的部分接地短路，其余部分不必每段都装设接地线或合上接地开关（装置）。

【释义】 检修设备若经隔离开关（刀闸）或断路器（开关）隔开分为几个在电气上不相连接的部分，则各检修设备应分别验电、装设接地线、合上接地开关，以放尽各自的剩余电荷，保证各检修设备都在接地的保护范围。

降压变电站全部停电时，应将各个可能来电侧的部分装设接地线、合上接地开关，整个变电站已处于接地的保护范围，不必每段都装设接地线或合上接地开关。

7.4.7 接地线、接地开关与检修设备之间不得连有断路器（开关）或熔断器。 若由于设备原因，接地开关与检修设备之间连有断路器（开关），在接地开关和断路器（开关）合上后，应有保证断路器（开关）不会分闸的措施。

【释义】 检修设备应在接地线、接地开关的保护范围内，如检修设备与接地线、接地开关之间连有断路器（开关）或熔断器，发生误动、误碰等情况将使断路器或熔断器断开，检修设备失去接地线、接地开关的保护。因此，接地线、接地开关与检修设备之间不得连有断路器（开关）或熔断器。有些设备通过断路器接地，应有保证断路器不会分闸的措施，并在开关操作处设置"禁止分闸"的标志，使检修设备保持接地的状态。

7.4.8　**在配电装置上，接地线应装在该装置导电部分的规定地点，应去除这些地点的油漆或绝缘层，并划有黑色标记。 所有配电装置的适当地点，均应设有与接地网相连的接地端，接地电阻应合格。 接地线应采用三相短路式接地线，若使用分相式接地线时，应设置三相合一的接地端。**

【释义】　接地线接地端固定在与接地网可靠连接的专用接地桩上或用专用的夹具固定在接地电阻合格的接地体上，并保证其接触良好。不得把接地端线夹接在表面油漆过的金属构架或金属板上，虽然金属构架或金属板与接地网相连，但油漆表面使接地回路不通或接触电阻过大，失去保护作用。

采用三相短路式接地线使发生检修设备突然来电时残压最低，确保检修作业人员的人身安全。对于电压等级较高或接地线截面较粗的接地线，因绝缘杆、接地线较长，采用三相短路式接地线自重较大，有时会使用分相式接地线，此时，应设置三相合一的接地端，即三相分相式接地线分别接在接地网的接地排上，与使用三相短路式接地线的效果一样。如没有三相合一的接地端，三相接地线分别接地，发生突然来电时，虽然送电侧断路器快速跳闸，但在检修设备上工作的作业人员仍将承受一定的残压（短路电流乘以接触电阻与接地电阻之和），即使时间很短，仍可能危及人身安全。

7.4.9　**装设接地线应先接接地端，后接导体端，接地线应接触良好，连接应可靠。拆接地线的顺序与此相反。 装、拆接地线导体端均应使用绝缘棒和戴绝缘手套。 人体不得碰触接地线或未接地的导线，以防止触电。 带接地线拆设备接头时，应采取防止接地线脱落的措施。**

【释义】　装设接地线时应先接接地端，后接导体端；拆除接地线时应先拆导体端，后拆接地端，整个过程中，应确保接地线始终处于安全的"地电位"。

接地线接触不良，接触电阻增大，当线路突然来电时，将会使接地线残压升高，发热烧断，从而使作业人员失去保护。装、拆接地线应使用绝缘棒，以保证装拆人员的人身安全。装、拆过程中，由于可能发生突然来电或在有电设备上误挂接地线、停电设备有剩余电荷、邻近高压带电设备对停电设备产生感应电压等情况，因此人体不得触碰接地线或未接地的导线。为加强人身安全防护，装、拆接地线应戴绝缘手套。任何时候都要防止接地线脱落，若接地线脱落，该设备处于不接地状态，可能使作业人员触电，尤其带接地线拆设备接头时，应采取防止接地线脱落的措施。

【事故案例】　**处理与330kV××线10号同杆架设的未运行空线路，在装设接地线时，工作人员感应电触电，手、腿灼伤。**

11：30左右，××工区检修一班承担处理与330kV××线10号同杆架设的未运行空线路，在装设接地线时，职工杨××被指派上10号塔上相横担挂接地线，上塔前，工作负责人吴××专门交代其一定要将接地端连接牢靠。在由地面将两根接地线同时吊上去后，杨××刚将其中一根放在一边，开始装设第一根接地线，杨××按照规定的程序在挂好第一根接地线后，发现接地线的接地端未连接好，擅自用手将已挂好接地线接地端拆下，此时该线路的感应电压由接地线导线端的线夹通过杨××双手，腿部对横担放电，导致双手被烧伤，腿部被烧伤。后地面人员通过已挂好的用于吊地线的绳索将地线打掉，使触电者脱离了电源，随后地面又增派两人上塔救助。迅速用绳索将杨××放至地面。

7.4.10 成套接地线应用有透明护套的多股软铜线和专用线夹组成，接地线截面不得小于 25mm²，同时应满足装设地点短路电流的要求。

禁止使用其他导线接地或短路。

接地线应使用专用的线夹固定在导体上，禁止用缠绕的方法进行接地或短路。

【释义】 接地线采用多股软铜线是因为铜线导电性能好，软铜线由多股细铜丝绞织而成，既柔软又不易折断，使接地线操作、携带较为方便。软铜线外包塑料护套，具备对机械、化学损伤的防护能力。采用透明护套，以便于观测软铜线的受腐蚀情况或软铜线表面的损坏迹象。禁止使用其他导线作为接地线或短路线。接地线是保护作业人员人身安全的一道防线，发生突然来电时，接地线将流过短路电流，因此除应满足装设地点短路电流的要求外，还应满足机械强度的要求，25mm² 截面的接地线只是规定的最小截面。当接地线悬挂处的短路电流超过它的熔化电流时，突然来电的短路电流将熔断接地线，使检修设备失去接地保护。

一组接地线中，短路线和接地线的截面均不得小于 25mm²。对于直接接地系统，接地线应该与相连的短路线具有相同的截面；对于非直接接地系统，接地线的截面可小于短路线的截面。接地线的两端线夹应保证接地线与导体和接地装置接触良好、拆装方便，保证其接触良好，有足够的机械强度，并在大短路电流通过时不致松动。

用缠绕的方法进行接地或短路，一是接触不良，在通过短路电流时会造成过早的烧毁；二是接触电阻大，在流过短路电流时产生较大的残压。

【事故案例】 2013 年 7 月 18 日，接地线装设不牢固，导致人身感应触电事故。

2013 年 7 月 18 日，110kV××变电站进行 110kV××一线××支线线路隔离开关 17523 和旁路母线隔离开关 17520 更换工作，110kV××一线××支线、110kV 旁母在检修状态，在 1752 断路器与 17523 之间、17523 出线侧、17520 旁母侧分别装设了接地线。16：05，工作班成员蔡×通过吊车辅助拆除××一线××支线至 17520 旁路母线隔离开关 C 相 T 接引流线，工作负责人王×站在旁路母线隔离开关构架上手抓 C 相 T 接引流线配合拆除工作，在蔡×将 T 接处线夹拆除后，王×手抓的 C 相引流线下落过程中将装设在××一线××支线引流线处的 C 相接地线碰落，摆动的××一线××支线引流线与王×手中的引流线接触，发生感应电触电，王×抢救无效死亡。

7.4.11 禁止作业人员擅自移动或拆除接地线。 高压回路上的工作，必须要拆除全部或一部分接地线后始能进行工作者［如测量母线和电缆的绝缘电阻，测量线路参数，检查断路器（开关）触头是否同时接触］，如：

a）拆除一相接地线。

b）拆除接地线，保留短路线。

c）将接地线全部拆除或拉开接地开关（装置）。

上述工作应征得运维人员的许可（根据调控人员指令装设的接地线，应征得调控人员的许可），方可进行。工作完毕后立即恢复。

【释义】 接地线是作业人员防止触电最有效的技术措施，禁止擅自移动或拆除接地线。在高压回路上，有些工作［如测量母线和电缆的绝缘电阻，测量线路参数，检查断路器（开关）触头是否同时接触等］确需拆除全部、一部分接地线或拉开接地开关（装置）后才能进行，只有在保证作业人员人身安全的前提下方可进行，而且，应尽量多保留部分接地线或短路线。如测量设备相对地绝缘，只拆除该相的短路线，保留其他两相的短路线、接地线；测量变压器线圈、断路器（开关）对地绝缘电阻时，拆除接地线，保留短路线，检查断路器（开关）间的同期性以及做电气试验时，拆除短路线，保留一相接地线等。

上述工作经工作负责人同意并征得运行人员的许可（根据调度员指令装设的接地线，应征得调度员的许可），检修人员方可进行。工作完毕后应立即恢复原先的接地线或接地开关（装置）状态并立即报告运行人员或调度员。

7.4.12 每组接地线及其存放位置均应编号，接地线号码与存放位置号码应一致。

【释义】 实行接地线的定置管理，可有效防止发生带接地线合闸的恶性误操作事故，还可提高安全工器具的管理水平。每组接地线应编号，存放在固定的地点，存放位置亦应编号，两者应一致，便于检查和核实，以掌握接地线的使用和拆装情况。同一存放处的接地线编号不得重复。

7.4.13 装、拆接地线，应做好记录，交接班时应交代清楚。

【释义】 装、拆接地线，都应做好记录，应填入操作票的相关栏目。装设的接地线应在工作票中标明接地线的编号。在模拟图中装设接地线的位置标明已装设接地线的符号和编号，拆除接地线后，在模拟图中取下已拆除接地线的符号。

【事故案例】 设备由检修转运行操作中带地线送电事故。

一座220kV变电站，35kV配电设备为室内双层布置，上下层之间有楼板，电气上经套管连接。当日进行2号主变压器及三侧断路器预试，35kVⅡ母预试，35kV母联断路器的301-2隔离开关检修等工作。工作结束后在进行"35kVⅡ母线由检修转运行"操作过程中，21：07，两名值班员拆除301-2隔离开关母线侧地线（编号2号0），但并未拿走而是放在网门外西侧。21：20，另两名值班员执行"35kV母联301断路器由检修转热备用"操作，在执行35kV母联断路器301-2隔离开关断路器侧地线（编号1号5）拆除时，想当然认为该地线挂在2楼的穿墙套管至301-2隔离开关之间（实际挂在1楼的301断路器与穿墙套管之间），即来到位于2楼的301间隔前，看到已有一组地线放在网门外西侧（由于楼板阻隔视线，看不到实际位于1楼的地线），误认为应该由他们负责拆除的1号5地线已拆除，也没有核对地线编号，即输入解锁密码，以完成"五防"闭锁程序，并记录该项工作结束，造成301-2隔离开关断路器侧地线漏拆。21：53，在进行35kVⅡ母线送电操作，合上2号主变压器35kV侧312断路器时，35kVⅡ母母差保护动作跳开312断路器，造成带地线送电的恶性误操作事故。

7.5 悬挂标示牌和装设遮栏（围栏）

7.5.1 在一经合闸即可送电到工作地点的断路器（开关）和隔离开关（隔离开关）的操作把手上，均应悬挂"禁止合闸，有人工作！"的标示牌（见《国家电网公司电力安全工作规程 变电部分》附录Ⅰ）。

如果线路上有人工作，应在线路断路器（开关）和隔离开关（刀闸）操作把手上悬挂"禁止合闸，线路有人工作！"的标示牌。

对由于设备原因，接地开关与检修设备之间连有断路器（开关），在接地开关和断路器（开关）合上后，在断路器（开关）操作把手上，应悬挂"禁止分闸！"的标示牌。

在显示屏上进行操作的断路器（开关）和隔离开关（隔离开关）的操作处应设置

"禁止合闸，有人工作！"或"禁止合闸，线路有人工作！"以及"禁止分闸！"的标记。

【释义】 在断路器和隔离开关的操作把手上悬挂"禁止合闸，有人工作"的标示牌，是禁止任何人员在这些设备上操作，因这些设备一经合闸可能误送电到工作地点。当线路有人工作时，则应在线路断路器和隔离开关的操作把手上悬挂"禁止合闸，线路有人工作"的标示牌。禁止任何人员在这些设备上操作，以防向有人工作的线路误送电。

对于有些设备通过断路器接地，除有保证断路器不会分闸的措施外，在断路器操作把手上，悬挂"禁止分闸"的标示牌，禁止任何人员拉开断路器，使检修设备（线路）始终处于接地状态。

若在显示屏上进行操作，则在有关断路器和隔离开关的操作处均应相应设置"禁止合闸，有人工作"或"禁止合闸，线路有人工作"以及"禁止分闸"的标记，禁止在这些设备上操作。

图7-3 安全标示牌样例

【事故案例】 值班长擅自摘下警示牌，造成带地线合隔离开关事故。

××厂变电站交接班时，站内工作任务为110kV××断路器检修。交接班后，检修工作负责人提出申请结束检修工作，而值班长临时提出要试合一下断路器上方的母线侧隔离开关，检查该开关贴合情况。于是，值班长在没有拆除开关与母线侧隔离开关之间接地线的情况下，擅自摘下了隔离开关操作手把上的"已接地"警告牌和挂锁进行合闸操作，发生带接地线合闸的恶性误操作事故。

7.5.2 部分停电的工作，安全距离小于表1规定距离以内的未停电设备，应装设临时遮栏，临时遮栏与带电部分的距离不得小于表3的规定数值，临时遮栏可用干燥木材、橡胶或其他坚韧绝缘材料制成，装设应牢固，并悬挂"止步，高压危险！"的标示牌。

35kV及以下设备可用与带电部分直接接触的绝缘隔板代替临时遮栏。绝缘隔板绝缘性能应符合附录J的要求。

【释义】 部分停电的工作，为防止作业人员接近周围设备的带电部分，对距离小于表1规定安全距离的未停电设备，应在工作地点和带电部分之间装设临时遮栏（围栏）。遮栏上悬挂"止步，高压危险！"的标示牌。临时遮栏与带电部分之间距离不得小于表3的规定数值。临时遮栏的形式有固定式围栏、伸缩式围栏和围网等。围栏用干燥木材、橡胶、玻璃钢或有绝缘性能的材料做成，围网用锦纶、维纶、涤纶等材料做成。临时遮栏装设应牢固。

对于35kV及以下的带电设备，有时因需要用绝缘隔板将工作地点和带电部分之间隔开，绝缘隔板可与带电部分直接接触。该绝缘隔板的绝缘性能和机械强度应符合要求，并安装牢固，作业人员不得直接碰触绝缘隔板，装、拆绝缘隔板时应使用绝缘工具。绝缘隔板只允许在35kV及以下的电气设备上使用，绝缘隔板使用前应检查。绝缘隔板平时应放置在干燥通风的支架上。

【事故案例】　110kV变电站电容器间隔检修，因违章发生1人触电死亡事故。

按检修计划，变电修试公司在110kV××变电站进行326电容器间隔的检修工作。××电力局维操队于2005年8月27日18：20，收到由变电修试公司朱×签发的变050833××电业局变电站第一种工作票，工作任务：326电容器间隔断路器、电缆、电容器、电抗器小修预试以及保护校验；工作负责人谢×；工作班成员贺×（高试）、刘××（检修）、刘×（检修）、王××（继保）、周××（继保）。8月28日9：55，新化电力局维操队员曾××会同工作负责人谢×（死者，男，39岁，大专，1983年参加工作）检查326电容器间隔的安全措施，并交代注意事项："10kV母线带电，326间隔后上网门10kV母线带电。"10：00，工作许可手续办理完毕，谢×召集工作班成员进行了三交代，正式开始工作，谢×与工作班成员贺×负责进行设备预试工作。谢×与贺×在326开关柜后进行电缆试验，电缆未解头带TA进行试验时，发现C相泄漏电流偏大，随即将电缆解头重新试验，泄漏电流正常。试验完毕后，谢×听到326开关柜内有响声，便独自去326开关柜前检查，并擅自违章将柜内静触头挡板顶起，工作中不慎触电倒在326小车柜内。工作人员听到声音后，立即赶来将其送医院，经抢救无效死亡。

7.5.3　在室内高压设备上工作，应在工作地点两旁及对面运行设备间隔的遮栏（围栏）上和禁止通行的过道遮栏（围栏）上悬挂"止步，高压危险！"的标示牌。

【释义】　在室内高压设备上工作时，由于室内设备布置较为紧凑，为防止人员误入带电间隔或误碰运行设备，应在工作地点的两旁间隔和对面运行设备间隔和禁止通行的过道上设置遮栏（围栏），并在遮栏（围栏）上悬挂"止步，高压危险！"的标示牌，警告工作人员不得靠近运行设备或禁止通行。

【事故案例】　标志牌设置错误，造成放电灼伤事故。

××变电站开展××线226断路器、电流互感器高压试验和清扫工作。工作负责人倪××让张××监护，自己登上226断路器拆引线，张××在未与倪××联系的情况下，准备自行拆除226电流互感器引线。与其相连的是215电流互感器且运行人员在设置带"止步，高压危险！"标志牌围栏设置错误，张××误认为大林线215间隔是停电的226间隔，直接登上大林215电流互感器架构，造成A相对其右手放电。

7.5.4　高压开关柜内手车开关拉出后，隔离带电部位的挡板封闭后禁止开启，并设置"止步，高压危险！"的标示牌。

【释义】　高压开关柜内手车开关拉出后，隔离带电部位的挡板应可靠封闭，因挡板与挡板后静触头带电部分的距离仅满足屋内配电装置带电部分至接地部分的安全净距，远小于不停电的安全距离，因此，该挡板封闭后是禁止开启的。设置"止步，高压危险！"的标示牌，提示工作人员禁止开启挡板。

若无自动封闭开关静触头的挡板，应临时采用绝缘隔板将静触头封隔，并设标识牌，将检修设备和带电设备断开，不得随意拆除，严防工作人员在柜内工作时触电。

7.5.5　在室外高压设备上工作，应在工作地点四周装设围栏，其出入口要围至临近

道路旁边，并设有"从此进出！"的标示牌。 工作地点四周围栏上悬挂适当数量的"止步，高压危险！"标示牌，标示牌应朝向围栏里面。 若室外配电装置的大部分设备停电，只有个别地点保留有带电设备而其他设备无触及带电导体的可能时，可以在带电设备四周装设全封闭围栏，围栏上悬挂适当数量的"止步，高压危险！"标示牌，标示牌应朝向围栏外面。

禁止越过围栏。

【释义】 变电站室外设备大多没有固定的围栏，检修设备附近又有运行的带电设备，为限制作业人员的活动范围，应在工作地点四周装设围栏，其出入口要围至临近道路旁边，并设有"从此进出"的标示牌。工作地点四周围栏上悬挂适当数量的"止步，高压危险！"标示牌，标示牌应朝向围栏里面。围栏应采用独立支柱，不得用带电设备的构架（如隔离开关的构架，隔离开关已拉开，但一侧带电）作为围网的支柱。

若室外配电装置只有少量的带电设备，可以在带电设备四周装设全封闭围栏，围栏上悬挂适当数量的"止步，高压危险！"标示牌，标示牌应朝向围栏外面。围栏用来限制人员的活动范围，防护作业人员接近带电设备的一种安全防护用具，因此，严禁越过围栏，围栏所围部分的上方也不得越过。

【事故案例】 ××热电厂检修人员误登带电断路器造成人身触电死亡。

××热电厂电气变电班班长安排工作负责人王××及成员沈××和李××对××断路器（35kV）进行小修，××断路器小修的主要内容是：①擦洗断路器套管并涂硅油；②检修操作机构；③清理 A 相油渍，并强调了该项工作的安全措施。

工作负责人王××与运行值班人员一道办理了工作许可手续，之后王××又回到班上。当他们换好工作服后，李××要求擦油渍，王××表示同意，李××即去做准备。王××对沈××说："你检修机构，我擦套管"。随即他俩准备去检修现场，此时，班长见他们未带砂布即对他们说："带上砂布，把辅助接点擦一下"。沈××即返回库房取砂布，之后向检修现场追王××，发现王××已到与××断路器相临正在运行的户城断路器（35kV）南侧准备攀登。沈××就急忙赶上去，把手里拿的东西放在××断路器的操作机构箱上，当打开操作机构箱准备工作时，突然听到一声沉闷的声音，紧接着发现王某已经头朝东脚朝西摔爬在地上，沈便大声呼救。此时其他人在班里也听到了放电声，迅速跑到变电站，发现王××躺在户城断路器西侧，人已失去知觉，马上开始对其进行胸外按压抢救。约 10min 后，王××苏醒，便立即送往医院继续抢救，但因伤势过重，经抢救无效于 10 月 17 日晨五时死亡。

当工作负责人王××和沈××到达带电的户城断路器处时，既未看见临时遮栏，也未看见"在此工作"标示牌，更未发现断路器西侧有接地线。根本未核对自己将要工作的断路器，到底是不是在 20min 前和电气值班员共同履行工作许可手续的那台断路器，就贸然开始检修工作。

7.5.6 在工作地点设置"在此工作！"的标示牌。

【释义】 根据工作票所指明的工作设备与地点，在检修设备及工作地点均应悬挂"在此工作"的标示牌。一张工作票若有几个工作地点，均应设置"在此工作"标识牌；在交直流屏、保护屏、自动化屏等屏柜处工作时，应在屏柜前后分别设置"在此工作"标识牌。

【事故案例】 忽视"在此工作"标识牌，造成断路器跳闸。

××公司施工的500kV××变电站技改项目，进行500kV××变电站2号主变压器220kV侧2042断路器保护屏更换保护的工作。在紧固保护屏端子排螺钉时，因2041断路器和2042断路器保护屏紧相邻，型号一致，端子排的布置一样，2042断路器保护屏放有"在此工作"标志牌，2041断路器保护屏运行设备和端子排没有设置红布帘或警示标志，工作人员没有核对保护屏的名称，错误地紧固2041断路器保护屏的端子排，工作中螺丝刀不慎短接2041断路器保护屏4D端子排中上下紧邻的4D70、4D71端子，造成2041断路器保护RCS921装置TJR动作，面板跳A、B、C指示灯亮，保护报文显示"发变三跳开入"有开入变位，装置三相跳动作出口，造成2041断路器误跳闸的B类一般设备事故。××铝紧急避峰70MW。

7.5.7 在室外构架上工作，则应在工作地点邻近带电部分的横梁上，悬挂"止步，高压危险！"的标示牌。在作业人员上下铁架或梯子上，应悬挂"从此上下！"的标示牌。在邻近其他可能误登的带电构架上，应悬挂"禁止攀登，高压危险！"的标示牌。

【释义】 室外构架上工作，为防止人员误登带电部分的横梁，在工作地点邻近带电部分的横梁及其他可能误登的带电构架上上悬挂"止步，高压危险！"的标示牌。

运行人员一般不具备专业登高工具和熟练的登高技能，因此该标示牌可在运行人员的监护下，由检修人员悬挂。

为防止工作人员误登带电架构，运行人员应在允许工作人员上下的铁架或梯子上，悬挂"从此上下"的标示牌。

【事故案例】 爬上运行中的110kV断路器"三角机构箱"，造成断路器对人体放电。

电气分场在1号主变压器、1号厂高压变压器系统检修中，工作负责人王××指挥人员进行1101断路器小修。王××站在相邻的××开关机构箱支持台上向1101断路器上传递东西，后不知何故，王××又上至××开关操作箱顶部（安全措施不完备，应设的遮栏未设，未悬挂"止步，高压危险"标识牌），在下操作箱时不慎将手搭在渭枣开关"三角机构箱"处，断路器放电，电弧烧伤王某胸部、腿部，随后王摔至地面，送往医院治疗。

7.5.8 禁止作业人员擅自移动或拆除遮栏（围栏）、标示牌。因工作原因必须短时移动或拆除遮栏（围栏）、标示牌，应征得工作许可人同意，并在工作负责人的监护下进行。完毕后应立即恢复。

【释义】 临时遮栏、接地线、遮栏（围栏）、标示牌等，都是为保证工作人员的人身安全和设备的安全运行所作的安全措施，使工作地点与带电间隔隔开，防止工作人员误碰带电设备，禁止工作人员擅自移动或拆除。工作人员如因工作需要要求短时变动遮栏（围栏）、标示牌时，应征得工作许可人的同意，并在工作负责人的监护下进行。在完成工作后，应立即恢复原来状态并报告工作许可人。

【事故案例】 擅自移开遮栏进入带电间隔造成人身触电。

××公司变电三队接受工作任务，在10kV××开关站原××线开关柜内新安装真空断路器一台。变电三队接受任务后，由工程科人员带队、工作负责人等参加，进行了现场查勘并编制三措计划书报批。闵×为该项工作的施工负责人。12月6日，施工负责人闵×带领工作班人员前往××开关站进行工作，办理了编号为2002120601的第一种工作票。城区供电局监控班按工作票要求做好安全措施，并向施工队伍交待现场后，于当日10：45许可工作。该工作的计划工作时间为12月6日9：00至12月30日16：00。12月16日，施工负责人闵×带领工作人员共 5 人前往××开关站继续工作。闵×向工作班人员交代工作范围、内容和安全措施后，分组进行工作。11：36 左右，闵×朝在做断路器至隔离开关的连线时，为了量尺寸，擅自移开遮栏，解开 10kV 九江Ⅱ线 695 开关柜的防误装置进入间隔（此间隔作为金桥开关站的备用电源，断路器和隔离开关均在断开位置，6953 隔离开关出线侧带电），导致人身触电事故。

7.5.9 **直流换流站单极停电工作，应在双极公共区域设备与停电区域之间设置围栏，在围栏面向停电设备及运行阀厅门口悬挂"止步，高压危险！"标示牌。 在检修阀厅和直流场设备处设置"在此工作"的标示牌。**

【释义】 直流换流站单极停电工作，另一极与双极公共区域设备仍在运行，应在工作地点与运行设备之间设置围栏，悬挂"止步，高压危险！"标示牌及"在此工作"标示牌。

【事故案例】 **安全警示标志放置错误，导致工作人员走错间隔。**

××煤矿安排供电车间对中央变电站的Ⅱ、Ⅲ段 6kV 高压母线进行检修。供电车间技术员王××在 300 号开关柜门前悬挂了"止步，高压危险！"警示牌，又在开关柜后柜门上用粉笔写下了同样的警示语。工作班李××没有重视警示牌作用，走错间隔对 300 号联络柜进行清扫时，左手不慎触碰到联络隔离开关，发生触电，经抢救无效死亡。

对照事故 学 安规

（变电部分）

8 线路作业时变电站和发电厂的安全措施

8.1 线路的停、送电均应按照值班调控人员或线路工作许可人的指令执行。禁止约时停、送电。 停电时，应先将该线路可能来电的所有断路器（开关）、线路隔离开关（刀闸）、母线隔离开关（刀闸）全部拉开，手车开关应拉至试验或检修位置，验明确无电压后，在线路上所有可能来电的各端装设接地线或合上接地开关（装置）。 在线路断路器（开关）和隔离开关（刀闸）操作把手上或机构箱门锁把手上均应悬挂"禁止合闸，线路有人工作！"的标示牌，在显示屏上断路器（开关）或隔离开关（刀闸）的操作处应设置"禁止合闸，线路有人工作！"的标记

【释义】 线路作业，调度管辖范围线路的停、送电应按值班调度员的指令执行，联络线的停、送电还应按操作顺序进行，其他线路的停、送电按线路工作许可人的指令执行，操作人员应按指令进行操作。

约时停电是未得到值班调度员或线路工作许可人的停电指令，变电站和发电厂按约定的停电时间停电，可能造成情况发生变化不该停电的线路停电。约时送电是未得到值班调度员或线路工作许可人的送电指令，变电站和发电厂按约定的送电时间送电，可能造成线路工作尚未终结对工作的线路就送电的严重后果。因此，禁止约时停、送电。

线路工作班应严格遵守工作许可制度，禁止按预定的停电时间工作。线路停电时，应依次拉开断路器（开关）、线路隔离开关（刀闸）、母线隔离开关（刀闸）、手车开关拉至试验或检修位置，取下线路电压互感器低压侧熔断器或拉开电压互感器二次回路开关，断开断路器、隔离开关的控制电源和合闸电源，弹簧、液压、气动操作机构释放储能或关闭有关阀门，以确保不会向检修线路误送电；在验明无电压后，在线路上所有可能来电的各端装设接地线或合上接地开关（装置），以防反送电；然后在该线路断路器和隔离开关的操作把手上悬挂"禁止合闸，线路有人工作"的标示牌，在显示屏上断路器和隔离开关的操作处均应设置"禁止合闸，线路有人工作"的标记，禁止任何人员在这些设备上操作，以防向工作的线路误送电。

【事故案例】 ××电力局约时送电，造成人员触电。

为确保"农高会"安全供电，按省政府及示范区管委会要求，××会展中心周围无架空线（原城区二改用电缆）和高新区内用户负荷及路灯电源必须于 2000 年 11 月 3 日接入公网Ⅰ线供电运行。10 月 31 日，××电力局向原城区二线路上用户发出了 11 月 1~2 日每天8：00~20：00 停电接线的书面通知；11 月 2 日××电业局顾××已于 8：00、17：00 左右先后两次去××制药厂当面口头通知该厂配电室负责人，说明该厂配电室进线柜在即日 19：00~19：30左右要试送电。2000 年 11 月 2 日，××电力局施工班工作负责人殷××与工作班成员张××、魏××等 9 人，执行 2000-11-02-01 线路第一种工作票，进行 10kV 122 公网Ⅰ线 1~7 号分支箱用户（××制药厂、路灯箱变等）电缆端头接入工作。即日 8：00~9：00 施工班将××制药厂分路电缆与其配电室 TA 进线柜及路灯箱变接通，下午 4：00~5：00 将该厂分路电

缆端头接入 1 号分支箱。与此同时，另一供电局的多经企业××公司调试班也在××制药厂对 10kV 开关柜进行保护调试和高压试验。19∶30 分，施工班按事先约定时间联系给 10kV 122 网送电。此时，××公司调试班技术员孙××正在核查 TA 回路，突然来电，导致持手电筒的左手前臂与 TA/A 相端头经开关柜体放电，造成左手前臂下侧约 1.5cm^2 肌肉轻度烧伤。

8.2　值班调控人员或线路工作许可人应将线路停电检修的工作班组数目、工作负责人姓名、工作地点和工作任务做好记录

工作结束时，应得到工作负责人（包括用户）的工作结束报告，确认所有工作班组均已竣工，接地线已拆除，作业人员已全部撤离线路，与记录核对无误并做好记录后，方可下令拆除变电站或发电厂内的安全措施，向线路送电。

【释义】　值班调度员或线路工作许可人对一条线路有数个班组同时进行工作时，还应记录工作班组的数目。在工作结束，得到所有工作负责人（包括用户）的工作结束报告，确认所有工作班组工作已结束，接地线已全部拆除无遗漏，工作人员已全部撤离了线路，与记录簿工作班组的名称、数目、工作负责人姓名一一核对无误后，方可下令拆除变电站或发电厂内的安全措施，向线路送电。

【事故案例】　线路工作终结漏拆接地线，造成带地线合闸。

2003 年 1 月 9 日，××供电局市区电力局对 10kV 135 3 号开关站线路（1~43 号杆与 10kV 杜桥线路同杆架设）进行停电消缺工作。13∶35 工作结束，15∶17 停送电联系人（现场许可人）前往城区变电站办理恢复送电手续，此时，现场工作许可人未将 10kV 3 号开关站线路和杜桥线路 1 号杆分别装设的接地线（即操作接地线）拆除。15∶32，城区变电站对 3 号开关站线路合闸送电时，3 号开关站线路 1 号杆发生短路，断路器跳闸，造成带地线合闸的误操作事故。

8.3　当用户管辖的线路要求停电时，应得到用户停送电联系人的书面申请，经批准后方可停电，并做好安全措施。恢复送电，应接到原申请人的工作结束报告，做好录音并记录后方可进行。用户停送电联系人的名单应在调控中心和有关部门备案

【释义】　用户管辖的线路也应严格执行停、送电规定。因为值班调度员对用户的管理存在不可控性，因此用户停送电联系人提交书面申请作为依据，确保停送电申请的真实性。用户停送电联系人的名单应事先报调度和有关部门备案。

经批准后方可停电，完成接地（装设接地线或合接地开关）、悬挂标示牌后才能许可工作。接到原申请人的工作结束报告与停电申请核对，做好录音并记录后方可恢复送电，以免造成人身触电伤害或者造成带地线送电事故。

【事故案例】　未获得书面申请，造成带地线合断路器的恶性误操作事故。

××供电局调度副值班调度员刘××在 6kV 密 27 硅铁二线转线路检修缺陷处理工作结束后，由于没有建立《接地线装拆记录》，调度员不清楚用户侧接地线的装设情况，在送电前也未详细询问线路各侧安全措施的布置情况，未核对值班记录，在用户侧未拆除接地线的情况下，对密 27 硅铁二线由线路检修转运行时，速断保护动作，断路器跳闸，造成 6kV 配网系统中带地线合断路器的恶性误操作事故。

9　带电作业

9.1　一般规定

9.1.1　本规程适用于在海拔 1000m 及以下，交流 10 ~1000kV、直流（±500 ~ ±800）kV（750kV 为海拔 2000m 及以下值）的高压架空电力线路、变电站（发电厂）电气设备上，采用等电位、中间电位和地电位方式进行的带电作业。

在海拔 1000m 以上（750kV 为海拔 2000m 以上）带电作业时，应根据作业区不同海拔高度，修正各类空气与固体绝缘的安全距离和长度、绝缘子片数等，并编制带电作业现场安全规程，经本单位批准后执行。

【释义】　带电作业是指工作人员接触带电部分的作业或工作人员用操作工具、设备或装备在带电作业区域的作业。

等电位作业是指作业人员对大地绝缘后，人体与带电体处于同一电位时进行的作业。

中间电位作业是指作业人员对接地构件绝缘，并与带电体保持一定的距离对带电体开展的作业，作业人员的人体电位为悬浮的中间电位。中间电位作业法还包括配电带电作业的绝缘隔离法。

地电位作业是指作业人员在接地构件上采用绝缘工具对带电体开展的作业，作业人员的人体电位为地电位。

低压带电作业不属于带电作业范畴。

在海拔 1000m 以上（750kV 为海拔 2000m 以上）带电作业时，随着海拔高度的增加，气温、气压都将按一定趋势下降，空气绝缘亦随之下降。因此，人体与带电体的安全距离、缘工器具的有效长度、缘子的片数或有效长度等，应针对不同的海拔高度，根据 GB/T 19185—2008《交流线路带电作业安全距离计算方法》进行修正。

9.1.2　带电作业应在良好天气下进行。如遇雷电（听见雷声、看见闪电）、雪、雹、雨、雾等，禁止进行带电作业。风力大于 5 级，或湿度大于 80% 时，不宜进行带电作业。

在特殊情况下，必须在恶劣天气进行带电抢修时，应组织有关人员充分讨论并编制必要的安全措施，经本单位批准后方可进行。

【释义】　因雷电引起的过电压会使设备和带电作业工具受到破坏，威胁人身安全；雪、雹、雨、雾等天气易引起绝缘工具表面受潮，会影响绝缘性能。GB/T 3600—2008《高处作业分级》规定："在阵风 5 级应停止露天高处作业"，大风使高处作业人员的平衡性大大降低，容易造成高处坠落；湿度大于 80% 时，绝缘绳索的绝缘强度下降较为明显，放电电压降低，泄漏电流增大，易引起发热甚至冒烟着火。故带电作业应在良好天气下进行。在特殊情况下，如必须在恶劣天气进行带电抢修时，应使用相应的防潮绝缘工具，同时应组织有关人员充分讨论并编制必要的安全措施，经本单位批准后方可进行。

【事故案例】 ××供电公司恶劣天气下作业事故。

××电业局110kV××线进行综合检修，工作负责人梅××原来未搞过带电作业，仅学习10多天基础知识，在模拟杆塔上练习了几次"实际操作"，就带领工作班11人（带电作业人员8人，其他技术工人3人）前往××线65号直线杆塔更换双串绝缘子中的一串。当杆上人员挂好绝缘滑轮组，拔出弹簧销子，拟将绝缘子串脱离球头准备更换时，天突然下起小雨（出工时，天气就不好）。工作负责人说："我们不干了！"作业班成员说："雨没有下大，这点小雨不要紧！"工作负责人便附和说："好，免得明天再来。"就这样，他们把需更换的绝缘子串脱离了导线，并将新绝缘子串吊至杆上。准备组装时，雨越下越大。杆上人员说："有麻电感觉。"工作负责人说："你们马上下杆。"他们下杆不久，由于泄漏电流引起的弧光放电，随着"砰"的一声，全线跳闸。事后检查，绝缘保险绳烧断，绝缘滑轮车组的绝缘绳烧断一部分。

9.1.3 对于比较复杂、难度较大的带电作业新项目和研制的新工具，应进行科学试验，确认安全可靠，编制操作工艺方案和安全措施，并经本单位批准后，方可进行和使用。

【释义】 比较复杂、难度较大的带电作业新项目，即首次开展、作业方法和操作流程较为复杂、需控制的各类安全距离较多或需较为复杂的计算校验带电作业项目。主要为：①序复杂的项目；②工作量大的项目，如杆塔移位、更换杆塔、更换导线或架空地线等；③从未开展过的新项目；④自研制的新工具。在投入使用、实施前，经有关专家进行技术论证和鉴定，通过在模拟设备上实际操作，确认切实可行，并制定出相应的操作程序和安全技术措施。新研制的工具需经有权威的相应资质的试验机构进行电气和机械性能等方面的试验。确认其安全可靠，经本单位批准后，方可实施。

【事故案例】 ××供电公司带电作业人身伤亡事故。

××供电公司带电班在10kV××线××分支上，更换耐张绝缘子，用绝缘三角板等电位进行。闫××负责等电位操作（身穿××厂生产的全新屏蔽服），在组装好三角板后，闫××进入等电位。当闫××准备取出绝缘子弹簧销子时，由于三角板晃动，闫××的右手不慎碰到为遮盖的靠横担侧绝缘子铁帽，右胸部碰触导线侧绝缘子与耐线张夹连接的螺栓，造成电流经胸部及右手接地，后抢救无效死亡。经调查，闫××所穿屏蔽服未进行试验和未经本单位分管生产领导（总工程师）批准。

9.1.4 参加带电作业的人员，应经专门培训，并经考试合格取得资格，单位批准后，方能参加相应的作业。带电作业工作票签发人和工作负责人、专责监护人应由具有带电作业资格、带电作业实践经验的人员担任。

【释义】 因带电作业技术要求高、危险性较高、工艺复杂等，参加带电作业的人员应了解和掌握工具的构造、性能、规格、用途、使用范围和操作方法等基本知识，并按照培训项目在停电设备或模拟设备上进行操作训练；同时应进行相关安全规程、现场操作规程和专业技术理论的学习，经理论和操作技能考试合格，取得相应资格证书，由本单位书面批准下文后，方能参加相应的作业。带电作业工作票签发人和工作负责人、专责监护人同样应取得相应带电作业资格，并应具有一定的带电作业实践经验，每年由本单位进行相关规程和专业技术理论的考试合格后，由本单位书面下文。

【事故案例一】 ××供电公司带电作业人身伤亡事故。

　　××电业局带电班副班长赵××（从事带电作业时间不到一年）带领 7 名工人在某 35kV 线路 12 号耐张杆更换靠导线侧第一片零值绝缘子，由赵××和 1 名学员上杆操作。该操作使用前后卡具、绝缘拉板和托瓶架等工具用间接作业法进行，在拔出零值绝缘子前后弹簧销子收紧丝杆，使绝缘子串松弛后，使用绝缘操作杆取出零值绝缘子，由于取瓶器卡不住绝缘子，一时无法用绝缘操作杆取出，站在横担上的赵××便去用手直接将其取出，导线对赵××的右手放电，并经其左脚接地。赵××险些从横担下摔下，右手和左脚烧伤。

　　【事故案例二】　　××电业局送电工区带电作业伤亡事故。

　　××电业局送电工区管辖的 66kV××线于 7 月 20 日、8 月 8 日先后两次跳闸，在地面巡视检查，未查出故障点，因该线路采用茶色瓷釉绝缘子，地面巡线较难发现问题，工区确定 8 月 11 日进行带电登杆检查。11 日早 8 时，送电检修二班技术员侯××将填好的 6 张第二种工作票向全班人员布置工作（该局将工作票签发权下放到班组长，有的人根本不胜任，这次作业的工作票签发人检修二班班长，因文化程度低，不能填写工作票，由班技术员代填写的，班长未认真审查，就在工作票上签了字），提出大家要仔细检查，要注意保持人体与带电体的安全距离为 0.7m。这次××线登杆检查共 81 基杆，分 6 个作业组，每组 3 人。第 6 级负责检查 69~81 号杆，因是最后一个组，路途较远，工作负责人赵××要求增派一人，技术员侯××临时允许仓库管理员靳××参加作业，因临时抽调，未列入工作票人员名单。靳××原为送电工区副主任，后调到承装公司多年，1986 年 4 月又调回送电工区，在检修班担任仓库管理员。11：36，第 6 组人员到达工作现场，由工作负责人赵××宣读工作票，交代了安全措施。随后分成两个小组，一组由赵××带领青年工人徐××检查 69~76 号杆；另一组由靳××带领青年工人李××（男、24 岁，1986 的 1 月入局）负责检查 77~81 号杆。于 12：06 检查到 81 号（最后一基），小组负责人靳××来到杆下检查，亦未认真进行监护。81 号杆为 A 型水泥杆，是带 12°5′转角终端耐张杆，该杆下横担为长短臂横担，左侧为短臂，上横担也在杆的左侧，距同担的铁拉板只有 560mm。左、右杆均装有脚钉。在此情况下，工作人员李××本应从右侧杆攀登，但右杆法兰盘处缺少两个脚钉无法攀登。因此，李××从左侧登杆攀登。当李登到法兰盘时，靳××站在距杆 8m 远处喊："注意引流线啊！"李××即转身靠近电杆内则继续攀登，当其左手抓住下横担铁拉板，左脚踏在下横担，在抬右脚挺身时，头部对上面中导线引流线放电，安全帽击穿，将头部、两手及左脚掌烧伤，从杆上摔下，抢救无效死亡。

　　【事故案例三】　　××供电公司代培人员直接参加带电作业，绝缘三角板晃动，触电致死事故。

　　××供电公司带电班在某 10kV 分歧线上更换耐张绝缘子，用绝缘三角板等电位进行。杆上 3 人，由尚在代培的人员甲等电位操作（身穿×厂生产的全新屏蔽服），乙担任杆上辅助电工，丙任杆上监护人。在组装好三角板后，甲进入等电位，并已组装好收紧导线用的卡具和绝缘滑车组。与此同时，辅助电工乙用绝缘薄膜覆盖了与导线较近的接地部分。当甲准备取出绝缘子弹簧销子时，由于三角板晃动，致使甲的右手不慎碰未遮盖的靠横担侧绝缘子铁帽，右胸部碰触导线侧绝缘子与耐线张夹连接的螺栓。造成电流经胸部及右手接地（事后，查阅变电站的接地记录：计接地两次，第一次为 2s；间隔 2s 后，第二次接地为 7s），脱离电源后，甲经抢救无效死亡。经检查死亡者所穿屏蔽服的胸口处，由于导线与绝缘子连接螺栓放电烧穿，洞径为 16mm，与螺栓直径完全相等。

　　9.1.5　带电作业应设专责监护人。监护人不准直接操作。监护的范围不准超过一个作业点。复杂或高杆塔作业必要时应增设（塔上）监护人。

【释义】 因带电作业过程中需严格控制各类安全距离，作业人员要集中精力去完成某项任务，而其作业的上、下，左、右都可能存在着带电设备、设施，考虑到工作负责人和操作人员可能兼顾不到全面，为避免发生意外，应设专责监护人。为了使监护人能专心监护，故监护人不准直接操作，而且监护的范围也不准超过一个作业点。在复杂杆塔作业时，因需控制的环节较多，以及地面很难准确判断杆塔上的安全距离，特别是比较紧凑的杆塔或需顾及较多项安全距离的作业，需增设监护人。在高杆塔作业时，若地面人员不易看清作业人员的行为、对作业人员与带电体的安全距离不能进行有效的控制，需增设塔上监护人。

【事故案例】 ××电业局带电作业监护不足引发的人身伤亡事故。

××电业局线路工区××供电站电工江××在某110kV××线路339号耐张单杆上使用自制的检测杆测量零值绝缘子，当测完一端绝缘子串后，便从一端转移至二端侧，以便继续检测。在江××穿越跳线时，监护人缺正在紧拉线，致使江××手持检测杆上的短路叉碰触中相跳线江××触电死亡。

9.1.6 带电作业工作票签发人或工作负责人认为有必要时，应组织有经验的人员到现场勘察，根据勘察结果作出能否进行带电作业的判断，并确定作业方法和所需工具以及应采取的措施。

【释义】 工作票签发人或工作负责人任何一方认为有必要时，应组织有经验的安全、技术人员进行现场勘察。勘察的内容包括：作业环境、作业场地等是否能满足带电作业的需要，周围邻近或交叉跨越的带电线路、其他弱电线路以及建筑物等，杆塔型号、导地线型号、绝缘子片数、金具连接等实际情况是否与图纸相符等。根据勘察结果做出能否进行带电作业的判断，编制相应作业方案，并确定作业方法和所需的工具以及应采取的措施。

【事故案例】 ××电业局带电作业现场勘查不到位引起的人身伤亡事故。

××电业局带电班班长胡××持线路第二种工作票申请停用10kV沙环线重合闸，工作任务是解104号杆10kV T接线。9：30接到许可开工令，9：55胡××指挥带电作业车停靠后，通知彭××、姚××开始等电位带电作业。约10：10，彭××解开10kV搭头线，即将脱开之时，导线对彭××双手放电拉弧。彭××右拇指被截，构成重伤。本工作开始前，有关人员未认真勘查现场，漏停一台500kVA配电变压器，造成带负荷10kV T接线，是造成本事故的原因。

9.1.7 带电作业有下列情况之一者，应停用重合闸或直流线路再启动功能，并不准强送电，禁止约时停用或恢复重合闸或直流线路再启动功能：

a）中性点有效接地的系统中有可能引起单相接地的作业。

b）中性点非有效接地的系统中有可能引起相间短路的作业。

c）直流线路中有可能引起单极接地或极间短路的作业。

d）工作票签发人或工作负责人认为需要停用重合闸或直流线路再启动功能的作业。

【释义】 为确保作业人员在带电作业中的人身安全，停用重合闸或直流再启动保护应综合考虑现场实际情况、作业方法、工器具的性能等因素。当工作票签发人或工作负责人有一方认为有必要时，应申请停用重合闸或直流再启动保护。由于带电作业实际作业时间与计划时间会有出入，约时停用或恢复，即提前时停用或恢复，可能发生因重合闸及直流再启动保护不适当的停、启用，造成人身伤害或电网受影响。所以，调度机构应禁止约时停用或恢复重合闸及直流再启动保护。

【事故案例】 ××电业局带电作业重合闸功能引起的人身伤亡事故。

××电业局带电班张××持线路带电工作票申请停用 110kV ××线路重合闸，工作任务是 212 号杆上更换耐张串单片零位绝缘子，作业要求退出该 110kV 线路重合闸。值班调度员将退重合闸命令下达给变电站，由于变电站值班员正交接班，交接值班员凭印象认为该线路重合闸未投，汇报调度重合闸退出。线路工作人员张××在更换绝缘子时，动作过大，身体与带电体安全距离不够，造成线路接地，断路器跳闸，线路重合再次跳闸，工作人员张××被二次烧伤。

9.1.8 带电作业工作负责人在带电作业工作开始前，应与值班调控人员联系。 需要停用重合闸或直流线路再启动功能的作业和带电断、接引线应由值班调控人员履行许可手续。 带电作业结束后应及时向值班调控人员汇报。

【释义】 带电作业工作开始前，为能够让调度掌握线路上有人工作的情况，工作负责人应与值班调度员联系，以免发生意外情况时，调度可迅速采取相应的对策应对，确保作业人员及电网的安全。需要停用重合闸或直流再启动保护进行带电作业或带电断、接引线作业时，为避免意外危及作业人员及电网的安全，工作负责人只有得到值班调度员许可后，方可下令开始工作。带电作业结束后，工作负责人应及时向调度值班员汇报，以便调度及时恢复重合闸或直流再启动保护。进行不需停用重合闸或直流再启动保护的作业前，也应告知调度线路上有人工作。当发生异常情况时，调度可以从保护人身安全角度出发，采取应急处置工作。

【事故案例】 ××电业局带电作业重合闸功能引起的人身伤亡事故。

××电业局带电班张××持线路带电工作票申请停用 110kV ××线路重合闸，工作任务是 212 号杆上更换耐张串单片零位绝缘子，作业要求退出该 110kV 线路重合闸，值班调度员将退重合闸命令下达给变电站，由于变电站值班员正交接班，交接值班员凭印象认为该线路重合闸未投，汇报调度重合闸退出。线路工作人员张××在更换绝缘子时，动作过大，身体与带电体安全距离不够，造成线路接地，断路器跳闸，线路重合再次跳闸，工作人员张××被二次烧伤。

9.1.9 在带电作业过程中如设备突然停电，作业人员应视设备仍然带电。 工作负责人应尽快与调度联系，值班调控人员未与工作负责人取得联系前不得强送电。

【释义】 在带电作业过程中如设备突然停电，因设备随时有来电的可能，故作业人员应视设备仍然带电。作业人员仍应按照带电作业方法和流程进行作业，并将该情况及时报告工作负责人。工作负责人应尽快与调度联系，值班调度员未与工作负责人取得联系前不准强送电。

【事故案例】 ××电业局带电作业突然停电时，工作负责人与调度员沟通不畅引起的人身伤亡事故。

××电业局带电班林××持线路带电工作票在 10kV ××线路 34 号杆为××公司配电变压器搭头。工作中，由于 10kV ××线路故障造成线路断路器跳闸线路停电，值班调度员李××令林××暂时停止工作，待线路查明原因恢复供电后才能工作。林××看剩下的工作很快就会做完，考虑线路巡线处理还需要很长时间，就没有下令停工，而是要求工作人员胡××、赵××

加快施工。胡××、赵××听说线路停电，也没有做相应的安全措施，就继续施工。此时该线路一医院汇报有重要手术，需要立即供电。值班调度员李××在没有通知工作负责人林××的情况下，对10kV××线路强送电，造成工作人员胡××、赵××被烧伤。

9.2 一般安全技术措施

9.2.1 进行地电位带电作业时，人身与带电体间的安全距离不得小于表9-1的规定。35kV及以下的带电设备，不能满足表9-1规定的最小安全距离时，应采取可靠的绝缘隔离措施。

表9-1　　　　　　　带电作业时人身与带电体间的安全距离

电压等级（kV）	10	35	66	110	220	330	500	750	1000	±400	±500	±660	±800
距离（m）	0.4	0.6	0.7	1.0	1.8 (1.6)[a]	2.6	3.4 (3.2)[b]	5.2 (5.6)[c]	6.8 (6.0)[d]	3.8[e]	3.4	4.5[f]	6.8

注：表中数据是根据线路带电作业安全要求提出的。

a 220kV带电作业安全距离因受设备限制达不到1.8m时，经单位批准，并采取必要的措施后，可采用括号内1.6m的数值。

b 海拔500m以下，500kV取3.2m值，但不适用于500kV紧凑型线路。海拔在500～1000m时，500kV取3.4m值。

c 直线塔边相或中相值。5.2m为海拔1000m以下值，5.6m为海拔2000m以下的距离。

d 此为单回输电线路数据，括号中数据6.0m为边相值、6.8m为中相值。表中数值不包括人体占位间隙，作业中需考虑人体占位间隙不得小于0.5m。

e ±400kV数据是按海拔3000m校正的，海拔为3500m、4000m、4500m、5000m、5300m时最小安全距离依次为3.90m、4.10m、4.30m、4.40m、4.50m。

f ±660kV数据是按海拔500～1000m校正的；海拔1000～1500m、1500～2000m时最小安全距离依次为4.7m、5.0m。

【释义】 进行地电位带电作业时，人处于地电位状态，为防止出现放电现象，人身的各部位与带电体间的安全距离不准小于表9-1的规定。35kV及以下的带电设备，因线对地及线间距离小，在不能满足表9-1规定的最小安全距离时，应采取绝缘挡板等可靠的绝缘隔离措施。绝缘挡板的绝缘强度满足相应电压等级要求。作业人员在安装绝缘隔离措施时，应借助其他绝缘工具进行可靠安装。

【事故案例一】 ××供电局线路工区作业人员未保持安全距离背部与跳线放电致伤事故。

××供电局线路工区带电一班进行35kV化肥线检测不良绝缘子工作现场分两个作业组，工作负责人方××，带领张××（青工）等三人为一小组，测至24号杆（该杆为双回路转角双杆，另一回路是35kV××线，三相横担垂直排列），准备开始工作前，工作人员张××问工作负责人："××线要不要测？"方回答说："顺便测一下吧！"（工作票中并无此项任务）。于是张就从××线侧登杆，站在下横担上检测××线绝缘子，结束后，张从下横担向××线爬去，因××线下横担与中相跳线距离只有1.1m，在张爬向××线侧杆子时，背部与跳线放，张从横担上跌下，因坠落处土质松软，虽然休克，但经抢救后苏醒，事后检查，背部与两脚放电烧伤，肩部弧光灼伤。

【事故案例二】 ××供电局送电工区某保线站带电作业人员进行带电作业时，任务不清，未保持足够安全距离，误触带电跳线，坠落死亡事故。

××供电局送电工区某保线站，由站长带领6名工人，采取间接作业法更换某35kV线路1号耐张杆上的零值绝缘子。1号杆系Ⅱ型杆，架设有两条35kV线路，均为三角布线。上横担上的B相跳线距下横担仅1.6m、下横担对地高度12.5m。作业分工是：甲、乙两人上杆，丙在地面监护。甲登杆后，站在下横担上，伸手指B相间零值绝缘子的位置，丙立即制止其不安全动作，并提醒跳线有电。甲强调零值绝缘子是第三片（后经复测是第二片），并提出与工作负责人打赌。丙当即批评他在工作时间打赌的做法，是不严肃和错误的。在更换下模担 C 相绝缘子后，甲拆除工具，准备解开安全带下杆，丙对甲说："要注意距离（意为要注意保持与上横担 B 相跳线的安全距离）"甲解开安全带准备从 B 相跳线下退出时，却站了起来（注：甲身高 1.72m），导致 B 相跳线对其放电，甲倒在横担上，随即从横担上坠落下来，经抢救无效死亡。

9.2.2 绝缘操作杆、绝缘承力工具和绝缘绳索的有效绝缘长度不得小于表 9-2 的规定。

表 9-2　　　　　　　　　绝缘工具最小有效绝缘长度

电压等级（kV）	有效绝缘长度（m）	
	绝缘操作杆	绝缘承力工具、绝缘绳索
10	0.7	0.4
35	0.9	0.6
66	1.0	0.7
110	1.3	1.0
220	2.1	1.8
330	3.1	2.8
500	4.0	3.7
750	5.3	5.3
绝缘工具最小有效绝缘长度（m）		
1000	6.8	
±400	3.75[①]	
±500	3.7	
±660	5.3	
±800	6.8	

a±400kV 数据是按海拔 3000m 校正的，海拔为 3500m、4000m、4500m、5000m、5300m 时最小安全距离依次为 3.90m、4.10m、4.25m、4.40m、4.50m。

【事故案例一】　　××电业局在带电作业时，由于绝缘工具的有效绝缘长度不满足规定所导致的人身伤亡事故。

××电业局线路工区检修班白××在 110kV××线路上进行绝缘子测量工作。当完成 339 号耐张绝缘子一端测量，换另一侧继续工作要穿越中相引流线时，由于工作过大，加之短路叉尺寸偏大白××手中绝缘监测杆上的短路叉触及引流线，电流由中相引流线—短路叉—白××后脑—吊杆形成通路，触电死亡。

【事故案例二】　　××电业局带电作业绝缘工具不良，致使爆炸伤人事故。

××电业局带电作业班带电更换 500kV××线 140 号塔绝缘子串。10：35，线路解除重合闸，11：40，开始更换左相绝缘子串，12：45，左相绝缘子串更换结束。接着将工具转移到中相，准备更换中相绝缘子串，地面作业人员将绝缘吊杆提升到横担下面。横担上地位工作人员胡××提绝缘杆吊杆吊钩靠近导线时，忽然听到一声巨响，看到一个大火球，塔上人员胡××右手小指被炸掉，500kV××线掉闸，经抢救处理后，于 17：45，500kV××线恢复送电。受伤人员送医院抢救，因右手无名指炸伤，被迫截去。

9.2.3 带电作业不得使用非绝缘绳索（如棉纱绳、白棕绳、钢丝绳）。

【释义】 非绝缘绳索在带电作业中使用时易引起作业人员触电伤害，故不准使用。带电作业中常用的绝缘绳索主要是蚕丝绳、锦纶长丝绝缘绳以及其他一些材料制成的高强度绝缘绳等。

【事故案例】 ××电业局在进行带电作业时，由于使用非绝缘绳索导致发生触电死亡。

在 110kV××线路带电更换绝缘子时，带电一班宋××准备工器具时，误将绝缘绳作白棕绳使用，结果发生导线接地，造成一死两伤事故。

9.2.4 带电更换绝缘子或在绝缘子串上作业，应保证作业中良好绝缘子片数不得少于表 9-3 的规定。

表 9-3					带电作业中良好绝缘子最少片数						
电压等级（kV）	35	66	110	220	330	500	750	1000	±500	±660	±800
片数	2	3	5	9	16	23	25[a]	37[b]	22[c]	25[d]	32[e]

表中的数值不包括人体占位的间隙，作业中需考虑人体占位间隙不得小于 0.5m

a 海拔 2000m 以下时，750kV 良好绝缘子最少片数，应根据单片绝缘子高度按照良好绝缘子总长度不小于 4.9m 确定，由此确定×wp300 绝缘子（单片高度为 195mm），良好绝缘子最少片数为 25 片。

b 海拔 1000m 以下时，1000kV 良好绝缘子最少片数，应根据单片绝缘子高度按照良好绝缘子总长度不小于 7.2m 确定，由此确定（单片高度为 195mm），良好绝缘子最少片数为 37 片。

c 单片高度 170mm。

d 海拔 500~1000m 以下时，±660kV 良好绝缘子最少片数，应根据单片绝缘子高度按照良好绝缘子总长度不小于 4.7m 确定，由此确定（单片绝缘子高度为 195mm），良好绝缘子最少片数为 25 片。

e 海拔 1000 米以下时，±800kV 良好绝缘子最少片数，应根据单片绝缘子高度按照良好绝缘子总长度不小于 6.2m 确定，由此确定（单片绝缘子高度为 195mm），良好绝缘子最少片数为 32 片。

【释义】 带电更换绝缘子或在绝缘子串上作业时，绝缘子串闪络电压应满足系统最大操作过电压的要求。在整串绝缘子良好的情况下，其放电电压有一定的裕度。若失效的绝缘子片数过多，在操作过电压下可能产生放电因此，绝缘子串良好的片数不得少于本条规定的数量。作业人员在开始作业前，应先对绝缘子串进行逐片检测，确认良好绝缘子片数满足上述要求后，方可开始工作。作业人员在沿耐张绝缘子串进入等电位或在绝缘串上作业时，短接后剩余的良好绝缘子片数仍应满足本条规定的最少片数要求。

【事故案例】 ××电业局在进行带电作业时，更换绝缘子串时，由于绝缘子串数不够，导致放电引起人身伤亡事故。

××电业局线路工区带电二班徐××在 220kV××线带电更换绝缘子时，没有发现良好绝缘子片数不够的情况下，擅自开工，导致空气间隙不够发生放电，徐××当场死亡。

9.2.5 更换绝缘子串和移动导线的作业，当采用单吊（拉）线装置时，应采取防止导线脱落时的后备保护措施。

【释义】 采用单吊线装置更换直线绝缘子串或移动导线时，应装设高强度绝缘绳套（带）等后备保护措施，以防止导线意外脱落且其长度应与现场实际匹配，不宜过长（其额定使用荷载不得小于现场最大荷载。

【事故案例】 ××供电局所辖供电所在某 10kV 线路 9 号杆带电更换中相针式绝缘子未采取防止导线脱落的措施引起人身伤亡事故。

　　××供电局所辖供电所在某 10kV 线路 9 号杆带电更换中相针式绝缘子，该杆系双层布线、双铁横担结构，上层为Ⅰ线下层为Ⅱ线，相间距离 500mm。作业方法是使用液压绝缘斗臂车等电位作业。由未干过带电作业的人员担任工作负责人。用液压绝缘斗臂车将等电位人员从下层Ⅱ线中相和边相导线间送至上层Ⅰ线中相和边相两相导线间，等电位人员穿屏蔽服，手戴针织铜丝手套（无连接筋），手套未与屏蔽服连成整体。等电位人员用绝缘扳手松开绝缘子螺帽，解开绑线，双手抬起导线后，用右手伸向绝缘子，准备取下更换，由于车的绝缘斗摆动，不慎碰及用绝缘垫毡遮盖不好而外露的铁横担，造成接地触电死亡。

9.2.6　在绝缘子串未脱离导线前，拆、装靠近横担的第一片绝缘子时，应采用专用短接线或穿屏蔽服方可直接进行操作。

　　【释义】　当绝缘子串尚未脱离导线前，绝缘子上都有一定的分布电压，并通过一定的泄漏电流。若作业人员未采取任何措施拆、装靠近横担的第一片绝缘子时，绝缘子串上的泄漏电流将从人体流过，造成作业人员触电。因此，在绝缘子串未脱离导线前，拆、装靠近横担的第一片绝缘子时，应采用专用短接线或穿屏蔽服方可直接进行操作。采用专用短接线作业时，应先接地端，再短接横担侧第二片绝缘子的钢帽，拆除时的顺序相反，短接线的长度应适宜。作业人员穿着全套屏蔽服直接进行操作时，可不采用专用短接线，但应确保屏蔽服的各个部件连接可靠。

　　【事故案例】　××电业局发生人身死亡事故。

　　××电业局线路工区带电班带电更换绝缘子后，罗×× 在拆除短接线时，由于短接线长度太长，不慎碰触到带电导线，当场触电身亡。

9.2.7　在市区或人口稠密的地区进行带电作业时，工作现场应设置围栏，派专人监护，禁止非作业人员入内。

　　【事故案例】　××供电局在市区中进行带电作业时，专职监护人失去监护险酿事故。

　　××供电局带电作业班在市中区用带电作业车带电为××公司配电变压器搭头。工作前，带电班工作负责人李×× 按工作票要求设置了围栏，并在围栏入口安排王×× 为专职监护人，防止行人误入工作区域。工作过程中，杆上人员需要工具，工作负责人李×× 为了不使带电作业车上带电搭接人员失去安全监护，就令围栏入口专职监护人王×× 帮其递工具。此时，路上有两个小朋友玩闹，一人突然加速，跑入工作区，撞到带电作业车上，所幸没有受伤。

9.2.8　非特殊需要，不应在跨越处下方或邻近有电力线路或其他弱电线路的档内进行带电架、拆线的工作。如需进行，则应制订可靠的安全技术措施，经本单位批准后，方可进行。

9.3　等电位作业

9.3.1　等电位作业一般在 66、±125kV 及以上电压等级的电力线路和电气设备上进行。若需在 35kV 电压等级进行等电位作业时，应采取可靠的绝缘隔离措施。20kV 及以下电压等级的电力线路和电气设备上不得进行等电位作业。

　　【释义】　由于 63（66）、±125V 及以上电压等级的电力线路和电气设备的相间和对地电气间隙相对较大，故等电位作业一般在 63（66）、±125V 及以上电压等级的电力线路和电气设备上进行。

因 35kV 电压等级的线路及设备相间和对地的电气间隙较小，若需在 35kV 电压等级进行等电位作业时，应采取可靠的绝缘隔离措施。如使用合格的绝缘隔离装置对作业点附近的邻相导线及接地部分进行可靠的绝缘隔离、采用绝缘±支撑杆将邻相导线拉（撑）开进行边相作业等。20kV 及以下电压等级的电力线路和电气设备各类电气间隙过小，作业人员很难保证相关安全距离，故不准进行等电位作业。

【事故案例】 带电作业误触上引流线，发生触电死亡事故。

××电业局送电工区带电班聂××登塔绑绝缘梯，误触上引流线，弧光放电，触电身亡。35kV××线 1 号 42 塔右侧中线反引线外侧约 30cm 有过热烧伤现象，需带电班去进行等电位处理。到现场后班长付××讲解安全措施后，分配技工李××负责等电位操作，聂××负责（在塔中层横担中部）绑绝缘梯。当聂在塔上将绝缘梯绑好后，班长令其坐在那里，然后令李××上梯进行等电位操作，当大家正在监视李上梯进入电场时（李从梯走出约 1/3 远），忽听上边"呼"的一声，大家抬头一看，聂已站在横担上右手误触上引流线，造成弧光放电，聂慢慢倒下，经现场人工呼吸并送医院抢救无效死亡。导致这一事故的主要原因是由于没有采取可靠的绝缘隔离措施。

9.3.2 等电位作业人员应在衣服外面穿合格的全套屏蔽服（包括帽、衣裤、手套、袜和鞋，750、1000kV 等电位作业人员还应戴面罩），且各部分应连接良好。 屏蔽服内还应穿着阻燃内衣。

【释义】 屏蔽服的主要作用为电场屏蔽保护、分流电容电流、均压。等电位作业人员应穿合格的全套屏蔽服（包括帽、衣裤、手套、袜和鞋，750、1000kV 等电位作业人员还应戴面罩），不得穿在其他衣服内，否则在电场中将可能引起外层衣服燃烧而危及人员安全。全套屏蔽服应符合 GB/T 6568—2008《带电作业用屏蔽服》规定的要求。等电位作业人员穿好后，工作负责人应对连接情况进行检查和测试，确保各部分连接可靠、良好。

屏蔽服内还应穿着阻燃内衣。阻燃内衣衣料具有一定的耐电火花的能力，在充电电容产生的高频火花放电时而不烧损，仅炭化而无明火蔓延，衣料与明火接触时，应能够阻止明火的蔓延。若等电位人员在电位转移过程中产生电弧，也不会因衣服原因而发生着火而伤及作业人员。

【事故案例一】 在进行等电位作业时由于未按规定穿好防护服，导致人身事故。

××电业局××线路工区带电班在 6kV 15 号杆配电变压器上，进行搭接高压引流线工作。等电位人员陶××在工作时未按规定在衣服外面穿合适的全套屏蔽服（包括帽、衣裤、手套、袜和鞋），且屏蔽服各部分应连接良好，屏蔽服内还应穿着阻燃内衣。此时，绝缘三角板倾斜，陶××手里所持引流线的绑线甩向中相导线，引起弧光。陶××衣服着火，伤者烧伤面积达 40%，抢救无效死亡。

【事故案例二】 等电位人员站在固定不牢的绝缘三角板上，作业中发生倾斜，触电致死事故。

××电业局所辖供电所带电班在 6kV 15 号杆配电变压器上，进行搭接高压引流线工作。等电位人员××左脚登在绝缘三角板上，右脚站在低压横担上，正在做接引的准备工作。此时，绝缘三角板倾斜，××手里所持引流线的绑线甩向中相导线，引起弧光。由于作业人员没有穿阻燃内衣，导致衣服着火，伤者烧伤面积达 40%，抢救无效死亡。

9.3.3 等电位作业人员对接地体的距离应不小于表 9-1 的规定，对相邻导线的距离

应不小于表9-4的规定。

表 9-4　　　　　　　　等电位作业人员对邻相导线的最小距离

电压等级（kV）	66	110	220	330	500	750
距离（m）	0.9	1.4	2.5	3.5	5.0	6.9（7.2）a

a 6.9m为边相值，7.2m为中相值。表中数值不包括人体活动范围，作业中需考虑人体活动范围不得小于0.5m。

【释义】　因等电位作业人员对接地体的距离与地电位作业时人身与带电体的安全距离是一致的。为确保等电位作业人员在最大过电压状态下对地不发生击穿，等电位作业人员对接地体的距离应不小于表9-1的规定。由于线电压高于相电压，故等电位作业人员对邻相导线的安全距离（表9-4）要大于对地的安全距离（表9-1）。

【事故案例】　××电业局在进行带电作业时，更换绝缘子时所用的短接线不合适导致发生人员触电死亡事故。

××电业局线路工区带电班带电更换绝缘子后，罗××在拆除短接线时，由于短接线长度太长，不慎碰触到带电导线，当场触电死亡。

9.3.4　等电位作业人员在绝缘梯上作业或者沿绝缘梯进入强电场时，其与接地体和带电体两部分间隙所组成的组合间隙不得小于表9-5的规定。

表 9-5　　　　　　　　等电位作业中的最小组合间隙

电压等级（kV）	66	110	220	330	500	750	1000	±400	±500	±660	±800
距离（m）	0.8	1.2	2.1	3.1	3.9	4.9a	6.9（6.7）b	3.9c	3.8	4.3d	6.6

a 4.9为直线塔中相值。表中数值不包括人体占位间隙，作业中需考虑人体占位间隙不得小于0.5m。

b 6.9为中相值，6.7为边相值。表中数值不包括人体占位间隙，作业中需考虑人体占位间隙不得小于0.5m。

c ±400kV数据是按海拔3000m校正的，海拔为3500m、4000m、4500m、5000m、5300m时最小组合间隙依次为4.15m、4.35m、4.55m、4.80m、4.90m。

d 海拔500m以下，±660kV取4.3m值；海拔500~1000m、1000~1500m、1500~2000m时最小组合间隙依次为4.6m、4.8m、5.1m。

【释义】　组合间隙是指由两个及以上绝缘（空气）间隙串联组合的总间隙（GB/T 14286-2008《带电作业工具设备术语》）。其作用是计算人体与带电体、接地体之间的绝缘（空气）距离，以确保其各项要求满足相应规定，避免发生对人体及地的闪络。

组合间隙=人体任何部位及绝缘件与接地体的最小距离+人体任何部位及绝缘件与带电体的最近距离。

最小组合间隙应减除作业人员动态活动的距离。

【事故案例】　××供电公司送电工区在处理防震锤缺陷时，工作时由于组合间隙不够导致事故。

××供电公司送电工区安排带电班带电处理330kV 3033××二回线路180号塔中相小号侧导线防振锤掉落缺陷（该缺陷于2月6日发现）。办理了电力线路带电作业工作票（编号2007-02-01），工作票签发人王××，工作班人员有李××、专责监护人刘××等共6人，工作地点在青山堡滩，距和清公司约5km，作业方法为等电位作业。14：38，工作负责人向××地调调度员提出工作申请；14：42，××地调调度员向省调调度员申请并得到同意；

14：44，地调调度员通知带电班可以开工。16：10左右，工作人员乘车到达作业现场，工作负责人李××现场宣读工作票及危险点预控分析，并进行现场分工：工作负责人李××攀登软梯作业，王××登塔悬挂绝缘神和绝缘软梯，刘××为专责监护人，地面帮扶软梯人员为王×、刘×，其余1名为配合人员。绝缘绳及软梯挂好并检查牢固可靠后，工作负责人李××开始攀登软梯，16：40左右，李××登到与梯头（铝合金）0.5m左右时，导线上悬挂梯头通过人体所穿屏蔽服对塔身放电，导致其从距地面26m左右跌落到铁塔平口处（距地面23m），后又坠落地面（此时工作人员还未系安全带），侧身着地，后经抢救无效死亡。

9.3.5 等电位作业人员沿绝缘子串进入强电场的作，一般在220kV及以上电压等级的绝缘子串上进行。其组合间隙不得小于表9-5的规定。若不满足表9-5的规定，应加装保护间隙。扣除人体短接的和零值的绝缘子片数后，良好绝缘子片数不得小于表9-3的规定。

【释义】 等电位作业人员沿绝缘子串进入强电场的作业，一般在水平设置的耐张绝缘子串上进行。因220kV及以上电压等级设备的绝缘子片数较多，其串长能够满足最小组合间隙的要求。故等电位作业人员沿绝缘子串进入强电场的作业，一般在220kV及以上电压等级的绝缘子串上进行。若110kV设备的绝缘子串串长能够满足上述要求，也可进行上述作业。

进行上述作业时，其组合间隙不准小于表9-5的规定。为了确保其组合间隙满足规定值，良好绝缘子片数不准小于表9-3的规定（即确保有效绝缘长度），作业前应对绝缘子进行检测，以确保足够的良好绝缘子片数。在计算组合间隙时，应扣除人体短接的长度和零值的绝缘子片数的长度，并应考虑扣除作业人员动态活动的距离。若不满足表9-5的规定，应加装保护间隙，具体要求见本规程6.8条。

【事故案例一】 ××供电所在进行带电作业时，由于作业处安全距离不够，采取的绝缘隔离措施不可靠，作业中触及横担，接地触电致死事故。

××供电所10kV建设线9号杆B相绝缘子损坏，由所专责技术员颜××（男、37岁）用液压绝缘斗臂车等电位更换。由于绝缘子对地（铁横担）的安全距离不足0.4m，采取的绝缘隔离、遮盖措施不当，在吊斗里等电位的操作方法敢不当，双横担两个绝缘子只解开一个绑线，就用左肩去扛导线，结果由于用力过猛，吊斗抖动，右手触到铁横担上，造成接地触电，抢救无效死亡。

【事故案例二】 更换耐张串单片作业时，由于组合间隙不能保证安全，造成对地放电，人员触电烧伤。

工作人员带电更换耐张串单片零位绝缘子，当作业已近结束，等电位人员回到横担头开始拆工具，把固定横担侧卡具、鹰咀卡具、丝杆及加长件及紧线拉杆等串在一起，用无头绳往下传递的时刻，等电位人员左手握住这套紧线工具，经过跳线时对横担的空气间隙大大缩小，造成对地放电，将左手烧伤。

9.3.6 等电位作业人员在电位转移前，应得到工作负责人的许可。转移电位时，人体裸露部分与带电体的距离不应小于表9-6的规定。750、1000kV应使用电位转移棒进行电位转移。

表 9-6　　　　　　等电位作业转移电位时人体裸露部分与带电体的最小距离

电压等级（kV）	35、66	110、220	330、500	±400、±500	750、1000
距离（m）	0.2	0.3	0.4	0.4	0.5

注：750、1000kV 等电位作业同时执行 6.3.2。

【释义】　电位转移是指带电作业时，作业人员由某一电位转移到另一电位（参见 GB/T 14286—2008《带电作业工具设备术语》）。

等电位作业人员在进入和脱离电位前，均应得到工作负责人的许可。其目的在于提醒工作负责人加强监护，检查等电位人员的各项安全距离是否符合规定。在确认无异常情况后，工作负责人方可下令等电位人员进行电位转移。

等电位人员在电位转移时，人体裸露部分与带电体的距离不应小于表 9-6 的规定，以防止人体裸露部分与带电体放电而造成意外。

750、1000kV 由于场强非常大，在电位转移时充放电电流较大，故等电位作业应使用电位转移棒进行电位转移。电位转移棒是等电位作业人员进出等电位时使用的金属工具，用来减小放电电弧对人体的影响及避免脉冲电流对屏蔽服装可能造成的损伤。等电位电工进行电位转移时，电位转移棒应与屏蔽服装电气连接。进行电位转移时，动作应平稳、准确、快速。

9.3.7　等电位作业人员与地电位作业人员传递工具和材料时，应使用绝缘工具或绝缘绳索进行，其有效长度不得小于表 9-2 的规定。

【事故案例一】　××供电公司带电作业人身伤亡事故。

××供电公司送电工区带电班栾××、张××和张×等 3 人去 35kV××线 20 号杆安装管型避雷器接地线。工作班成员张××在杆上工作，取备用螺钉时，其未使用绝缘工具或绝缘绳索固定接地线，而是用腿夹着。接地线脱落，触碰下面的带电导线，造成在下面用手把接地线的张×感电致伤。

【事故案例二】　××电业局配电工区，由于传递工具人员站的位置不正确，发生高、低压串电，发生触电死亡。

××电业局配电工区在××6kV 线路 39 号杆上进行分歧线接引工作。39 号杆是高、低压共杆，上层为 6kV 配电线、下层为已停电的 380V 低压线。当时在杆上作业的共 3 人，分工如下：甲蹲在低压横担上，用缠线器在带电的高压线上缠绕分歧线引流与主线的绑线；乙站在低压横担上观看缠绕绑线质量；丙站在较低的杆塔处传递工具，但其胸部夹已停电的低压线中间。

作业过程中，乙因为没有站稳，身体一晃，使一只手触到带电导线上，一只脚踩在下面的低压线上，导致低压线通电，丙因胸部夹在两根低压线中间，触电死亡。

9.3.8　沿导、地线上悬挂的软、硬梯或飞车进入强电场的作业应遵守下列规定：

9.3.8.1　在连续档距的导、地线上挂梯（或飞车）时，其导、地线的截面不得小于：钢芯铝绞线和铝合金绞线 120mm²，钢绞线 50mm²（等同 OPGW 光缆和配套的 LGJ-70/40 导线）。

【释义】　在连续档距的 OPGW 光缆上挂梯（或飞车）时，OPGW 光缆的强度应为与 LGJ-70/40 及以上导线配套设计的光缆。但部分将已投入运行线路的地线改造成的光缆，由于设计时考虑原塔头的受力等因素，其强度可能达不到计算截面为 50mm² 及以上的钢绞线，在光缆上进行挂梯（或飞车）作业时，应对光缆强度进行验算，符合要求后方可进行。

【事故案例】 ××供电局在用软梯作业时，引起相间短路，人员烧伤事故。

××供电局带电班在 10kV 农村排灌线路的耐张杆上更换隔离开关横担。其操作步骤是：等电位断开带电引流线→拆除隔离开关→换横担→用等电位法将引流线恢复。断开和搭接引流线均用绝缘软梯等电位进行。

在恢复中相引流线过程中，由于作业人员甲处于三角形布线的中相导线上，加上导线截面较小（LGJ-50），悬垂后弧垂增大且线间距离较小，当甲弯腰绑扎引流线时，造成中相与边相短路，作业人员被烧伤。此次带电作业的绝缘软梯在导线截面仅为 50mm² 的钢芯铝绞线上，严重违反了上述规定。由于线间距离较小，当软梯悬重后更缩小了它们之间的距离，再加上弯腰绑扎引流线，造成中相和边相短路，是发生事故的唯一原因。

9.3.8.2 有下列情况之一者，应经验算合格，并经本单位批准后才能进行：

a) 在孤立档的导、地线上的作业。

b) 在有断股的导、地线和锈蚀的地线上的作业。

c) 在 9.3.8.1 条以外的其他型号导、地线上的作业。

d) 两人以上在同档同一根导、地线上的作业。

【释义】 有下列情况之一者，应经验算合格，并经本单位分管生产领导（总工程师）批准后才能进行：

1) 在孤立档的导、地线上的作业。

2) 在有断股的导、地线和锈蚀的地线上的作业。作业前，一定要全面掌握导、地线的断股情况和锈蚀情况，再进行严格的验算合格，并应留有一定的裕度。因导、地线的断股情况和锈蚀情况很难确定，一般情况下作业人员不要直接在断股或锈蚀的导、地线上挂梯、飞车作业。

3) 在 9.3.8.1 条以外的其他型号导、地线上的作业时。如耐张段中各档均需上人作业时，可取档距最大的一档验算，此档安全，其他各档也安全。若需在某一档上人作业，则可取档距中点验算，如验算符合要求，则档中其他各点也符合要求。

1) 和 3) 提供的计算公式是按照导（地）线完好无损来考虑。如遇挂梯作业档导（地）线有损伤时，应慎重考虑，选择其他方法进行作业。

9.3.8.3 在导、地线上悬挂梯子、飞车进行等电位作业前，应检查本档两端杆塔处导、地线的紧固情况。挂梯载荷后，应保持地线及人体对下方带电导线的安全间距比表 9-1 中的数值增大 0.5m；带电导线及人体对被跨越的电力线路、通信线路和其他建筑物的安全距离应比表 9-1 中的数值增大 1m。

【释义】 在导、地线上悬挂梯子、飞车等电位作业前，应检查挂梯档两端杆塔处导、地线的横担、金具紧固和绝缘子串的连接情况，防止导、地线脱落，确认无异常后方可进行挂梯作业。挂梯载荷后，地线及人体与下方带电导线的安全间距应大于表 9-1 中的规定值加 0.5m 的值；带电导线及人体对被跨越的电力线路、通信线路和其他建筑物的安全距离应大于安全规定值加 1m 的值。

【事故案例一】 ××供电公司带电作业人身伤亡事故。

××供电局带电班在110kV××线21~27号连续档距内，利用飞车进入强电场作业。飞车挂上后在作业过程中，导线突然断落，造成工作人员范××从高处坠落死亡，经调查，工作负责人周××台账记录110kV××线钢芯铝绞线型号LGJ-120/20，实际导线型号为LGJ-95/15且导线有断股。

【事故案例二】 某电业局线路工区在处理导线断股缺陷时，未校核导线弧垂，造成线路跳闸事故。

某电业局线路工区对某220kV线路213~214档处理A相导线断股缺陷。但该档内有交叉跨越的10kV线路3处，分别为3.2m、4.2m、5.3m（事故后实测）以下简称1.2.3。断股处理的地点为1~2之间，距离1.56m；距离2点1.07m。工作负责人带领相关作业人员到现场进行查勘后由于未带测量工具，根据观测认为导线对1跨越点安全距离满足要求且回单位后又到运行班组查阅资料，发现1处跨越点在2004年12月中旬进行交跨测量，记录数据为4.1m，满足要求。作业班组制定的作业方案为：采用抛挂绝缘绳将绝缘软梯拉上导线，作业人员通过软梯进入电场的方式进行带电修补导线。上午11:03，作业班组到达现场，作业人员挂好软梯，地面人员配合将软梯拉紧，当等电位作业人员登上软梯一步后，导线由于负重弧垂增大，缩短交跨距离，致使220kVA相导线对10kV线路放电，220kV线路跳闸，10kV线路烧伤。

9.3.8.4 在瓷横担线路上禁止挂梯作业，在转动横担的线路上挂梯前应将横担固定。

【释义】 由于瓷横担在设计时未考虑挂梯作业的强度，如在瓷横担线路上挂梯作业可能会引起横担断裂等意外事故。因此，在瓷横担线路上禁止挂梯作业。

在转动横担的线路上挂梯前，应先将横担固定好，以免挂梯作业时横担转动造成安全距离不够，而引发意外事故。

9.3.9 等电位作业人员在作业中禁止用酒精、汽油等易燃品擦拭带电体及绝缘部分，防止起火。

【释义】 等电位作业中，人员在操作或电位转移时会产生电弧，容易引燃酒精、汽油等易燃品。因此，等电位作业人员在作业中禁止用酒精、汽油等易燃品擦拭带电体及绝缘部分。

9.4 带电断、接引线

9.4.1 带电断、接空载线路，应遵守下列规定：

a) 带电断、接空载线路时，应确认线路的另一端断路器（开关）和隔离开关（隔离开关）确已断开，接入线路侧的变压器、电压互感器确已退出运行后，方可进行。禁止带负荷断、接引线。

【释义】 如线路的另一端断路器（开关）和隔离开关（隔离开关）未断开就开始断、接空载线路，会造成断、接负荷电流而产生电弧，引发事故。接入线路侧的变压器、电压互感器未退出运行就开始断、接空载线路，相当于切、接小电感电流而产生过电压电弧，引发事故或损坏设备。因此，应确认线路的另一端断路器（开关）和隔离开关（刀闸）确已断开，接入线路侧的变压器、电压互感器确已退出运行后，方可进行带电断、接空载线路。在线路带负荷电流情况下断、接引线，相当于带负荷拉合闸，无法切断负荷较大的电

113

流。因此，禁止带负荷断、接引线。

【事故案例二】 ××电业局带电接空载线路时，用户擅自投入空载变压器，改变带电作业状态，产生工频过电压，作业人员触电致伤事故。

××电业局带电作业班在 66kV ××线上带电连接一段空载线路。该线路又 T 接延伸 35km，并挂有四个用户变电站。需要接通的空载线路长 20km，分两路进行，按两项工作下达任务。第一项任务是接通线路中间的 10km，于 13：30 完成。第二项任务是接通线路末端的 10km（包括 T 延伸的一段）。锦州局调度 14：17 下达可以接通该段线路的命令。带电班于 15：20 到在接引塔位现场（F 型耐张塔），先将三条线引与无电侧导线接好（这一工作本属停电作业）。带电接引从中线开始，两边相线引也同时在无电情况下拴好消弧绳（为防一相接通后感应电压的作用），并将线引吊起以保持对地绝缘。等电位电工李×站在中线挂的软梯上等电位挂好滑车和消弧绳，工作负责人李×在地面操作消弧绳将线引与电侧导线接近。此时，两边线发出"嗡嗡"的响声，而且距塔腿约 0.4m 的右边线发出"吱吱"的放电声。

当时在场的工作负责人判断可能是变电站把变压器入口隔离开关合上了，出现了过电压。当即发出"李×闪开，断开消弧绳"的命令。塔下的李××松开消弧绳卡在滑车中，线引不能继续下落。此时塔下的工作负责人发出"用手捣捣绳"的命令。等电位电工李×用手提一下绳没动。紧接着就用没有穿均压鞋的右脚去勾绳子（据事后本人谈，当时误认为绳子卡在引线连板的螺钉上了），以致缩小了距离，导致右脚对消弧绳的金属部分放电（相当于电流通过李×身穿的均压服及其右脚对已断开的中相导线又瞬间充了一下电）。李×当即收回脚，电弧也随之熄灭。经送医院检查，李×右脚大拇指等处烧伤，左脚及两手手腕均压手套与均压服连接处有豆粒大烧伤 5 处。

b）带电断、接空载线路时，作业人员应戴护目镜，并应采取消弧措施。消弧工具的断流能力应与被断、接的空载线路电压等级及电容电流相适应。如使用消弧绳，则其断、接的空载线路长度不应大于表 9-7 规定且作业人员与断开点应保持 4m 以上的距离。

表 9-7　　　　　　　　使用消弧绳断、接空载线路的最大长度

电压等级（kV）	10	35	66	110	220
长度（km）	50	30	20	10	3

注：线路长度包括分支在内，但不包括电缆线路。

【释义】 带电断、接空载线路时，在断、接过程中因存在电容电流而将产生电弧。因此，作业人员应戴护目镜，并采取消弧措施。断、接空载线路应根据线路电压等级、长短及其电容电流选择断接工具。如使用消弧绳，则其断、接的空载线路长度不应大于表 9-7 规定且作业人员与断开点应保持 4m 以上的距离，以免危及作业人员人身安全。消弧绳断接空载线路的电容电流以 3A 为限，超过此值时，应选用消弧能力与空载线路电容电流相适应的断接工具（DL/T 996—2005《送电线路带电作业技术导则》）。

c）在查明线路确无接地、绝缘良好、线路上无人工作且相位确定无误后，方可进行带电断、接引线。

d）带电接引线时未接通相的导线及带电断引线时已断开相的导线将因感应而带电。为防止电击，应采取措施后人员才能触及。

【释义】 带电接引线时未接通相的导线、带电断引线时已断开相的导线上都会因感应而带电，为防止作业人员遭电击，应使用消弧器或消弧绳等措施后才能触及。

e）禁止同时接触未接通的或已断开的导线两个断头，以防人体串入电路。

【释义】 由于未接通的或已断开的导线两个断头有电位差，禁止作业人员同时接触这两个断头，以免人体串入电路而被流过的电流伤害。

【事故案例】 ××供电局在进行接断路器时，人员误触带电体发生触电事故。

××供电局带电班在 35kV××变压器带电接引线，曹××在中相接断路器的引线时，误以为引线卡在变压器中，随即用脚挑开，发生触电事故。

9.4.2 禁止用断、接空载线路的方法使两电源解列或并列。

【释义】 采用断空载线路方法使两电源解列，会在断口处产生电弧，造成作业人员被电弧伤害。采用接空载线路使两电源并列，会引起电流分布改变，并列瞬间同样会在连接处产生电弧，造成作业人员被电弧伤害。

9.4.3 带电断、接耦合电容器时，应将其接地开关合上、停用高频保护和信号回路。被断开的电容器应立即对地放电。

【释义】 在带电断、接耦合电容器时，将会有脉冲信号输入高频保护装置，造成装置损坏或误动。因此，工作前，应停用高频保护和信号回路、合上接地开关后，方可开始工作。被断开后的电容器应立即对地放电。

9.4.4 带电断、接空载线路、耦合电容器、避雷器、阻波器等设备引线时，应采取防止引流线摆动的措施。

【释义】 进行这类作业时，应使用绝缘绳或绝缘支撑杆等将其可靠固定，以防止其摆动而造成接地、相间短路或人身触电。

【事故案例一】 ××市区在进行带电作业时，操作不当，导致引流线误触工作人员致残事故。

××市区 6kV 配电线路（三角布线）6 号杆分歧线煤运公司所属配电变压器的中相跌开熔断器引流烧坏，该市供电局配电工区带电班前往处理，作业人员王××站在杆塔上用绝缘手柄的剪刀将引流线（引流线是钢芯铝绞线，线较长）上接头剪断。作业时，王××只用绝缘操作杆将引流线勾住，未采用任何固定措施。在剪断中相后，引流线下落与边相相碰，而引流线的另一端碰到作业人员王××的右腿上，导致触电致残。

9.5 带电短接设备

9.5.1 用分流线短接断路器（开关）、隔离开关（刀闸）、跌落式熔断器等载流设备，应遵守下列规定：

a）短接前一定要核对相位。

b）组装分流线的导线处应清除氧化层且线夹接触应牢固可靠。

【注释】清除氧化层后且线夹接触牢固可以减小接触电阻，避免线夹发热。

c）35kV 及以下设备使用的绝缘分流线的绝缘水平应符合表 9-13 的规定。

d）断路器（开关）应处于合闸位置，并取下跳闸回路熔断器，锁死跳闸机构后，方可短接。

【释义】 在短接断路器过程中，如发生断路器跳闸，相电压加在等电位作业的断开点开口端，可能产生强烈的电弧而危及人身安全。因此，短接前，断路器应处于合闸位置，并取下跳闸回路熔断器、锁住跳闸机构后，方可短接。

　　e）分流线应支撑好，以防摆动造成接地或短路。

9.5.2　阻波器被短接前，严防等电位作业人员人体短接阻波器。

【释义】　如人体短接阻波器，相当于人体与阻波器并联，会有部分负荷电流通过作业人员的屏蔽服，此时将会瞬间出现电弧，造成人身伤害。所以，短接阻波器前，等电位作业要防止人体短接阻波器。

9.5.3　短接开关设备或阻波器的分流线截面和两端线夹的载流容量，应满足最大负荷电流的要求。

9.6　带电水冲洗

9.6.1　带电水冲洗一般应在良好天气时进行。风力大于 4 级，气温低于-3℃，或雨、雪、雾、雷电及沙尘暴天气时不宜进行。冲洗时，操作人员应戴绝缘手套、穿绝缘靴。

【释义】　根据 GB/T 13395—2008《电力设备带电水冲洗导则》4.1 条规定：带电水冲洗一般应在良好天气时进行。即风力不大于 4 级，气温不低于零度时进行。风力大于 4 级（5.5~7.9m/s）时，水柱方向不易控制而射偏且产生水雾降低空气绝缘水平容易发生水花溅射，造成设备闪络；气温低于-3℃时，喷射至设备上的水易结冰，脏污不易被溶解，冲洗效果不佳。带电水冲洗时，人身与带电体的安全距离是按照作业天气良好的前提来设定的，而雨、雪、雾天气时空气绝缘降低，雷电天气时设备可能发生大气过电压，因此，均有可能引起设备对地闪络；沙尘暴天气时，空气中夹杂着大量的粉尘和其他杂质，冲洗时，大量的粉尘和其他杂质将进入水柱中，从而影响水柱的电阻率，同样也将被喷射至设备上而发生闪络。

　　冲洗时，为防止操作人员在作业中发生意外触电以及泄漏电流流经人体，操作人员应戴绝缘手套、穿绝缘靴（12 000V 及以上）。

9.6.2　带电水冲洗作业前应掌握绝缘子的脏污情况，当盐密值大于表 9-8 最大临界盐密值的规定，一般不宜进行水冲洗，否则，应增大水电阻率来补救。避雷器及密封不良的设备不宜进行带电水冲洗。

表 9-8　　　　　　带电水冲洗临界盐密值（仅适用于 220kV 及以下）

爬电比距[a] （mm/kV）	发电厂及变电站支柱绝缘子或密闭瓷套管							
	14.8~16（普通型）				20~31（防污型）			
临界盐密值（mg/cm^2）	0.02	0.04	0.08	0.12	0.08	0.12	0.16	0.2
水电阻率（Ω·cm）	1500	3000	10 000	50 000 及以上	1500	3000	10 000	50 000 及以上
爬电比距[a] （mm/kV）	线路悬式绝缘子							
	14.8~16（普通型）				20~31（防污型）			
临界盐密值（mg/cm^2）	0.05	0.07	0.12	0.15	0.12	0.15	0.2	0.22
水电阻率（Ω·cm）	1500	3000	10 000	50 000 及以上	1500	3000	10 000	50 000 及以上

注：330kV 及以上等级的临界盐密值尚不成熟，暂不列入。
a 爬电比距指电力设备外绝缘的爬电距离与设备最高工作电压之比。

【释义】 带电水冲洗作业前，作业人员应先检查被冲洗绝缘子表面脏污情况，根据盐密取样掌握绝缘子的盐密值，在确认符合规定后方可进行作业，为防止冲洗过程中发生绝缘子表面闪络，绝缘子的盐密值应小于表9-8规定，否则，应增大水电阻率来补救，特别是伞裙间距小的（密裙）绝缘子应严格控制其表面盐密值。

阀式避雷器及密封不良的设备，在冲水时易发生进水而引起绝缘闪络，故不宜进行带电水冲洗。

9.6.3 带电水冲洗用水的电阻率一般不低于 1500Ω·cm，冲洗 220kV 变电设备水电阻率不低于 3000Ω·cm，并应符合表9-8的要求。每次冲洗前，都应用合格的水阻表测量水电阻率，应从水枪出口处取水样进行测量。如用水车等容器盛水，每车水都应测量水电阻率。

【释义】 经相关试验证明，水电阻率的大小直接影响水冲时的放电电压，当水电阻率在 1500~2500Ω·cm 时，水电阻率越高，水柱的放电电压越高，当水电阻率超出 2500Ω·cm 时，对水柱的放电电压影响就不明显了。带电水冲洗作业，带电体与操作人员之间的绝缘隔离主要靠水柱的电阻，为确保冲洗水电阻率符合要求，避免由于水电阻率不符合要求而发生人身触电，每次冲洗前，操作人员都应从水枪出口处取水样测量水阻值。每一车水因取水环境、净化方法或时间不同而可能出现水电阻也不同，因此应对每车进行测量。

9.6.4 以水柱为主绝缘的大、中型水冲（喷嘴直径为 4~8mm 者称中水冲，直径为 9mm 及以上者称大水冲），其水枪喷嘴与带电体之间的水柱长度不得小于表9-9的规定。大、中型水枪喷嘴均应可靠接地。

表 9-9   喷嘴与带电体之间的水柱长度（m）

喷嘴直径（mm）		4~8	9~12	13~18
电压等级（kV）	66 及以下	2	4	6
	110	3	5	7
	220	4	6	8

【释义】 水冲洗的作业方式为操作人员手持喷枪直接将水柱喷射到带电设备上，带电体与操作人员之间的绝缘隔离主要靠水柱的电阻。为确保水柱的电阻率和水柱的长度达到在冲洗设备的最高工作电压和过电压情况下不发生闪络，故其水枪喷嘴与带电体之间的水柱长度不得小于表9-9的规定。为保证操作人员的安全，喷枪握手处的泄漏电流应小于 1mA（GB/13395—2008《电力设备带电水冲洗导则》）。因水枪喷嘴存在泄漏电流，为避免泄漏电流对操作人员的伤害，大、中型水枪喷嘴均应可靠接地。

9.6.5 带电冲洗前应注意调整好水泵压强，使水柱射程远且水流密集。当水压不足时，不得将水枪对准被冲洗的带电设备。冲洗用水泵应良好接地。

【释义】 带电冲洗前，应注意调整好水泵压强，使水柱射程远且水流密集，水柱的长度应满足表9-9的规定。水柱的良好耐压作用是依靠喷嘴喷出的高压水流中夹有大量空气间隙来保证的。当水压不足时，不得将水枪对准被冲洗的带电设备，以免水电阻率和水柱长度不能达到要求而发生意外。同时，应及时调整水泵压强，使其水柱达到要求，待水柱压力、流速正常、稳定后，方可继续对准带电设备进行冲洗。冲洗用水泵同样存在泄漏电流，故应可靠、良好接地，以减少泄漏电流流经操作人员。

9.6.6　带电水冲洗应注意选择合适的冲洗方法。　直径较大的绝缘子宜采用双枪跟踪法或其他方法，并应防止被冲洗设备表面出现污水线。　当被冲绝缘子未冲洗干净时，禁止中断冲洗，以免造成闪络。

【释义】　带电水冲洗应根据被冲洗设备类型、现场布置、污秽类型及积污程度等现场实际情况，选择合适的冲洗方法，包括双枪跟踪法、三枪组合冲洗、四枪组合冲洗、四枪交叉组合冲洗；冲洗时应及时回扫，防止被冲洗设备表面出现污水连线，尽量避免冲洗过程中出现起弧或减少起弧的程度。

（1）双枪跟踪法。一枪为主，一枪为辅，分别在绝缘子两侧冲洗的方法。主水枪先将污秽冲下，辅水枪跟踪，把主水枪冲下的污水及时冲走，不致连成污水线，从而使绝缘很快恢复，有效地提高冲击闪络电压。

（2）三枪组合冲洗。一支主枪，两支辅枪，分别在绝缘子三侧冲洗的方法，三支枪以120°角站位进行冲洗，一支主枪将污秽冲起，另两支辅枪紧跟在主枪下部扫污，主辅枪可以互换位置。

（3）四枪组合冲洗。两枪为主，两枪为辅，分别在绝缘子四侧冲洗的方法。四枪以90°角站位进行冲洗，180°角站位的两主枪将污秽冲起，另两辅枪紧跟在主枪下部将污秽及时冲走，避免形成污水连线。

（4）四枪交叉冲洗。四支枪分两组同时对相离较近的并立式支柱绝缘子进行冲洗，以防溅射每个小组各按双枪跟踪法进行冲洗。冲洗完一遍后，两个小组互换冲洗对象，使被冲洗设备不留死区死角。为避免污水形成闪络通道，绝缘子未冲洗干净时，不应停顿和中断冲洗。

9.6.7　带电水冲洗前要确知设备绝缘是否良好。　有零值及低值的绝缘子及瓷质有裂纹时，一般不可冲洗。

【释义】　若绝缘子有零值或低值、绝缘子串有裂纹等情况，在水冲洗时易发生绝缘击穿闪络。因此，带电水冲洗作业前，应检测绝缘是否存在低值或零绝缘，并检查表面是否有损伤或裂纹，不符合冲洗条件的不能进行带电水冲洗。有疑问的应了解清楚，经确认无异常后方可冲洗。

9.6.8　冲洗悬垂、耐张绝缘子串、瓷横担时，应从导线侧向横担侧依次冲洗。　冲洗支柱绝缘子及绝缘瓷套时，应从下向上冲洗。

【释义】　为防止冲洗出的污水形成放电通道，冲洗垂直安装的绝缘子串、支柱绝缘子及绝缘套时，应从带电侧向接地端由下向上逐片逐裙循序进行。冲洗双串绝缘子或隔离开关的并立式绝缘子时，应同步、交替进行冲洗。冲洗悬式绝缘子时，上下水枪应避开空中垂吊的导线。

对于垂直布置的设备，当已冲洗部分占被冲洗瓷件2/3高度以上，被冲件顶部出现局部电弧时，水柱应迅速指向局部电弧，迫使电弧熄灭。当开始冲洗时在设备瓷件顶部即产生局部电弧，应立即停止冲洗。

冲洗水平安装的耐张绝缘子串、瓷横担、瓷套等时，应由带电侧向接地端逐片逐裙循序进行。因大、中水冲的水量大、水柱宽，禁止将水柱由带电侧向接地端摆动。

倾斜安装的设备，与地面夹角大于45°时，其冲洗方法与垂直安装的设备相同，与地面夹角小于45°时，其冲洗方法与水平安装的设备相同。

9.6.9 冲洗绝缘子时，应注意风向，应先冲下风侧，后冲上风侧；对于上、下层布置的绝缘子应先冲下层，后冲上层，还要注意冲洗角度，严防临近绝缘子在溅射的水雾中发生闪络。

【释义】 为防止冲洗出的污水流向下风侧绝缘子而发生闪络，冲洗时应注意风向，应先冲下风侧绝缘子，后冲上风侧绝缘子，并在冲洗过程中密切注意风向及风速变化，及时进行调整或暂停冲洗。为防止冲洗出的污水流向下层绝缘子而发生闪络，对于上、下层布置的绝缘子，应先冲下层，后冲上层，冲上层时要将流到下层的污水及时扫断。

对导线下方的设备，要有人随时监视，发现有污水下流时要及时指挥冲洗人员把沿导线下流到设备的污水扫断；同时，还要注意冲洗角度，垂直冲洗角度（水柱与地面的夹角）应小于45°，水平冲洗角度（被冲洗的绝缘子和邻近绝缘子的连线与水柱之间所夹得水平锐角）应大于45°，冲洗时尽量避免将水溅到邻近设备上，以防邻近绝缘子在溅射的水雾中发生闪络（GB/13395—2008《电力设备带电水冲洗导则》）。

9.7 带电清扫机械作业

9.7.1 进行带电清扫工作时，绝缘操作杆的有效长度不准小于表9-2的规定。

9.7.2 在使用带电清扫机械进行清扫前，应确认：清扫机械工况（电机及控制部分、软轴及传动部分等）完好，绝缘部件无变形、脏污和损伤，毛刷转向正确，清扫机械已可靠接地。

【释义】 带电清扫机械在使用前，应对清扫机械的机械部分进行全面的检查和测试，避免机械部件损坏造成人身伤害事故；检查绝缘部件是否变形、脏污和损伤，并对其进行绝缘检测，防止绝缘降低，进而伤害作业人员；测试毛刷转向是否正确；确保其各项性能完好、合格后，方可使用。开始清扫作业前，应将清扫机械可靠接地。

【事故案例】 ××供电局带电班进行带电清扫时，由于机械发生故障导致作业无法完成。

××供电局带电班负责对35kV××线路进行带电清扫。当清扫工作进行一半时，带电清扫机械突然出现故障，停止转动，导致清扫作业无法完成。

9.7.3 带电清扫作业人员应站在上风侧位置作业，应戴口罩、护目镜。

【释义】 目的是为了避免清扫下来的灰尘吹入作业人员的眼睛和进入呼吸系统。

【事故案例】 ××电业局人员未按要求佩戴护目镜。

××电业局负责对35kV××线路进行带电清扫。下午作业时起风，作业人员李××未按要求戴护目镜，导致灰尘落入眼中，造成眼睛红肿。

9.7.4 作业时，作业人员的双手应始终握持绝缘杆保护环以下部位，并保持带电清扫有关绝缘部件的清洁和干燥。

【释义】 作业人员的双手应始终握持绝缘杆保护环以下部位，是为了确保绝缘操作杆的有效长度。作业过程中，清扫下来的大量灰尘会堆积在绝缘部件上，降低绝缘性能，作业人员应及时对绝缘部件进行清扫，确保其干燥。

【事故案例】 ××供电局进行绝缘部件清洗时，由于误触保护环，导致发生触电死亡。

××供电局带电班对10kV××线路城区变压器进行带电清扫。带电作业人员胡××为清扫变压器上端隔离开关，失手握在了保护环上，造成触电。

9.8 感应电压防护

9.8.1 在330kV及以上电压等级的线路杆塔上及变电站构架上作业，应采取防静电感应措施，例如穿戴相应等级全套屏蔽服（包括帽、上衣、裤子、手套、鞋等，下同）或静电感应防护服、导电鞋等（220kV线路杆塔上作业时宜穿导电鞋）。在±400kV及以上电压等级的直流线路单极停电侧进行工作时，应穿着全套屏蔽服。

【释义】 作业人员在330kV及以上电压等级的带电线路杆塔上及变电站构架上时，人体即处在电场中。若人体对地绝缘（穿胶鞋等），则对带电体和接地体分别存在电容，由于静电感应引起人体带电，手触铁塔的瞬间会出现放电麻刺。电压越高，产生静电感应电压也越高。为确保作业人员的人身安全，应采取穿着静电感应防护服、导电鞋等防感电应措施。在±400kV及以上电压等级的直流线路杆塔上及变电站构架上进行工作时，由于直流线路输电距离长、极间距离较近、电场场强大等因素，在停电侧线路会产生较大感应电。为了能够有效分流人体的电容电流和屏蔽高压电场，使流过人体的电流控制在微安级水平。作业人员应穿全套屏蔽服。导电鞋具有导电性能，可消除人体静电积聚，作业人员在220kV线路杆塔及变电站构架上作业时穿导电鞋，相当于人体与铁塔等电位，避免人体在接触铁塔或构架时发生放电麻刺。作业人员在穿导电鞋时，不应同时穿绝缘的毛料厚袜及绝缘的鞋垫。

9.8.2 绝缘架空地线应视为带电体。作业人员与绝缘架空地线之间的距离不应小于0.4m（1000kV为0.6m）。如需在绝缘架空地线上作业时，应用接地线或个人保安线将其可靠接地或采用等电位方式进行。

【释义】 因绝缘架空地线与带电导线平行架设且不通过每基杆塔直接接地，会在绝缘架空地线上产生静电和电磁感应电压，其大小与线路电压等级和线路的长度成正比。因此，绝缘架空地线应视为带电体，作业人员与绝缘架空地线之间的安全距离不应小于0.4m（1000kV为0.6m）。若采用接地线将其可靠接地方式时，应使用绝缘棒装设接地线，绝缘棒的长度应满足人员操作时与绝缘地线安全距离的要求。

【事故案例】 ××电业局在进行带电检测不良绝缘工作时，误碰未接地的架空地线，感应电压触电，高空坠落死亡事故。

××电业局在220kV××线上进行带电检测不良绝缘子工作。工人何××等三人负责0~32号杆这一段，当测完32号铁塔之后，转向31号水泥杆，何××爬梯登杆，上到适当部位，将安全带搭在肩上，就上了横担，从横担走向左边去测左边相绝缘子，绕过左边线行进，当走到架空地线底下，穿越架空地线时，触及未接地带电感应电压的架空地线，从13m高的横担上坠落，经抢救无效死亡。

9.8.3 用绝缘绳索传递大件金属物品（包括工具、材料等）时，杆塔或地面上作业人员应将金属物品接地后再接触，以防电击。

【释义】 在邻近带电设备及线路使用绝缘绳索传递大件金属物品（包括工具、材料等）时，物件上会产生一定的感应电压。为了防止杆塔或地面上作业人员接触时发生触电，需先将金属物品接地后再接触。

9.9 高架绝缘斗臂车作业

9.9.1 高架绝缘斗臂车应经检验合格。斗臂车操作人员应熟悉带电作业的有关规定，并经专门培训，考试合格、持证上岗。

【释义】 高架绝缘斗臂车属于特种设备，其结构和操作较为复杂且作业时将作业人员升至高空进行带电作业。因此，对作业人员和斗臂车的操作应有严格的要求。高架绝缘斗臂车应经检验机构检验合格，各项试验和检查应符合 DL/T 854—2004《带电作业用绝缘斗臂车的保养维护及在使用中的试验》规定。

【事故案例一】 ××供电局在利用高架绝缘斗臂车时，由于操作失误造成线路跳闸事故。

××供电局高××利用高架绝缘斗臂车对 35kV××线路进行带电作业，由于其刚取得高架绝缘斗臂车操作资格的，对带电作业的认识能力不够，操作失误，导致线路跳闸。

【事故案例二】 ××供电所在进行绝缘子更换时，由于作业处安全距离不够，采取的绝缘隔离措施不可靠，作业中触及横担，接地触电致死事故。

××供电所 10kV 建设线 9 号杆 B 相绝缘子损坏，由所专责技术员颜××（男、37 岁）用液压绝缘斗臂车等电位更换。由于绝缘子对地（铁横担）的安全距离不足 0.4m，采取的绝缘隔离、遮盖措施不当，在吊斗里等电位的操作方法敢不当，双横担两个绝缘子只解开一个绑线，就用左肩去扛导线，结果由于用力过猛，吊斗抖动，右手触到铁横担上，造成接地触电，抢救无效死亡。

9.9.2 高架绝缘斗臂车的工作位置应选择适当，支撑应稳固可靠，并有防倾覆措施。使用前应在预定位置空斗试操作一次，确认液压传动、回转、升降、伸缩系统工作正常、操作灵活，制动装置可靠。

【事故案例】 ××供电局所辖供电所在进行相关带电作业时，由于监护人未干过带电作业，对带电作业中一系列错误操作无能力制止，作业人员触电死亡

××供电所在某 10kV 线路 9 号杆带电更换中相针式绝缘子，该杆系双层布线，双铁横担结构，上层为Ⅰ线下层为Ⅱ线，相间距离 500mm。

作业方法是使用液压绝缘斗臂车等电位作业。由未干过带电作业的人员担任工作负责人。用液压绝缘斗臂车将等电位人员从下层Ⅱ线中相和边相导线间送至上层Ⅰ线中相和边相两相导线间，等电位人员穿屏蔽服，手戴针织铜丝手套（无连接筋），手套未与屏蔽服连成整体。等电位人员用绝缘扳手松开绝缘子螺帽，解开绑线，双手抬起导线后，用右手伸向绝缘子，准备取下更换，由于车的绝缘斗摆动，不慎碰及用绝缘垫毡遮盖不好而外露的铁横担，造成接地触电死亡。

9.9.3 绝缘斗中的作业人员应正确使用安全带和绝缘工具。

【释义】 绝缘斗中的作业人员安全带应系在绝缘斗的牢固构件上，并正确使用检测合格的绝缘工具。

【事故案例】 ××供电局作业人员由于系用不合要求的安全带，从横担上摔下轻伤事故。

××供电局送电处带电三班，在某变电站外 35kV T 接线路终端杆上更换耐张绝缘子杆上电工甲的安全带 2（用绝缘绳代替）系在杆塔 1 上，用活结 3 系牢，人站在横担上用绝缘操作杆取弹簧销子。在弯腰过程中，安全腰带活结头 4 卡在横担 5 的缝中，当甲再次直腰工作时，活结头 4 从活结 3 中抽出，致使甲失去保护，从横担上摔下来，幸亏其臂部着地，且土质较软，才避免一次重大事故。

9.9.4 高架绝缘斗臂车操作人员应服从工作负责人的指挥，作业时应注意周围环境及操作速度。在工作过程中，高架绝缘斗臂车的发动机不准熄火。接近和离开带电部位

时，应由斗臂中人员操作，但下部操作人员不准离开操作台。

【释义】 高架绝缘斗臂车操作人员作业时，由于所处位置、角度关系，无法顾及周边情况，故应服从工作负责人的指挥。斗臂车在道路边、人员密集等区域作业时，应正确设置交通警告标志和安全围栏。斗臂车在工作过程中，发动机不应熄火，以备意外情况发生时能及时处理。如绝缘斗臂由下部操作人员操作时，在车斗接近和离开带电部位时，应由斗中人员操作，便于带电作业的安全进行。为了在上部操作失效时能及时进行应对，下部操作人员不准离开操作台。如绝缘斗臂由斗中人员操作时，应由专人操作，即一人操作斗臂，一人进行带电作业。工作负责人应加强对下部操作台的监护，以免其他人员进入下部操作台发生误操作。

【事故案例】 ××电业局在利用高架绝缘斗臂车进行短接断路器时，由于操作不当造成触电事故。

××电业局在利用高架绝缘斗臂车对 35kV××线路进行带电接短接断路器时，高架绝缘斗臂车操作人员代××将发动机熄火，斗中作业人员赵××在短接时由于位置调节不当造成触电事故。

9.9.5 绝缘臂的有效绝缘长度应大于表 9-10 的规定且应在下端装设泄漏电流监视装置。

表 9-10　　　　　　　　　　绝缘臂的最小有效绝缘长度

电压等级（kV）	10	35	66	110	220	330
长度（m）	1.0	1.5	1.5	2.0	3.0	3.8

【释义】 绝缘臂伸出作业时，其有效绝缘长度应大于表 9-10 的规定且应在下端装设泄漏电流监视装置。工作负责人应派人对泄漏电流情况进行监视，泄漏电流应满足本规程附录 k 的规定。

【事故案例】 ××供电局由于作业人员指挥不当，高架绝缘斗臂车操作时引起人身事故。

××供电局在用高架绝缘斗臂车对 10kV××线路进行带电接空载线路时，由于赵××现场指挥不当，高架绝缘斗臂车绝缘臂的有效长度为 0.8m，造成了作业人员曹××、陆××电弧烧伤。

9.9.6 绝缘臂下节的金属部分，在仰起回转过程中，对带电体的距离应按表 9-1 的规定值增加 0.5m。工作中车体应良好接地。

【释义】 由于设备及作业环境的原因，在作业过程中操作人员很难控制绝缘臂下节的金属部分与带电体的安全距离。所以，在仰起回转等过程中，对带电体的距离应按表 9-1 的规定值增加 0.5m。如斗臂的升降、仰起回转由斗中人员进行操作时，工作负责人（监护人）应严格监护，确保绝缘臂下节的金属部分与带电体的距离满足上述要求。工作中车体应始终良好接地，以防感应电。

【事故案例】 ××供电局在进行高架绝缘斗臂车工作时，由于操作未按照要求，造成作业人员被感应电灼伤。

××供电局对 35kV××线路 15～17 号杆段进行带电作业。带电作业负责人廖××在进行 17 号杆作业时，为了赶时间（到另一个工作点），高架绝缘斗臂车接地未按要求接好，导致作业人员师××被感应电灼伤。

9.10 保护间隙

9.10.1 保护间隙的接地线应用多股软铜线。其截面应满足接地短路容量的要求，但不得小于 25mm²。

【释义】 接地线截面不小于 25mm² 主要考虑了间隙放电时继电保护动作较快，在跳闸的短时间内可以保证接地线不被烧断。

【事故案例】 ××电业局在进行带电接引线时，由于使用的保护间隙接地线不符合要求，导致发生接地线烧断。

××电业局××线路工区带电班在对 110kV××线路进行带电接引线时，负责人顾××进行保护间隙的接地线时，未按要求与接地网连接可靠，在接通线路瞬间，造成接地线烧断。

9.10.2 保护间隙的距离应按表 9-11 的规定进行整定。

表 9-11 保护间隙整定值

电压等级（kV）	220	330	500	750	1000
间隙距离（m）	0.7~0.8	1.0~1.1	1.3	2.3	3.6

注：330kV 及以下保护间隙提供的数据是圆弧形，500kV 及以上保护间隙提供的数据是球形。

9.10.3 使用保护间隙时，应遵守下列规定：

a）悬挂保护间隙前，应与调控人员联系停用重合闸或直流线路再启动功能。

【释义】 保护间隙在安装、调节过程中，可能会造成线路接地跳闸。为防止作业人员发生二次伤害，悬挂保护间隙前，工作负责人应向调度申请停用重合闸或直流再启动保护。保护间隙悬挂后，工作负责人应及时向调度汇报。

b）悬挂保护间隙应先将其与接地网可靠接地，再将保护间隙挂在导线上，并使其接触良好。拆除的程序与其相反。

【释义】 悬挂保护间隙的顺序与挂接地线的顺序一样，先挂接地端，后挂导线端，连接应可靠，间隙具有可调节的性能时，悬挂前先将间隙调大，与导线挂接牢固后再调至整定值（拆除时，也应先将间隙调大后再脱离导线，拆除保护间隙的顺序与悬挂相反，先拆导线端，后拆接地端）。

c）保护间隙应挂在相邻杆塔的导线上，悬挂后，应派专人看守，在有人、畜通过的地区，还应增设围栏。

【释义】 为了防止保护间隙放电时电弧伤及作业人员，保护间隙应挂在相邻杆塔的导线上，保护间隙的保护范围约为 1.7km（DL/T 966—2005《送电线路带电作业技术导则》）。由于保护间隙悬挂点离作业点有一定距离，应派专人看守，在有人、畜通过的地区，还应增设围栏。

d）装、拆保护间隙的人员应穿全套屏蔽服。

9.11 带电检测绝缘子

9.11.1 使用火花间隙检测器检测绝缘子时，应遵守下列规定：

a）检测前，应对检测器进行检测，保证操作灵活，测量准确。

b）针式及少于 3 片的悬式绝缘子不准使用火花间隙检测器进行检测。

c）检测 35kV 及以上电压等级的绝缘子串时，当发现同一串中的零值绝缘子片数达到表 9-12 的规定时，应立即停止检测。

d）应在干燥天气进行。

表 9-12　　　　　　　　一串中允许零值绝缘子片数

电压等级（kV）	35	66	110	220	330	500	750	1000	±500	±660	±800
绝缘子串片数	3	5	7	13	19	28	29	54	37	50	58
零值片数	1	2	3	5	4	6	5	18	16	26	27

注：如绝缘子串的片数超过表 9-12 的规定时，零值绝缘子允许片数可相应增加。

【释义】　a）使用火花间隙检测器检测绝缘子时，因良好绝缘子两端存在数千伏的电位差，能使空气间隙击穿而产生火花放电，发出放电声；而在老化的或零值的绝缘子两端的电位差很小或等于零，不能击穿空气间隙，不会产生火花放电。其火花间隙的距离一般按照绝缘子的最低分布电压值的 50% 来设置间隙。带电作业用火花间隙检测装置分为普通型和带蜂鸣型两类，装置的形式为固定间隙型，但其间隙距离可按适用的电压等级进行调整（DL/T 415—2009《带电作业用火花间隙检测装置》）。

在检测前，要先检查间隙距离是否满足出厂规定值。如间隙过大，会把良好绝缘子误判为低值或零值；如间隙过小，会将低值绝缘子误判为良好。

b）如使用火花间隙检测器对针式绝缘子进行测零，将造成线路直接接地故障。少于 3 片的悬式绝缘子，如果其中 1 片零值，在使用火花间隙检测器检测另 1 片时，也将造成线路接地故障。故针式绝缘子及少于 3 片的悬式绝缘子不准使用火花间隙检测器进行检测。

c）检测 35kV 及以上电压等级的绝缘子串时，当发现同一串中的零值绝缘子片数达到表 9-12 的规定时，如继续测试，将可能造成绝缘子串闪络而引起线路跳闸。因此，检测中发现零值的片数达到《安规》表 9-12 规定时，应立即停止检测。

d）在空气湿度太大时，由于空气绝缘的下降及空气分子在电场下电离现象的不同。绝缘子本身泄漏电流增大，使火花放电现象减弱，将造成误判。同时，绝缘操作杆的绝缘性能也将降低，甚至发生绝缘击穿。故应在干燥天气进行。

9.12　配电带电作业

9.12.1　进行直接接触 20kV 及以下电压等级带电设备的作业时，应穿着合格的绝缘防护用具（绝缘服或绝缘披肩、绝缘手套、绝缘鞋）；使用的安全带、安全帽应有良好的绝缘性能，必要时戴护目镜。使用前应对绝缘防护用具进行外观检查。作业过程中禁止摘下绝缘防护用具。

【释义】　在配电线路的带电作业中，由于配电线路相间的距离小，而且配电设施密集，作业范围小，作业人员在作业过程中很容易触及邻相及不同电压的带电导线和设备。故进行直接接触 20kV 及以下电压等级带电设备的作业时，应注意以下事项：作业人员应正确穿着绝缘服或绝缘披肩、绝缘手套、绝缘鞋等绝缘防护用具，应使用绝缘安全带和安全帽。在作业过程中，人体裸露部分与带电体的最小安全距离、绝缘绳索工具最小有效绝缘长度等均应满足本规程的规定。

为防止作业人员误碰带电设备，禁止在作业过程中摘下绝缘防护用具。为防止作业人员在作业过程中由于电弧而灼伤眼睛，必要时应戴护目镜。

各类绝缘防护用具使用前应对其进行外观检查和绝缘检测。

【事故案例】 ××电业局在进行断路器开关操作时，由于所带绝缘设备有缺陷导致触电事故。

××电业局程××在对 35kV××变压器进行断路器开关操作时，被电击击倒，后经检查所戴绝缘手套有发霉迹象。

9.12.2 作业时，作业区域带电导线、绝缘子等应采取相间、相对地的绝缘隔离措施。 绝缘隔离措施的范围应比作业人员活动范围增加 0.4m 以上。 实施绝缘隔离措施时，应按先近后远、先下后上的顺序进行，拆除时顺序相反。 装、拆绝缘隔离措施时应逐相进行。

禁止同时拆除带电导线和地电位的绝缘隔离措施，禁止同时接触两个非连通的带电导体或带电导体与接地导体。

【释义】 作业时，因配电线路作业区域内带电导线相间、相对地的距离较小，为确保作业人员的人身和设备安全，应对作业区域带电导线、绝缘子等采取相间、相对地的绝缘隔离措施。通常绝缘隔离措施为绝缘遮蔽、绝缘隔板等。为方便作业人员作业，避免意外发生人员触电，绝缘隔离措施的范围应比作业人员活动范围扩大 0.4m 以上。

【事故案例】 ××电业局在进行绝缘子更换时，由于为采取正确的绝缘隔离，导致发生触电死亡事故。

××电业局××供电所对 10kV××县 9 号杆损坏的 B 相绝缘子进行更换，该所专责技术员颜××采用液压绝缘斗臂车等电位更换绝缘子。由于绝缘子对地（铁横担）的安全距离不足 0.4m，采用的绝缘隔离、遮盖措施不当，在吊斗里等电位的操作方法不当，双横担两个绝缘子只解开一个绑线，颜××就用左肩去抗导线。由于用力过猛，吊斗抖动，颜××右手触到铁横担上，造成接地触电，抢救无效死亡。

9.12.3 作业人员进行换相工作转移前，应得到工作监护人的同意。

【释义】 因相间及相对地距离小，为防止作业人员在进行换相转移作业中，人体意外碰触相邻带电导线或接地而发生触电伤害。作业人员进行换相工作转移前，应得到工作监护人的同意，在其监护下方可开始转移。

【事故案例】 ××供电局在进行引流线消缺时，由于工作监护人及时的制止，避免人身伤亡事故。

××供电局带电班对 10kV××线 25 号杆进行引流线消缺。操作人员唐××、焦××用液压绝缘斗臂车等电位处理 A 相完毕。要求换相工作转移时，得到工作负责人孙××同意。在由下往上转移的过程中，工作负责人孙×发现唐××、焦××人身与带电体 B 相的安全距离可能不足 0.4m，立即制止，避免了触电事故。

9.13 带电作业工具的保管、使用和试验

9.13.1 带电作业工具的保管

9.13.1.1 带电作业工具应存放于通风良好、清洁干燥的专用工具房内。 工具房门窗应密闭严实，地面、墙面及顶面应采用不起尘、阻燃材料制作。 室内相对湿度应保持在 50～70，室内温度应略高于室外，且不宜低于 0℃。

【释义】 绝缘工具的电气和机械性能良好与否，直接影响到带电作业时的人身及设备安全。因此，需做好带电作业工具的维护和保管。带电作业工具房设计、温度及湿度的控制应符合 DL/T 974—2005《带电作业用工具库房》的规定。

【事故案例】 ××供电局带电作业班库房整治过程中工作保管不当造成工器具不合格。

××供电局带电作业班库房整治两周，需要将所有工器具搬出，该供电局因办公场所限制，不能找到一合格的房间堆放带电作业班工器具，只有一地下室空置，但特别潮湿。为了保证库房整治顺利完成，最终还是决定将工器具摆放到地下室，但要求库房整治结束后，所有地下室的工器具必须实验后再放入新库房。两周后，在将地下室工器具搬入政治好库房前的实验中，发现因为保管不当，有 30%的工器具实验不合格。

9.13.1.2 带电作业工具房进行室内通风时，应在干燥的天气进行，并且室外的相对湿度不得高于 75%。 通风结束后，应立即检查室内的相对湿度，并加以调控。

【释义】 在对带电作业工具房进行室内通风时，应在天气干燥下进行，并且室外的相对湿度不准高于 75%，以免造成室内的湿度提高。通风结束后，应立即检测室内的相对湿度。如不能满足上述要求时，应立即打开抽湿机、加热器进行除湿，直至满足要求为止。

9.13.1.3 带电作业工具房应配备：湿度计、温度计，抽湿机（数量以满足要求为准），辐射均匀的加热器，足够的工具摆放架、吊架和灭火器等。

【释义】 带电作业工具房应符合 DL/T 974—2005《带电作业用工具库房》的规定。

9.13.1.4 带电作业工具应统一编号、专人保管、登记造册，并建立试验、检修、使用记录。

【事故案例】 ××电业局带电班工具管理不当导致人员烧伤事故。

××电业局带电班在 10kV 农村排灌线路的杆上更换隔离开关横担。由于带电工具管理人员未及时准确地确认带电工器具的型号等，在恢复中相引流线过程中，当郭××弯腰绑扎引流线时，造成中相与边相短路，作业人员被烧伤。

9.13.1.5 有缺陷的带电作业工具应及时修复，不合格的应及时报废，禁止继续使用。

【释义】 有缺陷的带电作业工具修复后，经重新试验合格后，方可使用。

【事故案例】 某供电局工作时，由于绝缘竖梯绑扎方法不当，导致梯子折断摔伤事故。

某供电局送电带电班某 66kV 线路 43～44 号杆之间，采用绑扎方法处理导线断股。按规定要求，不能使用软梯，便决定使用长 2.6m 的绝缘硬梯，并在下端连接 7.6m 长的竹梯以满足作业高度要求，还在绝缘梯上端第二节处（距顶端约 0.6m）做了四方拉绳，但其下端未固定，仅用人拉住。当导线断股绑扎完以后，工作负责人命令调整拉绳，由于西南侧拉绳松得太多，站在绝缘梯上端的作业人员随之倾斜，使绝缘梯上端 0.5m 处朝东北侧折断，等电位作业人员随断梯摔落地面，造成骨裂。

9.13.1.6 高架绝缘斗臂车应存放在干燥通风的车库内，其绝缘部分应有防潮措施。

【释义】 高架绝缘斗臂车的存放应符合 DL/T 974—2005《带电作业用工具库房》和 DL/T 854—2004《带电作业用绝缘斗臂车的保养维护及在使用中的试验》的规定。

【事故案例】 ××供电公司带电班采用液压绝缘斗臂车工作时，发生触电事故。

××供电公司带电班采用液压绝缘斗臂车处理 10kV 配电变压器高压侧的熔断器。等电位作业电工晏××穿全套屏蔽服，由于保管不善，屏蔽服长期在湿度过高的环境内存放，而天气炎热，晏××衣服扣子又未扣上，前胸裸露。晏××站在液压斗臂车内至工作位置，便用短接线上端与高压引流线接续后，正位于短接线下端，松弛的熔断器自然脱落，恰好掉在晏××裸露的胸上，晏××当即死亡。

9.13.2 带电作业工具的使用

9.13.2.1 带电作业工具应绝缘良好、连接牢固、转动灵活，并按厂家使用说明书、现场操作规程正确使用。

【释义】　带电作业工具关系到带电作业人员的安危，因此必须要确保绝缘良好。带电作业人员应熟知带电作业工具的使用方法和现场使用规范，以防出现误操作引发的事故。

【事故案例一】　××电业局带电作业班带电更换输电线路绝缘子串时人员误操作导致人身伤亡事故。

××电业局带电坐夜班带电更换 220kV 输电线路绝缘子串。8：35，线路解除合闸；9：40，开始更换左相绝缘子；10：45，左相绝缘子串更换结束。之后，将工具转移到中相，准备更换中相绝缘子串，横担上等电位工作人员张××因误操作带电作业工器具，导致线路带电，线路跳闸，受伤人员送医院抢救，右手炸伤被迫截肢。

【事故案例二】　××供电局在进行间隔脱落缺陷排查时，由于软梯悬挂不当，导致高空坠落死亡事故。

××供电局线路工区带电班共 4 人在某 220kV 线路等电位处理间隔棒脱落缺陷。作业中，将绝缘梯挂至导线上后，进行了冲击试验，确认可靠，等电位电工开始向上攀登。当登至靠近铝合金梯头（离地面 18m）时，等电位电工伸手快速去抓铝合金梯头的瞬间，人和软梯突然脱离挂在导线上的铝合金梯头，坠落地面。等电位电工经医院抢救无效死亡。

9.13.2.2 带电作业工具使用前应根据工作负荷校核机械强度，并满足规定的安全系数。

【释义】　带电作业工具机械强度应按下式校核：

机械强度＝实际工作中的负荷×安全系数。安全系数具体参照相关的带电作业技术规程而定。

【事故案例一】　××供电局带电班用安全系数不合格的绝缘硬梯处理导线断股导致人员受伤事故。

××供电局带电班对××35kV 线路 22～31 号杆段采用绑扎方法处理导线断股。按规定要求，不能使用软梯，故决定使用长 2.6m 的绝缘硬梯。但因绝缘硬梯未满足规定的安全系数，使绝缘梯上端 0.5m 处朝北面折断，等电位作业人员随断梯摔落地面，造成骨折。

【事故案例二】　某检修单位在进行线路检修时，发生绝缘子串摔落地面事故。

某检修单位带电更换 500kV 线路直线绝缘子串。将酒杯塔边线 27 片成串的瓷质绝缘子，更换为硅橡胶复合绝缘子串。拆放瓷质绝缘子串的方法是：整串绝缘子上部用绝缘绳端连接，通过横担处的定滑轮由地面适当牵引，摘脱开绝缘子上挂点后，地面人员用制动器徐徐放落绝缘子串。绝缘绳是经过塔脚的转向滑轮，引向挂在工程车处的制动器的。在放落绝缘子串过程中，滑轮套挂导线横担的纤维丝绳套突然断裂，滑轮脱离导线横担，绝缘子串、滑轮、绝缘绳索摔跌地面。人员未受到伤害。

9.13.2.3 带电作业工具在运输过程中，带电绝缘工具应装在专用工具袋、工具箱或专用工具车内，以防受潮和损伤。　发现绝缘工具受潮或表面损伤、脏污时，应及时处理并

经试验或检测合格后方可使用。

【释义】 为防止带电作业工具在运输过程中发生受潮和损伤，应将其装在相应的专用工具袋、工具箱或专用工具车内。发现绝缘工具受潮、脏污时，应采用干净的棉布进行擦拭或烘干处理，并重新按照 9.13.2.5 条规定进行绝缘检测合格后方可使用；如果绝缘工具受潮、脏污较为严重及表面损伤，应送回厂家进行处理，并应经有资质的试验单位试验合格后方可继续使用。

高架绝缘斗臂车在运输过程的保护应符合 DL/T 854—2004《带电作业用绝缘斗臂车的保养维护及在使用中的试验》的规定。

【事故案例一】 ××电业局线路工区的带电检修班处理导线断股所用软梯脏污等导致人员受伤事故。

××电业局线路工区的带电检修班在 110kV××线路 231~232 档距间处理导线断股。该档跨越一条 0.4kV 线路，交跨净距 4.2m，作业人员在该档软梯进行检修。组装后，作业人员登软梯进入电场，因软梯脏污，绝缘系数不够，致使 110kV××线与 0.4kV 线路放电，0.4kV 导线被烧断，110kV 线三相导线轻微损伤。

【事故案例二】 ××电业局带电作业班带电更换 500kV××线 140 号塔绝缘子串时，由于绝缘工具不良，致使爆炸伤人事故。

××电业局带电作业班带电更换 500kV××线 140 号塔绝缘子串。10：35，线路解除重合闸，11：40，开始更换左相绝缘子串，12：45，左相绝缘子串更换结束。接着将工具转移到中相，准备更换中相绝缘子串，地面作业人员将绝缘吊杆提升到横担下面。横担上地电位工作人员胡××提绝缘杆吊杆吊钩靠近导线时，忽然听到一声巨响，看到一个大火球，塔上人员胡××右手小指被炸掉，500kV××线跳闸，经抢救处理后，于 17：45，500kV××线恢复送电。受伤人员送医院抢救，因右手无名指炸伤，被迫截去。

9.13.2.4 进入作业现场应将使用的带电作业工具放置在防潮的帆布或绝缘垫上，防止绝缘工具在使用中脏污和受潮。

【释义】 进入作业现场的绝缘工具在检查、检测、使用过程中，应始终确保其在防潮的帆布或绝缘垫内，特别要注意防止绝缘绳索落到防潮的帆布或绝缘垫之外区域，绝缘绳索在转位或移动作业时应将其装入专用的工具袋内，以免脏污和受潮。

9.13.2.5 带电作业工具使用前，仔细检查确认没有损坏、受潮、变形、失灵，否则禁止使用，并使用 2500V 及以上绝缘电阻表或绝缘检测仪进行分段绝缘检测（电极宽 2cm，极间宽 2cm），阻值应不低于 700M。 操作绝缘工具时应戴清洁、干燥的手套。

【释义】 使用 2500V 及以上绝缘电阻表或绝缘检测仪进行分段绝缘检测时，检测的电极宽为 2cm、极间宽为 2cm。如果电极与绝缘工具接触面积小，将影响绝缘电阻的测量结果，可能会将绝缘电阻不符合要求的工具判断为合格，故不得采用电极宽和极间宽小于上述规定的电极进行测试. 操作绝缘工具时，操作人员应戴清洁、干燥的手套，以免绝缘工具脏污、受潮。

【事故案例】 ××电业局工作时，由于软梯悬挂不当，导致高空坠落死亡。

××供电局线路工区带电班共 4 人在 220kV××线路等电位处理间隔棒脱落缺陷。作业中，将绝缘梯挂至导线上后，进行了冲击试验，确认可靠，等电位电工开始向上攀登。当登至靠近铝合金梯头（离地面 18m）时，等电位电工伸手快速去抓铝合金梯头的瞬间，人和软梯突然脱离挂在导线上的铝合金梯头，坠落地面。等电位电工经医院抢救无效死亡。

9.13.3 带电作业工具的试验

9.13.3.1 带电作业工具应定期进行电气试验及机械试验，其试验周期为：

电气试验：预防性试验每年一次，检查性试验每年一次，两次试验间隔半年。

机械试验：绝缘工具每年一次，金属工具两年一次。

9.13.3.2 绝缘工具电气预防性试验项目及标准见表9-13。

表 9-13　　　　　　　　　绝缘工具的试验项目及标准

额定电压（kV）	试验长度（m）	1min 工频耐压（kV）		3min 工频耐压（kV）		15 次操作冲击耐压（kV）	
		出厂及型式试验	预防性试验	出厂及型式试验	预防性试验	出厂及型式试验	预防性试验
10	0.4	100	45	—	—	—	—
35	0.6	150	95	—	—	—	—
66	0.7	175	175	—	—	—	—
110	1.0	250	220	—	—	—	—
220	1.8	450	440	—	—	—	—
330	2.8	—	—	420	380	900	800
500	3.7	—	—	640	580	1175	1050
750	4.7	—	—	—	780	—	1300
1000	6.3	—	—	1270	1150	1865	1695
±500	3.2	—	—	—	565	—	970
±660	4.8	—	—	820	745	1480	1345
±800	6.6	—	—	985	895	1685	1530

注：±500、±600、±800kV 预防性试验采用 3min 直流耐压。

操作冲击耐压试验宜采用 250/2500s 的标准波，以无一次击穿、闪络为合格。

工频耐压试验以无击穿、无闪络及过热为合格。

高压电极应使用直径不小于 30mm 的金属管，被试品应垂直悬挂，接地极的对地距离为 1.0～1.2m。接地极及接高压的电极（无金具时）处，以 50mm 宽金属铂缠绕。试品间距不小于 500mm，单导线两侧均压球直径不小于 200mm，均压球距试品不小于 1.5m。

试品应整根进行试验，不得分段。

9.13.3.3 绝缘工具的检查性试验条件是：将绝缘工具分成若干段进行工频耐压试验，每 300mm 耐压 75kV，时间为 1min，以无击穿、闪络及过热为合格。

9.13.3.4 带电作业高架绝缘斗臂车电气试验标准见《国家电网公司电力安全工作规程变电部分》附录 k。

9.13.3.5 组合绝缘的水冲洗工具应在工作状态下进行电气试验。除按表9-13 的项目和标准试验外（指 220kV 及以下电压等级），还应增加工频泄漏试验，试验电压见表9-14。泄漏电流以不超过 1mA 为合格，试验时间 5min。

试验时的水电阻率为 1500Ω·cm（适用于 220kV 及以下的电压等级）。

表 9-14   组合绝缘的水冲洗工具工频泄漏试验电压值

额定电压（kV）	10	35	66	110	220
试验电压（kV）	15	46	80	110	220

9.13.3.6 整套屏蔽服装各最远端点之间的电阻值均不得大于 20Ω。

9.13.3.7 带电作业工具的机械预防性试验标准：

静荷重试验：1.2 倍额定工作负荷下持续 1min，工具无变形及损伤者为合格。

动荷重试验：1.0 倍额定工作负荷下操作 3 次，工具灵活、轻便、无卡住现象为合格。

【释义】 带电作业工具的试验参照 DL/T 976—2005《带电作业工具、装置和设备预防性试验规程》。组合绝缘的水冲洗工具按照本规程 9.13.3.5 条。

【事故案例】 ××供电局线路工区带电班等电位处理间隔棒脱落缺陷所用软梯脱落导致人员伤亡事故。

××供电局线路工区带电班人员刘××、林××、周××、罗××4 人在 220kV××线路等电位处理间隔棒脱落缺陷。作业中，刘××将绝缘梯挂至导线上后，未进行冲击试验便开始向上攀登。当登至靠近铝合金梯头（离地面 18m）时，刘××伸手快速去抓铝合金梯头的瞬间，人和软梯突然脱落挂在导线的铝合金梯头，坠落地面，刘××经抢救无效死亡。

10 发电机、同期调相机和高压电动机的检修、维护工作

10.1 检修发电机、同期调相机和高压电动机应填用变电站（发电厂）第一种工作票。

【释义】 发电机、同期调相机和高压电动机均属高压设备，由于它们一般都与变压器一侧连接，或与高压母线连接后接入系统电网，所以"检修"均特指"停电检修"，必须将单元设备停电、断开电源并做好其他安全技术措施才能开始工作，按照《安规》规定，在停电检修此类设备时应填用变电站（发电厂）第一种工作票。而如果进行的工作属于维护性质，不接触带电部分，客观上没有将设备停电的要求，则可填用变电站（发电厂）第二种工作票。

10.2 发电厂主要机组（锅炉、汽机、燃机、发电机、水轮机、水泵水轮机）停用检修，只需第一天办理开工手续，以后每天开工时，应由工作负责人检查现场，核对安全措施。 检修期间工作票始终由工作负责人保存在工作地点。

在同一机组的几个电动机上依次工作时，可填用一张工作票。

【释义】 锅炉、汽机、燃机、发电机、水轮机和水泵水轮机检修周期长（不包括紧急状态下的抢修）、检修方式变更较少，另外，发电厂一次接线方式不会牵涉检修的变化，因此连续数日工作只需第一天办理许可和开工手续，以后无需每天办理许可手续，也没有必要在检修中每日交回工作票。为确保工作安全，工作负责人每天开工前，应对检修现场进行检查，安全措施应符合工作票的要求，召开现场开工会后方可开始工作。工作票应始终由工作负责人保存在工作地点，防止无票作业。

如果高压电动机设备属于同一机组单元，因为它们电压等级相同，可填用一张变电站（发电厂）第一种工作票，但应按要求做好安全措施；如果几台电动机上工作都不需要停电或带电作业，若它们工作性质相同、范围明确，可填用一张第二种工作票。

同一机组的高压电动机依次进行停电检修，填用一张第一种工作票时，必须符合以下条件：①由运维人员执行的安全措施必须一次完成，然后方可办理许可手续；②在全部工作未结束以前，如任一台高压电动机需要送电试转时，应收回全部工作票并通知有关机械部分检修人员，当所有人员全部撤离后方可送电。

10.3 检修发电机、同期调相机应做好下列安全措施：

a) 断开发电机、励磁机（励磁变压器）、同期调相机的断路器（开关）和隔离开关（刀闸）。

b) 待发电机和同期调相机完全停止后，在其操作把手、按钮和机组的起动装置、励磁

装置、同期并车装置、盘车装置的操作把手上悬挂"禁止合闸，有人工作!"的标示牌。

c）若本机尚可从其他电源获得励磁电流，则此项电源应断开，并悬挂"禁止合闸，有人工作!"的标示牌。

d）断开断路器（开关）、隔离开关（刀闸）的操作能源。如调相机有起动用的电动机，还应断开此电动机的断路器（开关）和隔离开关（刀闸），并悬挂"禁止合闸，有人工作!"的标示牌。

e）将电压互感器从高、低压两侧断开。

f）在发电机和断路器（开关）间或发电机定子三相出口处（引出线）验明无电压后，装设接地线。

g）检修机组中性点与其他发电机的中性点连在一起的，则在工作前应将检修发电机的中性点分开。

h）检修机组装有二氧化碳或蒸气灭火装置的，则在风道内工作前，应采取防止灭火装置误动的必要措施。

i）检修机组装有可以堵塞机内空气流通的自动闸板风门的，应采取措施保证使风门不能关闭，以防窒息。

j）氢冷机组应关闭至氢气系统的相关阀门、加堵板等隔离措施。

【释义】 1）由于发电机和同期调相机都与电气主系统或厂用系统相连接，励磁系统通常也与备用励磁机以及厂内有关交、直流电源相连接。检修发电机、同期调相机时，检修设备必须停电，停电时断开发电机、励磁机（励磁发电机）、同期调相机的断路器和隔离开关，使其形成明显的断开点，并按要求装设接地线和悬挂标示牌。注意，发电机包含发电机变压器组，如果高压厂用变压器未经开关设备直接连于发电机出口，则应断开高压厂用变压器二次侧接入高压厂用母线的断路器（开关）和隔离开关（刀闸）。

【事故案例】 ××水电站同步电源未停电引起电压互感器反送电事故。

××水电站 800kW 水轮发电机大修，高压开关柜和晶闸管励磁系统都有工作，郑××负责检修发电机出口高压开关柜。10：00 左右，在高压开关柜后边正擦拭电压互感器高压支柱绝缘子的郑××突然触电，在他身旁的专责监护人立即小心抓住郑××的衣领把他拉开。经过调查发现，造成郑××触电的电压互感器二次侧除接有大电机测量表计等负载外，还接有晶闸管触发系统的同步电源，而且为了保证可靠性，同步电源直接取自电压互感器二次出线端头，即取下电压互感器二次熔断器后，同步电源并未断开与电压互感器二次侧的连接。由于高压开关柜和晶闸管励磁系统的工作同时进行，当检修励磁装置的员工进行晶闸管励磁系统的开环调试时，由三相调压器输出的 3×100V 模拟同步电源在接入触发系统的同时也送到了电压互感器的二次侧，并且向一次侧反送电，造成互感器高压侧工作的郑××触电。

2）励磁装置是指励磁系统中，对励磁电流能起控制和调节作用的电气调控装置（除励磁电源以外），并车装置是指将发电机投入并列运行的控制装置，盘车装置是指在发电机起动前，将发电机转动几圈以判断发电机负荷是否有卡死情况的装置。这些装置一旦合闸，即可送到工作地点。因此待发电机、同期调相机安全停止后，不但要在其操作把手、按钮和机组的起动装置上悬挂标示牌，还应在励磁装置、同期并车装置、盘车装置的操作把手上挂"禁止合闸，有人工作!"标示牌，以及时提醒有关人员纠正将要进行的误操作行为，避免误送电和误入误碰带电部分的情况。

【事故案例】 ××水电站误起动有人工作的发电机造成人员重伤事故。

××水电站 400kW 发电机励磁机电刷打火，检修人员张××到达现场处理缺陷，发现发电机因为来水少已经停止运行，便要求运维人员万××在机组的起动装置、励磁装置操作把手上挂"禁止合闸，有人工作！"标示牌，然后就直接去励磁系统处开始工作。万××图省事，没有悬挂标示牌，也没有做记录，在张××消缺过程中，电站水工钱××通知运维人员来水增加，可以开机。万××忘记有人在发电机励磁系统处工作，也没有到现场查看，就直接起动了发电机，导致张××的手被搅入旋转的励磁机，受重伤。

3）其他电源包括备用励磁机、有关的厂用低压交流电源及直流电源。若上述电源有向检修设备送电的可能时，应将其断路器和隔离开关断开，并在其操作把手及显示屏上相应操作处，悬挂"禁止合闸，有人工作！"标示牌。

4）断路器（开关）和隔离开关（刀闸）的操作能源是指其电、气、油等操作能源。检修断路器和远方控制的隔离开关时，误操作或试验引起的保护误动作均有可能引起断路器突然跳合闸而发生意外，因此必须断开断路器、隔离开关的控制电源和合闸能源。一般通过取下电源控制熔断器，释放弹簧、液压、气动操作机构储能，切断或关闭有关阀门等来实现。当断路器和相应的继电保护装置同时进行检修时，还应将跳闸回路打开，防止二次试验时断路器的跳合闸伤害检修人员。凡要求断开的所有可能来电侧的隔离开关，其操作把手必须锁住，并悬挂"禁止合闸，有人工作！"的标示牌，如未装防误闭锁装置或防误闭锁装置不正常的，必须另加挂锁，以防隔离开关自合或人员误碰误合。

对可以起动调相机的电动机，应拉开其断路器和隔离开关，断开操作电源和合闸能源，并悬挂"禁止合闸，有人工作！"标示牌。

【事故案例】 ××热电厂未仔细核对设备名称编号和确认安全措施，走错间隔触电事故。

××热电厂电气变电班班长安排工作负责人王××及班组成员沈××和李××对一台户外断路器小修。王××和沈××到达带电的户外断路器处时，没看见"在此工作！"标示牌，主观认为是运维人员忘记悬挂标示牌，在未对断路器名称和编号进行仔细核对，未采取验电接地安全措施情况下，贸然开始工作。沈××打开操作机构箱准备工作时，突然听到一声沉闷的声音，回头发现王××已触电倒地。事后查明，该台断路器不是要进行小修的断路器，处在带电运行状态。

5）运行中的电压互感器，其原理与变压器一样，可能会通过二次回路向停电设备的电压互感器反送电，试验电源及与检修设备有关的变压器，也可能会低压侧向高压侧反送电，对高压侧工作人员造成严重伤害。所以，与停电设备有关的变压器和电压互感器，必须从高、低压两侧断开，电压互感器高、低侧的熔断器均应取下，使其形成明显的断开点。

6）使工作人员免遭触电伤害最直接的保护措施就是将停电设备三相短路接地。三相短路的作用主要是防止突然来电时，电流会通过相线传送形成回路，这个回路不会通过人体；接地的作用是使工作地点始终处于"地电位"的保护之中，而且防止剩余电荷和感应电压对作业人员造成伤害；另外，三相短路电流很大，在发生误送电时，能使上级保护动作，迅速切除电源保证检修人员的安全。若三相短路不接地或三相分别接地，突然来电时，电流可能还会通过相线、人体、地三者形成回路，人体内会有电流流过，形成危险。

7）运用中的星形接线设备的中性点，必须视为带电设备。对于中性点不接地系统来说，正常运行时，其中性点有一定的对地电压，这一电压的产生，主要由于导线的不对称排列而使各相对地电容不相等和三相负荷电流不平衡引起，尤其是当发生接地故障时，其电位更高。对于中性点采用消弧线圈补偿的系统来说，其中性点也有一定电压，主要决定于脱谐度是否适宜和线路不对称度的大小。即使是中性点直接接地系统的不接地变压器，其中性点也有一定电压。因此，检修工作开始前，必须将检修机组与其他发电机连在一起的中性点分开，形成明显断开点。

8）在风道内工作时，如果检修机组的二氧化碳或蒸汽灭火装置发生误动，二氧化碳或蒸汽进入机壳内，会引起工作人员窒息等伤害。因此应将一侧有压力的供气（汽）阀门关严加锁，挂警告牌，禁止任何人开启已关闭的阀门。

9）为防止作业人员在检修过程中因误动、误碰而造成自动闸板风门关闭，导致空气流通不畅，威胁工作人员人身安全。工作前应对检修机组空气流通的自动闸板风门加锁，并采取断开操作能源、加装制动装置等措施，保证自动闸板风门不会自行关闭，并挂标示牌。

10）氢气在空气中达到一定体积浓度（4.0%～75.6%）时，遇火源会引起爆炸，所以在氢冷机组检修前，为防止氢冷系统可靠的隔断，除关闭阀门外，还应在供氢管路上加装严密的堵板，并且在现场严禁烟火。

氢冷发电机组在氢气置换工作结束前，禁止做发电机耐压试验和拆卸发电机端盖的螺钉，以防氢气着火、爆炸。

10.4 转动着的发电机、同期调相机，即使未加励磁，亦应认为有电压。

禁止在转动着的发电机、同期调相机的回路上工作，或用手触摸高压绕组。必须不停机进行紧急修理时，应先将励磁回路切断，投入自动灭磁装置，然后将定子引出线与中性点短路接地，在拆装短路接地线时，应戴绝缘手套，穿绝缘靴或站在绝缘垫上，并戴防护眼镜。

【释义】 转动中的发电机和同期调相机，即使在转子回路中未加励磁，转子绕组中也有部分剩余磁场，定子绕组切割该磁场会产生感应电压，造成定子回路、转子回路带电，对人身安全形成威胁。所以转动中的发电机和同期调相机均应视为带电设备，禁止在其回路上工作或用手触摸高压绕组。

必须不停机而在转动中的发电机、同期调相机上进行紧急修理时，应经总工程师批准，并必须采取相关安全措施后方可进行：将励磁机回路开关或隔离开关拉开，投入自动灭磁装置（能实现预整定功能、自动投入灭磁电阻、按程序切换励磁回路的组合器件部分）；将发电机定子引出线与中性点三相短路接地，使电机本体各部分电位强制等于地电位；在装、拆接地线时，为了防止能量突变发生冲击、起弧，作业人员应采取戴绝缘手套、穿绝缘靴或站在绝缘垫上等防护措施。

10.5 测量轴电压和在转动着的发电机上用电压表测量转子绝缘的工作，应使用专用电刷，电刷上应装有 300mm 以上的绝缘柄。

【释义】 轴电压是指由于发电机定子与转子之间的圆周气隙不匀，使得转子铁芯沿圆心方向上的磁阻不够对称，运行中将产生与轴交链的交变磁通，该磁通在转轴上产生的感应电压。轴电压数值不高，一般只有几伏至十几伏。轴电压虽然不高，但是可以击穿轴瓦上的油漆,与轴承、机座、基础等形成回路。由于该回路电阻很小,因此轴电流很大,在部件接触处放电,可能严重损坏轴瓦和轴承,危害性很大。为了阻断该轴电流的回路,通常在指导和安装设备时,会在发电机两侧轴瓦座下面垫以绝缘物。运行中可以通过测量轴电压的大小,来判断绝缘垫的性能。

转子回路发生两点接地的危害很大,接地时,两接地点之间的绕组被短路,励磁电流增大,向电网输送的无功功率减小,可能引起定子电流的突变,使得发电机励磁系统的平衡遭到破坏,产生剧烈震动等现象。通过使用直流电压表测量转子励磁正、负极的对地电位,可以很好地判断转子绕组及铁芯的绝缘情况,及早发现绝缘的异常。

测量轴电压和在转动着的发电机上测量转子绝缘电阻时,作业人员需靠近转动部分和带电部分,容易造成机械缠绞、人身触电和励磁回路接地短路。因此测量工作除应由有经验的电气人员进行外,还必须使用量程小、内阻高、连接线长并接有专用电刷的电压表。电刷应带300mm以上的长绝缘柄,保证作业人员与转动部分和带电部分的安全距离,该安全距离应能保证防止发生短路时电弧伤人。

10.6 在转动着的电机上调整、清扫电刷及滑环时,应由有经验的电工担任,并遵守下列规定:

a) 作业人员应特别小心,不使衣服及擦拭材料被机器挂住,扣紧袖口,发辫应放在帽内。

b) 工作时站在绝缘垫上(该绝缘垫为常设固定型绝缘垫),不得同时接触两极或一极与接地部分,也不能两人同时进行工作。

【释义】 运行中的电机由于高速旋转,会引起电刷表面冒火、磨损松动、滑环表面油污等运行故障。该项工作应由经验丰富、操作熟练的电气人员及时做出判读并准确处理。

1) 作业人员着装必须严格遵守本规程和现场运行规程的规定,扣紧袖口,发辫应盘好藏在帽内,防止衣物、工器具等被转动的电机卷入而发生事故。

2) 工作时应站在绝缘垫上,更换电刷和取出电刷的工具均应包好绝缘,防止误碰短路。取出电刷时,应戴干燥、整洁、完好的线手套,防止烫伤手指。因为两人同时进行工作可能发生两人同时接触不同极的导电部分而触电,所以在转动着的电机上调整、清扫电刷及滑环时,不准两人同时进行工作。而且工作时,作业人员不得同时碰触不同极的导电部分,也不准一手接触导体,另一手接触接地部分,否则电流在人体内形成回路,使之触电。

【事故案例】 ××厂人员着装不规范卷入机器致人死亡事故。

××60kW发电机电刷打火,检修人员张××来到现场准备对电刷及滑环进行清扫,因为着急赶往下一个现场,张××决定不停机工作。工作开始前,张××整理服装时,发现袖口扣子线松动,张××认为一会儿就完事,不会出现什么问题,便开始工作。检修过程中,因为手的来回活动,扣子脱落,袖口卷入旋转的机器,张××手被带动,触碰到带电设备,造成触电,经抢救无效死亡。

10.7 检修高压电动机及其附属装置(如起动装置、变频装置,下同)时,应做好下列安全措施:

a) 断开电源断路器(开关)、隔离开关(刀闸),经验明确无电压后装设接地线或在隔离开关（刀闸）间装绝缘隔板；手车开关应拉至试验或检修位置。

b）在断路器（开关）、隔离开关（刀闸）操作把手上悬挂"禁止合闸，有人工作！"的标示牌。

c）拆开后的电缆头应三相短路接地。

拆解电缆头前应仔细核对设备名称和编号，防止误拆，拆开电缆头后，必须首先用合格的绝缘工器具和接地线对引出线导线部分充分放电，直至将剩余电荷放尽后方可进行拆解电缆引线的工作。为了防止误送电或对电缆误加试验电压，造成拆开的电缆引线带电，威胁人身安全，拆开的电缆头应三相短路接地。

d）做好防止被其带动的机械（如水泵、空气压缩机、引风机等）引起电动机转动的措施，并在阀门（风门）上悬挂"禁止合闸，有人工作！"的标示牌。

在可能引起电动机转动的机械阀门上应悬挂"禁止合闸，有人工作！"的标示牌，阀门包括风门、挡板等。必要时，检修人员还应根据现场条件做好其他防止电动机转动的措施，如装设制动装置或拆除联动轴等，检修完毕后负责恢复。

10.8 禁止在转动着的高压电动机及其附属装置回路上进行工作。 必须在转动着的电动机转子电阻回路上进行工作时，应先提起碳刷或将电阻完全切除。 工作时要戴绝缘手套或使用有绝缘把手的工具，穿绝缘靴或站在绝缘垫上。

【释义】 高压电动机是由断路器合闸直接起动运转的。电动机的附属装置（起动、控制和二次保护等）与一次主设备的运行紧密相关，在运行的附属装置上工作，可能引起短路、接地、电流回路开路等不正常状态，甚至引起保护跳闸，因此禁止在转动的高压电动机及其附属装置回路上进行工作。

"在转动着的电动机转子电阻回路上工作"相关内容是针对在转子回路中可以串入电阻的绕线式结构的异步电动机而言。一般低小容量的电动机可以直接起动或降压起动，而对于绕线式电动机，可以在转子回路中串入限流变阻器，它的三相绕组一端从转轴中心孔引出固接到转轴的三个滑环上（另一端为丫型的末端），三个滑环和转轴互相绝缘，转子绕组通过电刷与起动变阻器相连形成回路。电动机起动过程中，变阻器电阻逐级切换，直至被完全切除达到最大起动转矩，电动机起动完毕，而后进入正常运行状态。电动机的滑环和电阻可以说是专为起动而设置的，起动完毕后，在滑环处将三相绕组短接，然后提起碳刷。一般绕线式电动机的结构设计，当提起碳刷时转子三相滑环即被短接。必须将转子绕组三相短接的原因是绕线式电动机绕组匝数多，不仅正常运行时感应电动势高，转子回路一旦发生开路，其感应电动势也很高，对在转动着的电动机转子回路上工作的人员造成一定的触电风险。所以，必须在转动着的电动机转子回路上工作时，应首先提起碳刷或将电阻完全切除才能开始工作，必须保证转子绕组三相可靠短接。为防止检修过程中误碰碳刷操作机构导致转子绕组开路产生危险电压，工作时应做好相应的绝缘防护措施。

10.9 电动机的引出线和电缆头以及外露的转动部分均应装设牢固的遮栏或护罩。

【释义】 高压电动机的引出线、电缆头、靠近高压电动机电缆终端处的电缆都是带电设备，因此，应加装护罩或装设牢固的遮栏（围栏）。装设护罩还可防止外界因素对高压电动机的引出线和电缆头造成机械性损伤而导致的接地或短路故障。

电动机外露转动部分加遮栏（围栏）或护罩，是防止工作人员的衣服、头发、工具、材料等卷入，造成人身伤害或设备损坏。

【事故案例】　××化工厂风扇护罩缺失致人员受伤事故。

××化工厂10kW电动机运行时间长，电动机散热风扇的护罩因化工厂气体腐蚀，锈蚀严重。为了安全，检修人员将锈蚀的风扇护罩取下，然而因缺乏备件，就没有及时安装新的护罩，也没有采取其他防范措施，导致运维人员在巡视设备时，手不慎触及高速旋转的风扇，被高速旋转的风扇打伤。

10.10　电动机及附属装置的外壳均应接地。禁止在转动中的电动机的接地线上进行工作。

【释义】　电动机和附属装置的外壳接地，属于"保护接地"，是防止设备金属外壳带电时人员触电的主要技术措施。其作用有以下两点：

1）中性点非有效接地系统设备绝缘损坏造成设备外壳带电时，因为设备外壳与地连接，可以遏制此高电压，使其与地电位相等，若人员误碰设备外壳，由于保护接地电阻远小于人体电阻，使通过人体的电流受到限制，确保人身的安全。

2）中性点有效接地系统设备绝缘损坏即形成对地短路，保护装置（零序）动作切断电源。

禁止在转动中的电动机接地线上进行工作，主要是以保证设备接地作用的可靠、有效，防止工作人员在工作时造成接地开路。

【事故案例】　××厂电动机外壳带电致人员触电事故。

××厂运行人员在进行厂内设备巡视时，发现一台0.4kV电动机运行不正常，运行人员张×走到电动机旁，手放到外壳上感受电动机温升，突然触电。另一名运行人员立即断开电动机电源，幸未造成严重后果。经检查发现，电动机有一相绝缘被击穿，导致电动机外壳带电，电动机接地线因为年久失修，导致入地处已锈蚀断开，接地失效。

10.11　工作尚未全部终结，而需送电试验电动机或附属装置时，应收回全部工作票并通知有关机械部分检修人员后，方可送电。

【释义】　为了检验检修质量或一台高压电动机要试转，在检修工作尚未全部终结而需要送电试验电动机或起动装置时，必须完成以下工作：

1）将被送电的部分检修设备由检修状态改变为备用状态，对被带动的机械部分进行通电试验或带转也应同样处理，并按规定投入电动机相关的保护。

2）试验前各工作负责人应通知本工作班的成员撤离工作地点，如机械部分同时试转，还应通知有关热机值班负责人和机械部分工作负责人，待工作班成员已全部撤离工作地点，将全部工作票交回运维人员。

3）运维人员拆除有关安全措施，检查现场情况后，才能通知有关人员可以试转。

4）试验完毕后如仍需要工作，应由运维人员做好安全措施，并重新履行工作许可手续后，工作班方可重新开始工作。

【事故案例】　××厂未做好相关工作便送电试转电动机致人重伤事故。

　　××厂工作负责人朱××带领工作班成员持票检修 0.4kV 电动机及所带设备，朱××、何××检修电动机所带设备，张××、王××检修 0.4kV 电动机。张××做电动机绝缘电阻测试时，解开了电动机电源线，测试完毕后恢复接线，为确保接线正确，张××决定对电动机进行试送电检查。然而送电前，张××没有要求将工作地点的所有工作票收回，没有通知在电动机上进行工作的其他检修人员暂时离开，便自行合上电动机电源，造成在 0.4kV 电动机所带设备上检修的人员何××手臂搅入机器内，被迫截肢。

11 在六氟化硫（SF_6）电气设备上的工作

11.1 装有 SF_6 设备的配电装置室和 SF_6 气体实验室，应装设强力通风装置，风口应设置在室内底部，排风口不应朝向居民住宅或行人。

【释义】 六氟化硫（SF_6）常温、常压下为气态，无毒、无色、无味，化学性能稳定，具有优异的绝缘灭弧电气性能。SF_6 电气设备是指在电气设备内充以 SF_6 作为绝缘介质，如 SF_6 断路器、变压器、电缆以及 SF_6 气体绝缘全封闭电器（GIS）等。但是由于在 SF_6 气体生产过程中，会伴随多种有毒气体的混入，以及 SF_6 气体在电场中产生电晕放电时分解出的 SOF_2、SO_2F_2、S_2F_{10}、SO_2、S_2F_2、HF 等气体，这些气体不但有毒，很多还具有腐蚀性，会刺激人体的眼睛、皮肤、呼吸系统，如果吸入量过大，会引起头晕或肺气肿，严重时会致人死亡。

另外，SF_6 气体密度大，一般为空气密度的 5.1 倍。SF_6 气体一旦泄漏，易沉积在低层空间，不易散发，还将造成局部缺氧，使人窒息。因此在装有 SF_6 设备的配电装置室和 SF_6 气体实验室，应装设强力通风装置，风口应设置在室内底部，以便抽出可能积存在室内底部的 SF_6 混合气体且排风口不应朝向居民住宅或行人。

【事故案例】 ××变电站 SF_6 气体泄漏致人中毒事故。

××变电站当值正值班长李××在主控室发现 35kV ××线 318 断路器发出压力过低报警信号，忙叫上值班员王××共同进入该站 35kV 开关室查找问题。1min 后，王××感觉呼吸困难，李××随即搀扶王××退出开关室并向站长汇报。事后经查实，施工单位在安装 SF_6 断路器后，未在开关室底部装设强力通风装置且该断路器气体压力表接头处有气体渗漏。

11.2 在室内，设备充装 SF_6 气体时，周围环境相对湿度应不大于 80%，同时应开启通风系统，并避免 SF_6 气体泄漏到工作区。工作区空气中 SF_6 气体含量不得超过 1000μL/L。

【释义】 常态下，SF_6 气体无色无味，有良好的绝缘性能和灭弧性能，如果其中含有超过规定的水分，不但电气强度会显著下降，内部的氟硫化合物还会与水反应生成腐蚀性很强的氢氟酸、硫酸和其他毒性很强的化学物质等，对设备的绝缘材料或金属材料造成腐蚀，使绝缘下降，甚至危及人身、设备的安全。GB/T 8905—1996《六氟化硫电气设备中气体管理和检测导则》中规定了 20℃时 SF_6 电气设备水分含量的允许值，见表 11-1。

表 11-1　　　　　　　20℃时 SF_6 电气设备水分含量的允许值

隔室	有电弧分解物的隔室（μL/L）	无电弧分解物的隔室（μL/L）
交接验收值	≤150	≤500
运行允许值	≤300	≤1000

在设备充装 SF_6 气体时，由于 SF_6 电气设备内部的含水量很低，所以设备内部水蒸气分压力低。而大气中的水蒸气分压力较高，在内外压差作用下，大气中的水分会自动通过充气口、管路接头等渗入设备的 SF_6 气体中。环境温度越高，相对湿度越大，通过设备密封薄弱的环节渗入的水分就越多。所以，设备充装 SF_6 气体时，周围环境相对湿度应不大于 80%，确保 SF_6 气体水分含量在允许范围内。

另外，依据 DL/T 639—2016《六氟化硫电气设备运行、试验及检修人员安全防护细则》规定"工作区空气中 SF_6 气体含量不得超过 $1000\mu L/L$"，空气中 SF_6 气体的来源有：①SF_6 断路器中 SF_6 气体的压力比外界高，多种有毒、腐蚀性气体可能会通过充气口泄漏出；②SF_6 气瓶阀、管路接头等松动不严密，也会造成 SF_6 气体外泄。所以为了保证工作人员的人身安全，在设备充装 SF_6 气体操作过程中，必须开启通风系统，排除可能外逸的 SF_6 气体。

【事故案例】　××变电站 SF_6 电压互感器爆炸事故。

××变电站一台运行只有两年的 110kV 单相电压互感器在正常运行情况下突然发生爆炸。事故后，试验人员对全站的 SF_6 电压互感器进行检查，发现其中有一台单相电压互感器 SF_6 气体中水分竟然高达 $4330\mu L/L$，超过运行标准的 3 倍多。经调查发现，这两台完全相同的电压互感器是在 5 个月前更换的新产品，组装检修时空气湿度严重超标，导致这两台电压互感器的水分过高，破坏了电压互感器的绝缘性能。

11.3　主控制室与 SF_6 配电装置室间要采取气密性隔离措施。SF_6 配电装置室与其下方电缆层、电缆隧道相通的孔洞都应封堵。SF_6 配电装置室及下方电缆层隧道的门上，应设置"注意通风"的标志。

【释义】　为防止泄漏的 SF_6 气体向主控制室方向对流或扩散，危及运行人员的安全，主控制室与 SF_6 设备配电装置室之间应采取气密隔离措施（所谓气密隔离，就是在 SF_6 设备配电装置室的门与主控通道的间隔处，将其用特殊结构的门密闭隔离开来的措施），以确保运行人员的安全。

同时，SF_6 配电装置室与其下方电缆层、电缆隧道相连的孔洞都应封堵，防止泄漏的 SF_6 气体沿着相通的孔向下方电缆层、电缆隧道流动、沉积。

在 SF_6 配电装置室及下方的电缆层、电缆隧道的门上设置明显的"注意通风"标志，以提醒工作人员进入室内前进行通风。

【事故案例】　××供电公司电缆沟 SF_6 中毒事故。

××供电局检修人员在 220kV 电缆沟中检查电缆，在电缆沟里待了不到 2min，检修人员李××就感觉呼吸不畅，同时在场的其他两人也有同感，三人立即撤出电缆沟。采取防护措施后重新进入检查，发现电缆沟与 SF_6 配电装置室有一个孔封堵不严，导致 SF_6 泄漏进入到电缆沟。

11.4　SF_6 配电装置室、电缆层（隧道）的排风机电源开关应设置在门外。

【释义】　因为 SF_6 混合气体对人体危害极大，为了充分保证人员安全，排风机的电源开关设置在门外，便于工作人员先对室内进行通排风再安全进入。

【事故案例】　××变电站未排风进入配电室致 SF_6 中毒事故。

××变电站检修时，一名工作人员进入配电装置室工作时晕倒，经及时抢救，没有生命危险。经过调查，发现 SF₆ 配电装置室的排风机电源开关按要求设置在门外，但该工作人员在未开启排风装置的情况下就进入 SF₆ 配电室进行工作，而该 SF₆ 配电室内有轻微 SF₆ 气体泄漏。

11.5 在 SF₆ 配电装置室低位区应安装能报警的氧量仪和 SF₆ 气体泄漏报警仪，在工作人员入口处应装设显示器。 上述仪器应定期检验，保证完好。

【释义】 安装氧量仪和 SF₆ 气体泄漏报警仪旨在防止由于 SF₆ 气体的泄漏导致对人体损伤和环境污染。当 SF₆ 浓度高于报警设定值或氧气含量低于报警设定值时，SF₆ 气体泄漏报警仪自动进行声光、语音报警，警告现场工作人员撤离和提醒采取相关应急处理措施。不论是新建的还是旧有的 SF₆ 配电装置室，都应按照运行技术规程要求的地点、指定高度和数量去装设检漏报警装置，两者应能起到互相补充的作用，使监视功能更加完整、更加可靠，不可只装设一种。另外因为 SF₆ 气体密度较大，往往沉积在室内低位区，同时造成氧气含量下降，为提高报警仪的可靠性，氧量仪和 SF₆ 气体泄漏报警仪应安装在配电室的低位区。

在 SF₆ 配电装置室入口处装设氧量仪和 SF₆ 气体泄漏报警仪显示器，方便人员进入 SF₆ 配电装置室前的第一时间掌握室内工作环境的状况，及时做出判断。当发生 SF₆ 和氧量浓度异常时，在未查明原因及 SF₆ 和氧量浓度没有恢复到正常范围值之前不得进入 SF₆ 配电装置室。

为确保氧量仪和 SF₆ 气体泄漏报警仪的可靠性和准确性，应定期对其检查，发现问题及时处理，保证完好，防止因设备故障，导致作业人员在不知情的情况下进入而造成窒息。正常运行情况下，氧量仪和 SF₆ 气体泄漏报警仪应保持 24 小时运行状态，不得将其随意关闭。运维人员定期对装置进行巡视检查，同时查询实时数据，发现异常要及时汇报。

【事故案例】 ××供电公司 SF₆ 气体泄漏报警仪过期。

××供电局在 110kV 高压室门口装有 SF₆ 气体泄漏报警仪，2010 年 3 月 5 日，经安监部门检查发现，该报警仪上次检验时间为 2007 年 4 月 8 日，已经超出合格期限，已经勒令立即进行整改。

11.6 工作人员进入 SF₆ 配电装置室，入口处若无 SF₆ 气体含量显示器，应先通风 15min，并用检漏仪测量 SF₆ 气体含量合格。 尽量避免一人进入 SF₆ 配电装置室进行巡视，不准一人进入从事检修工作。

【释义】 SF₆ 配电装置室入口处若无 SF₆ 气体含量显示器装置，作业人员无法预知室内 SF₆ 气体泄漏情况，如室内 SF₆ 设备发生气体泄漏，将伤害人身安全。因此这种情况下，按照 DL/T 639—2016《六氟化硫电气设备运行、试验及检修人员安全防护细则》规定"六氟化硫安装室内应具有良好的通风系统，通风量应保持在 15min 内换气一次"，工作人员进入室内应先通风 15min，以降低室内 SF₆ 气体含量和提高室内空气中含氧量；同时用检漏仪测量 SF₆ 气体含量，确认室内空气中 SF₆ 气体含量符合安全数值时方可进入。

尽量避免单独一人进入 SF₆ 配电装置室进行巡视工作，以防发生危急情况时无法及时得到其他人员抢救和救助。

因 SF_6 设备内部压力大于环境大气压力，存在故障爆炸及作业失误造成的设备、人身事故的风险，故不准单独一人进入配电装置室内从事检修工作。

【事故案例】 ××公司人员 SF_6 中毒事故。

××电子公司工程师王××在维修机械时，一个零件掉落到电子加速器的气罐里，王××未用检漏仪测量气罐内 SF_6 气体含量是否合格，就单独下去捡零件，下去后立即昏倒，经医院抢救无效死亡。

11.7 工作人员不准在 SF_6 设备防爆膜附近停留。若在巡视中发现异常情况，应立即报告，查明原因，采取有效措施进行处理。

【释义】 SF_6 设备的气压，国产设备一般约在 $(4.5\sim6)\times10^5Pa$ 压力范围内，这个压力属于正常工作气压。SF_6 设备外壳及相关部件能够承受此气压并留有一定裕度且采取防爆膜来保护设备。但当 SF_6 设备内部发生故障后，有可能产生两倍于工作气压的高压而使防爆膜破碎，含有 SO_2、HF 及 S_2F_2 等毒腐成分的故障气体和 CuF_2、$Si(CH_3)_2F_2$、AlF_3 等有毒粉末将以很高的冲力喷出。此时，如果工作人员停留在防爆膜附近，无疑将受到侵害甚至危及生命，所以，工作人员不准在防爆膜近前停留。

在巡视时发现 SF_6 设备异常，禁止擅自进行检查和处理，应先撤离现场并向运维负责人和有关人员报告。有需要进入时，应采取必要的组织形式和安全防护措施如开启通风装置，穿好安全防护服，并佩戴防毒面具、手套和护目镜等后，方可进入查明原因和进行处理。

【事故案例】 ××变电站防爆膜破裂伤人事故。

××变电站李××与王××进行 SF_6 设备巡视。当巡视到××间隔时，李××首先听到此间隔响声较大，于是两人立即开始查找响声出处，当走到断路器旁边时，突然"砰"的一声，王××被碎物砸伤倒地。事后经调查发现，该 SF_6 设备内部发生故障导致气压急剧升高，致使防爆膜爆裂，爆裂物砸中王××造成受伤。

11.8 进入 SF_6 配电装置低位区或电缆沟进行工作应先检测含氧量（不低于 18%）和 SF_6 气体含量是否合格。

【释义】 正常情况下空气中的含氧量约为 21%，GB 8958—2006《缺氧危险作业安全规程》规定"缺氧指空气中的氧气浓度低于 18% 的状态"，人员处于氧气含量不足的环境时会有头晕、头痛、恶心的症状，长时间处在此类环境会使心、脑、肝、肾等器官发生病变，因此人员在进入 SF_6 配电装置低位区或电缆沟此类容易氧气浓度不足的地点时，应先检测含氧量是否不低于 18%。

泄漏的 SF_6 气体容易在配电装置低位区或电缆沟沉积。一旦人员进入 SF_6 泄漏区域且浓度超标时，就可能会引起中毒、缺氧窒息。因此，人员进入 SF_6 配电装置低位区或电缆沟前应检测含氧量（不低于 18%）和 SF_6 气体含量是否合格。

【事故案例】 ××变电站人员巡视中 SF_6 中毒事故。

110kV××站当值正值班长周××带领当值副值班长蒋××对 35kV 配电室进行巡视。进入配电室前，周××没有按照相关规定对室内含氧量以及 SF_6 气体含量进行检测或者进行通风，就直接带领蒋××进入配电室。几分钟后，周××与蒋××感觉呼吸困难，幸好另外一组巡视人员经过，立即将他们送往医院。经过调查，发现该配电室内一台 35kV 断路器气体压力表接头处有气体渗漏，造成室内 SF₆ 含量大大超标。

11.9 在打开的 SF₆ 电气设备上工作的人员，应经专门的安全技术知识培训，配置和使用必要的安全防护用具。

【释义】 在打开的 SF₆ 电气设备上工作的人员，接触到有毒、腐蚀性气体或固体分解物的可能性很大，危险系数较高，所以作业人员应经过对 SF₆ 气体特性、作业的危险性及安全防护知识等方面的专门安全技术知识培训，并掌握相关专业知识和技能。工作时，作业人员应穿戴 SF₆ 防护服及防护面具，必要时使用防毒面具或正压式空气呼吸器，防止吸入有毒气体或腐蚀性气体侵蚀人体肌肤。

【事故案例】 ××供电公司设备解体检修违规。

××供电局××变电站 220kV GIS 共箱母线发生短路，抢修人员到达现场后确认故障点在 II 段共箱母线，随即打开共箱母线进行检查。事后，该局安监部门对抢修人员进行违章处罚，因为抢修人员存在以下违章行为：①开箱前工作负责人未交代 SF₆ 气体专门的安全技术知识；②未配置和使用必要的安全防护用具；③设备解体检修前，未对 SF₆ 气体进行检验。

11.10 设备解体检修前，应对 SF₆ 气体进行检验。根据有毒气体的含量，采取安全防护措施。检修人员需穿着防护服并根据需要佩戴防毒面具或正压式空气呼吸器。打开设备封盖后，现场所有人员应暂离现场 30min。取出吸附剂和清除粉尘时，检修人员应戴防毒面具或正压式空气呼吸器和防护手套。

【释义】 设备解体前，首先对 SF₆ 气体进行必要的分析测定，根据存在的有毒气体种类及含量，采取针对性的安全防护措施（如佩戴安全防护用具、穿防护工作服和戴好防酸手套等）。工作应在有良好通风的环境中进行，所有人员应站在上风侧。

SF₆ 设备解体检修，其设备内的有害杂质会扩散至室内大气中，为使其有毒气体浓度降低至安全范围，按照 DL/T 639—2016《六氟化硫电气设备运行、试验及检修人员安全防护细则》规定，设备封盖打开后，应暂时撤离现场 30min。

吸附剂是能净化 SF₆ 气体的产品，能够吸附 SF₆ 气体中的水分及放电生成的低氟化合物气体。常用的吸附剂有活性氧化铝和分子筛（合成沸石）两种，吸附剂通常放置在气流通道或容器的上方，用量以 SF₆ 气体总质量的 10% 为宜。设备内粉尘是有电弧燃烧时分解的低氟物质同电气设备的触头、电极材料的蒸气发生氧化还原反应生成的粉状氟化物 $[CuF_2、Si(CH_3)_2F_2、AlF_3 等]$，沉淀在灭弧室内表和触头周围，导电率很低，有害于接触电阻。粉尘为有毒物质，吸附剂吸收的低氟化合物气体也为有毒物质，因此为了防止作业人员取出吸附剂和清洁粉尘时受到伤害，作业人员应戴防毒面具或正压式空气呼吸器和防护手套。

空气呼吸器又称储气式防毒面具，有时也称为消防面具。它以压缩气体钢瓶为气源，但钢瓶中盛装气体为压缩空气。根据呼吸过程中面罩内的压力与外界环境压力间的高低，可分为正压式和外压式两种。正压式在使用过程中面罩内始终保持正压更安全。

【事故案例】 ××供电公司未采取防护措施致 SF₆ 中毒。

　　××供电局 110kV××GIS 变电站××SF$_6$ 断路器检修，按要求打开设备封盖后，所有人员撤离现场 30min，回到现场后，作业人员王××认为有毒气体已经扩散，没有必要使用防护用具，在其他人员忙于佩戴防毒面具、正压式空气呼吸器和防护手套时，擅自登上机构，取出吸附剂，并开始清扫粉尘，工作负责人看到，急忙喊他下来，此时王××已经有些头晕，下来后坐在一旁休息时，才感到手部皮肤感到轻微灼伤，才马上赴医院就诊。

　　11.11　设备内的 SF$_6$ 气体不准向大气排放，应采取净化装置回收，经处理检测合格后方准再使用。　回收时作业人员应站在上风侧。

　　设备抽真空后，用高纯度氮气冲洗 3 次 [压力为 $9.8×10^4$Pa（1 个大气压）]。将清出的吸附剂、金属粉末等废物放入 20%氢氧化钠水溶液中浸泡 12h 后深埋。

　　【释义】　SF$_6$ 气体虽然无色无味无毒，但是却是很强的温室效应气体；另外 SF$_6$ 旧气中还含有其他腐蚀性的有毒气体和有毒粉末，严重污染环境。所以设备解体前，应用专门的净化装置回收。回收时，作业人员应站在上风侧。对欲回收利用的 SF$_6$ 气体，需进行净化处理，达到新气质量标准后方可使用。对排放废气，事前需进行净化处理（如采用碱吸收的方法），达到国家环保规定标准后，方可排放。

　　设备抽真空残留气体压力至 133Pa 后，应使用压力为 $9.8×10^4$Pa 的高纯干燥氮气将气室内表面冲洗 3 次，冲洗完毕后将氮气和气室内剩余有毒气体通过加装过滤器的导管排出。取出的吸附剂、清出的金属粉末及吸附剂中吸附的有害物质等若不做处理直接丢掉或埋地下，会由于雨水对有害物质的溶解或水解作用形成含酸废水而造成环境污染。处理方法为：将金属粉尘、吸附剂放入氢氧化钠水溶液中，浸泡 12h 后，使其充分水解，发生置换和化合反应，此时金属粉末和吸附剂中所含可溶于水及可水解、碱解的物质绝大部分已转移到氢氧化钠溶液中；利用 0.2mol/L 的硫酸中和此氢氧化钠溶液至中性即可排放；排放后剩余的固体吸附剂用水冲洗已是无毒废物，深埋处理即可。

　　【事故案例】　××供电公司 SF$_6$ 气体回收致人中毒事故。

　　××供电公司检修人员李××在××GIS 变电站对 SF$_6$ 气体进行回收处理。回收过程中，站在一旁的李××发现自己越来越乏力，并有点晕，随即马上停止自己的工作，撤离现场。经过现场检查，发现 SF$_6$ 气体回收罐阀门不紧，造成少量 SF$_6$ 气体泄漏，而李××正好站在下风侧，导致吸入 SF$_6$ 混合气体。

　　11.12　从 SF$_6$ 气体钢瓶引出气体时，应使用减压阀降压。　当瓶内压力降至 $9.8×10^4$Pa（1 个大气压）时，即停止引出气体，并关紧气瓶阀门，盖上瓶帽。

　　【释义】　SF$_6$ 从气体钢瓶引出是一个由液态转化为气态的过程。气体引出时，为防止输气管受压太猛引起爆漏和对设备产生冲击，或管头连接处不够严密时泄漏，必须将钢瓶内的高压气体通过减压阀缓冲控制后引出，这样也便于准确掌握充气量及充气速度。气体钢瓶减压阀利用针孔减压，使用时调节针孔出口的堵头可以获得需要的压力，瓶内气压降至 1 个大气压时，立即停止引出气体，关紧气瓶阀门，戴上瓶帽，防止气瓶渗漏或负压引起空气倒灌，影响 SF$_6$ 气体质量。

11.13 SF$_6$ 配电装置发生大量泄漏等紧急情况时，人员应迅速撤出现场，开启所有排风机进行排风。未佩戴防毒面具或正压式空气呼吸器人员禁止入内。只有经过充分的自然排风或强制排风，并用检漏仪测量 SF$_6$ 气体合格，用仪器检测含氧量（不低于 18%）合格后，人员才准进入。发生设备防爆膜破裂时，应停电处理，并用汽油或丙酮擦拭干净。

【释义】 设备防爆膜破裂，说明内部出现了严重的绝缘问题，电弧作用引起内部压力超标，致使设备部件损坏。因此，必须停电进行处理，查明事故原因，以保障电气人员人身安全，也是防止事故进一步扩大的必要措施。设备防爆膜破裂喷出的有毒物质应使用有机溶剂（汽油或丙酮）擦洗干净，进行此项工作也应按现场运行规程的规定做好安全防护。

【事故案例】 ××供电公司 SF$_6$ 泄漏致人中毒事故。

××110kV 变电站配电装置发生 SF$_6$ 大量泄漏，工作人员迅速撤离现场，并且开启了所有排风机进行排风。接到报告后，该公司相关人员马上赶到现场进行事故处理，绝缘专工叶××想亲自查勘现场，自己一人跑进 SF$_6$ 事故现场查看设备受损情况，进去没多久，叶××就倒在了地上，变电站工作人员穿戴好防护用具将其抬出，幸无大碍。

11.14 进行气体采样和处理一般渗漏时，要戴防毒面具或正压式空气呼吸器并进行通风。

【释义】 在进行 SF$_6$ 气体采集（如进行微水测量）和处理 SF$_6$ 设备一般泄漏时，因可能有 SF$_6$ 气体（可能含其有毒分解气体）逸出，为避免工作人员中毒或窒息，要戴防毒面具或正压式空气呼吸器，并保证工作场所通风良好。

【事故案例】 ××供电公司 SF$_6$ 气体泄漏致人中毒。

××GIS 变电站检修人员王××对××间隔进行 SF$_6$ 气体泄漏处理时，自认为经验很丰富，想快点把工作干完，未采取任何防护措施，独自一人在断路器下进行处理。没过多久，王××就感觉乏力目眩，随即停止工作。经检查，此次渗漏的主要原因是开关处密封圈老化。

11.15 SF$_6$ 断路器（开关）进行操作时，禁止检修人员在其外壳上进行工作。

【释义】 SF$_6$ 断路器操作过程中如发生内部故障，将产生二倍于工作压力的高气压而使防爆膜破碎，含有二氧化硫、氢氟酸及氟化硫酸等毒腐成分的故障气体将以很高的压力喷出，此时，如果工作人员在其外壳上进行工作，无疑将受到侵害；同时也可能因操作过程中设备震动，造成 SF$_6$ 管路泄漏，导致设备绝缘性能下降而发生事故。

【事故案例】 ××供电公司断路器操作过程致人受伤事故。

××变电站进行检修工作，李××在断路器上进行绝缘子的擦拭工作，王××在二次保护室内进行断路器的调试。擦拭时，李××突然听见脚底下"砰"的一声，身体不由得开始摇晃，随即摔在地上。幸好 110kV 断路器不高，李××只是受了一些皮外伤。事后查明，继电保护调试人员王××未通知李××就合断路器，突如其来的响声加上轻微震动导致李××惊慌，加之李××也未系安全带，导致摔落。

11.16　检修结束后，检修人员应洗澡，把用过的工器具、防护用具清洗干净。

【释义】　SF_6 气体本身无毒，但是在生产过程中混入部分有毒气体且设备运行期间，在电弧作用下，SF_6 气体与其他物质发生化学反应生成多种有毒和剧毒物质，破坏人体粘膜组织和呼吸系统，对人体危害很大。因此，对 SF_6 电气设备进行大修或处理泄漏时，有毒物质会沾污在皮肤、衣服、工器具及防护用品上，对人体皮肤及呼吸系统会造成伤害。因此，检修结束后，检修人员要洗澡，使用过的工器具和防护用品要清洗干净并专柜存放，严禁穿戴防护用品进入食堂或宿舍。

【事故案例】　××供电公司检修 SF_6 设备后未洗澡致使中毒。

检修人员黄××和林××对 SF_6 设备进行检修。检修完成后，两人直接取下防护用具就去宿舍，然后开始吃饭。到夜晚，黄××和林××两人都感觉皮肤又痛又痒，后去医院检查竟发现皮肤轻微腐蚀。原来二人工作完毕后未及时洗澡，皮肤上留有残留有毒物质，造成伤害。

11.17　SF_6 气瓶应放置在阴凉干燥、通风良好、敞开的专门场所，直立保存，并应远离热源和油污的地方，防潮、防阳光暴晒，并不得有水分或油污粘在阀门上。搬运时，应轻装轻卸。

【释义】　为了防止 SF_6 气体钢瓶内气压升高导致爆炸，SF_6 气瓶应放置在阴凉干燥、远离热源、防阳光暴晒的场所，搬运时应轻装轻卸。

为了保证钢瓶内 SF_6 内气体质量，气瓶阀门上不得有水分和油污，储存场所要求无油污、不潮湿，防止 SF_6 存放或充、放气时被污染。

为了防止人员进入储存场所发生中毒或窒息事故，储存场所应为敞开且通风良好的专用场所。

【事故案例】　××供电公司 SF_6 气瓶爆裂事故。

××110kV 变电站，运维人员李××正在 110kV 场地进行例行巡视。当巡视到 101 断路器间隔时，突然听见值班室外"砰"的一声巨响，随后李××马上赶往事发现场，发现一只 SF_6 气瓶阀门处裂开，事后调查，由于检修班组粗心大意，工作结束后习惯性将 SF_6 气瓶放置室外，长期日晒雨淋，加上当天高温、暴晒，导致气瓶气压升高而爆裂。

12　在低压配电装置和低压导线上的工作

12.1　低压配电盘、配电箱和电源干线上的工作，应填用变电站（发电厂）第二种工作票。 在低压电动机和在不可能触及高压设备、二次系统的照明回路上工作可不填用工作票，但应做好相应记录，该工作至少由两人进行。

【释义】　低压配电箱、配电盘和电源干线虽然不是高压设备，但是接线复杂，存在多路引入电源的可能，容易发生触电事故，因此本规程6.3.3中明确"低压配电盘、配电箱、电源干线上的工作，应填用变电站（发电厂）第二种工作票"，并做好相关技术措施。

在低压电动机和在一些不可能触及和涉及高压设备、二次系统的照明回路上工作，因这些回路接线方式较为简单，所需的安全措施也比较简单，可以不填用工作票，但应做好相应记录，并且该工作至少应有两人进行，以便发生意外情况时，两人能相互救助。

12.2　低压回路停电的安全措施。

a）将检修设备的各方面电源断开取下熔断器，在开关或刀开关操作把手上挂"禁止合闸，有人工作！"的标示牌。

【释义】　断开检修设备各方面的电源，若是空气开关和隔离开关（刀开关）回路，先拉开空气开关，确认空气开关已操作到位后，再拉开隔离开关，操作后对刀开关的限位销子进行检查，防止反弹、自重落下；如回路中无空气开关，应在没有电流或电流较小时拉开隔离开关、刀熔开关或熔断器。如回路中只有熔断器时，应取下熔断器，以形成明显的断开点。

在所有已拉开的一经合闸便送电到工作地点的断路器和隔离开关操作把手上悬挂"禁止合闸，有人工作！"的标志牌。对于配电箱、盘部分停电、分散安装的配电箱停电的情况，也应挂标示牌，防止向有人工作的设备误送电。

【事故案例】　××工程队低压触电事故。

××变电工程队对客户配电站10kV××隔离开关和厂区线路同时进行检修工作。运维人员在操作完成后，未在隔离开关把手上悬挂"禁止合闸，有人工作！"标示牌，便许可工作。检修人员夏××在检修过程中，需要查看该隔离开关的同期情况，在未取得运维人员的许可情况下，擅自合上出线隔离开关，造成厂区线路带电，1号杆上的检修人员李××触电，经医院抢救无效死亡。

b）工作前应验电。

【释义】　因为现场可能存在着不少的潜供电、误带电、串电等危险因素，所以作业人员要保持在工作前验电的好习惯。对于低压配电箱、配电盘，应多端多处进行验电，不可敷衍了事；对于低压电源干线，验明无电压后根据具体情况装设接地线。验电时，应使用接触式的测电笔对停电设备三相分别验电。验电前，应先在有电设备上进行试验，确证测电笔良好。

【事故案例】　××营业所低压改造不按规定验电致人员触电。

××公司下属供电营业所安排所农网施工队工作负责人苏××执一张低压工作票，带领8名电工，进行低压线路改造。工作任务是架新线、拆除旧线等工作。8∶30，苏××对人员进行了分工，并向施工人员交代了注意事项，工作人员王××提出是否对线路进行验电时，苏××看没有带验电器和接地线，就说"这是低压，已经停电了，即使触电问题也不大。"9时左右，工作人员赵××登上23号杆，手抓旧导线时触电，经抢救无效死亡。事故调查发现，该线路上方交叉跨越了很多高压线路，造成线路感应带电。

c）根据需要采取其他安全措施。

【释义】　低压回路停电还应根据工作需要灵活采取其他安全措施，包括：①在低压母线上工作可以使用接地线；②安全距离较小时，可使用绝缘挡板；③对邻近有电回路、设备使用绝缘套或绝缘材料包扎，将有电部分进行隔离；④将有关电源的配电盘、配电箱柜门上锁；⑤对低压电容器进行放电等，这些安全措施应填入第二种工作票的"注意事项（安全措施）"栏内。

12.3　停电更换熔断器后，恢复操作时，应戴手套和护目眼镜。

【释义】　对于用熔断器控制的负荷线路或电源线路，回路中未装设刀开关，在恢复操作时，有可能用熔断器直接接通低压回路及其负荷。如果回路存在大负荷设备或永久性故障，会产生强烈电弧。在低压配电盘、配电箱进行操作时，人员与设备之间的距离较近，一些低压设备还是敞开的，万一发生电弧，可能烧伤、灼伤人员的手部或眼睛，故操作时应戴全棉手套和护目眼镜。实际操作时，还应讲求一定技巧：首先检查熔断器熔丝电流符合要求，恢复时将熔断器下侧先合入或插入，接通另一触头时果断迅速，减小电弧。

【事故案例】　××施工队恢复送电时被电弧灼伤。

××施工队在××台区进行更换计量箱内电能表和电流互感器的工作，工作结束后进行送电时，操作人员未按规定戴绝缘手套和护目眼镜，结果由于接线错误发生短路，造成计量设备被烧毁，操作人员也因电弧烧伤而住院。

12.4　低压带电工作。

12.4.1　低压带电工作时，应采取遮蔽有电部分等防止相间或接地短路的有效措施；若无法采取遮蔽措施时，则将影响作业的有电设备停电。

【释义】　由于低压母线等配电装置和低压导线电压较低，所以相间及相地距离较小，低压工作很容易发生相间或相对地短路的弧光灼伤事故。工作前，应采用绝缘挡板、绝缘套或绝缘材料包扎等措施遮蔽相邻的有电部分，作业人员站在绝缘垫上。装设遮蔽措施应按照"由近及远，从下往上"的原则一次装设。低压配电盘、配电箱内工作，若邻近的带电设备影响作业而又无法采取遮蔽措施时，则只能将其停电，以确保工作的安全。

【事故案例】　××计量所低压工作致相间短路。

××分公司计量所的电能表外勤人员在客户变电站带电更换电能表。工作开始前，外勤班长用1mm²的铜导线将电流互感器的二次侧缠绕短路，在未采取任何有效安全遮蔽和防止相间短路措施前，便将电流互感器接地点导线更换新线。在更换过程中，电流互感器A

相和 C 相二次铜导线碰到一起，造成相间短路，致使电流互感器烧毁。

12.4.2　**使用有绝缘柄的工具，其外裸的导电部位应采取绝缘措施，防止操作时相间或相对地短路。　防止操作时相间或相对地短路。　低压电气带电工作应戴手套、护目镜，并保持对地绝缘。　禁止使用锉刀、金属尺和带有金属物的毛刷、毛掸等工具。**

【释义】　操作过程中，作业人员注意力必须集中，特别在接触某一导线时，要防止与其他导线或接地部分碰触。监护人要保证作业人员始终在自己的监护范围内，随时提醒作业人员保持与带电设备的安全距离。

12.4.3　**作业前，应先分清相、零线，选好工作位置。　断开导线时，应先断开相线，后断开零线。　搭接导线时，顺序应相反。**

人体不得同时接触两根线头。

13 二次系统上的工作

13.1 下列情况应填用变电站（发电厂）第一种工作票：

a）在高压室遮栏内或与导电部分小于表1规定的安全距离进行继电保护、安全自动装置和仪表等及其二次回路的检查试验时，需将高压设备停电者。

b）在高压设备继电保护、安全自动装置和仪表、自动化监控系统等及其二次回路上工作需将高压设备停电或做安全措施者。

c）通信系统同继电保护、安全自动装置等复用通道（包括载波、微波、光纤通道等）的检修、联动试验需将高压设备停电或做安全措施者。

d）在经继电保护出口跳闸的发电机组热工保护、水车保护及其相关回路上工作需将高压设备停电或做安全措施者。

【释义】 二次系统包括变电站内继电保护、安全自动装置、仪器仪表设备和回路，以及变电站内自动化监控系统、与二次回路直接关联的通信环节等。根据本规程使用工作票的原则，确定"需要将高压设备停电或做安全措施者"应该填写第一种工作票。

"需要将高压设备停电或作安全措施"的两种情况为：①在二次设备或二次回路上的工作，影响高压设备的运行，如继电保护传动试验等，需高压设备陪停或做安全措施者；②高压设备不停电会对在二次设备和二次回路上工作的人员形成安全威胁的工作，如在运行的电流互感器二次回路上工作可能导致二次回路开路，产生高压危及作业人员。

另外，如果一次设备有检修任务，已经停役改检修，这时二次需要工作，并且工作影响一次设备投运的，二次工作也应填写第一种工作票。

【事故案例】 ××供电公司不按规定停电作业致人触电。

高压试验班对35kV××断路器二次回路进行试验检查。因为断路器端子箱离地面较高，必须使用梯子等工具才能进行检查。工作负责人认为因离断路器带电部位比较近，必须对该断路器停电进行检查，使用第一种工作票，而工作票签发人认为该线路是一条重要线路，不能停电，只要试验时注意点即可。在试验中，试验人员王××爬上梯子进行二次回路检查时，身体不慎一晃，断路器对其手臂放电，王××随即坠落地面，经抢救无效死亡。

【事故案例】 ××厂人员不持票擅自工作致人触电。

××厂两名检修人员在未办理工作票且未和运行人员联系的情况下，擅自测量高压厂用变压器到10kV段母线绝缘。当测量结束，在拆除A相接地线挂钩时，挂钩与带电的断路器上触头距离太近，带电触头对挂钩放电，电弧将二人严重灼伤。

【事故案例】 ××厂人员不持票不停电强行加流试验致人受伤。

××厂10kV断路器试验结束后，断路器送电，工作负责人先行离开现场。工作班成员王××认为数据不准，准备再试验一次。另一成员冀××提醒断路器已送电，不能带电试验。王××在未办理工作票情况下，擅自拆除遮栏绳，强行打开带闭锁的开关柜后下柜门，在做电流互感器根部加电流试验时，造成断路器短路着火。王××严重受伤，经抢救无效死亡，另外4名工作人员不同程度受伤。

13.2 下列情况应填用变电站（发电厂）第二种工作票：

a）继电保护装置、安全自动装置、自动化监控系统在运行中改变装置原有定值时不影响一次设备正常运行的工作。

【释义】 定值是继电保护装置、安全自动装置、自动化监控系统进行故障逻辑判断、行为动作的主要依据，某些装置更改定值或切换定值区后修改定值，不需停用保护，也不需将一次设备停电或做安全措施者，应填用变电站（发电厂）第二种工作票；如改变定值会影响一次设备运行时，应将一次设备停电，并填用第一种工作票。

b）对于连接电流互感器或电压互感器二次绕组并装在屏柜上的继电保护、安全自动装置上的工作，可以不停用所保护的高压设备或不需做安全措施者。

【释义】 采用集控方式控制的高压设备，其继电保护、安全自动装置大都安装在控制室内专门的保护屏上，电流和电压都是经过互感器隔离变换按一定比例的标准电量接入的，工作中无高压触电可能；同时，采取必要的安全措施后，在这些设备上的工作也不会影响高压设备的运行，此时应填用变电站（发电厂）第二种工作票。

c）在继电保护、安全自动装置、自动化监控系统等及其二次回路，以及在通信复用通道设备上检修及试验工作，可以不停用高压设备或不需做安全措施者。

【事故案例】 ××检修公司无票作业致人触电事故。

××检修公司对110kV××变电站进行综合自动化改造。因怕麻烦，工作负责人赵××没有使用工作票，同时在未做任何安全措施的情况下就安排开始工作。当施工到914断路器间隔时，工作人员吴××在释放二次电缆的过程中误入913断路器带电间隔，913断路器间隔内铜排对其放电，致其当场死亡。

d）在经继电保护出口的发电机组热工保护、水车保护及其相关回路上工作，可以不停用高压设备的或不需做安全措施者。

13.3 检修中遇有下列情况应填用二次工作安全措施票（见《国家电网公司电力安全工作规程 变电部分》附录H）：

a）在运行设备的二次回路上进行拆、接线工作。

b）在对检修设备执行隔离措施时，需拆断、短接和恢复同运行设备有联系的二次回路工作。

【释义】 二次工作安全措施票是执行和恢复二次安全措施的书面依据，是保证二次工作安全的有效措施。二次回路拆接线工作危险性极大，如仅凭记忆和经验操作，容易误拆或误接导线，可能引起保护的拒动或误动。

在运行设备的二次回路上进行拆、接线工作，如果工作中发生误拆或误接导线的情况，很可能影响一次设备的正常运行，因此，必须填用二次工作安全措施票。

因二次设备的相互关联性较强，检修设备与运行设备或公用设备之间可能存在联系，为了不影响运行设备，检修工作开始前，需拆断此联系，对检修设备进行隔离。如果在此项工作中误拆或误接导线，很可能造成检修过程中误动运行设备或投运后两侧设备均出现异常运行情况。故进行此类工作应填用二次措施票。

【事故案例】 ××检修公司不按规定使用二次措施票致接线错误。

××检修公司进行220kV××变电站主变压器误报警消缺工作，检修人员在拆线查找故障点时，没有填写二次工作安全措施票，导致恢复接线时误将信号回路公共端接于空端子，造成该站长期处于无法发出告警信号状态。

【事故案例】 ××检修公司不按规定使用二次措施票致电流回路开路。

××检修公司进行220kV××变电站220kV××线路更换电流端子连片时，没有填写二次工作安全措施票，恢复接线时忘记恢复，造成投运时电流回路开路，电流端子烧毁，保护屏、二次接线受损，线路被迫停运。

13.4　二次工作安全措施票执行。

13.4.1　二次工作安全措施票的工作内容及安全措施内容由工作负责人填写，由技术人员或班长审核并签发。

【释义】 工作负责人负责正确安全的组织现场工作，对工作任务及现场一、二次设备运行状态、需做的安全措施了解较深，故应由工作负责人填写措施票，并由技术水平较高、工作经验较丰富的技术人员或班长对措施票的正确性和完整性把关，进行审核和签发。若发现现场实际情况与准备资料不相符合，工作班成员和工作负责人应特别谨慎，进行研究分析，并报技术人员或班长，不应擅自改变措施票内容。

【事故案例】 ××供电公司不按要求执行二次工作安全措施票。

110kV变电站进行年检，办理了一种工作票，王××为总负责人，凌××任二次小组负责人，工作班成员是王××和杨××。工作时，凌××和杨××负责校验110kV××线保护装置，在做好安全措施（断开电压回路空开）和做好措施票记录后，便开始做实验。在做试验时，凌××发现该保护的电流回路中串联有一个功率保护装置的回路，这个回路电流定值达到后会跳开开关，需增加安全措施，在王××认可后，王××监护杨××将功率保护的电流回路断开，并将线路保护装置内侧电流回路的尾端短接好后做试验，当时未把该项措施记录在安全措施票上。在恢复时王××监护杨××只把电压回路恢复，而未将到功率保护断开的电流回路恢复，就进行下一张工作票工作，造成电流回路开路。由没有经验的工作班成员填写二次措施票、监护二次措施票是发生本次事故的主要原因。

13.4.2　监护人由技术水平较高及有经验的人担任，执行人、恢复人由工作班成员担任，按二次工作安全措施票的顺序进行。

上述工作至少由两人进行。

【释义】 二次工作安全措施票的正确执行直接关系到工作的安全。该工作至少应由两人进行，一人执行，技术水平较高且有经验的人员负责监护、核对，严格按顺序执行，做到不跳项、不漏项，其目的是防止错拆或错接导线。如无特殊情况，执行人与恢复人应为同一人。如遇措施因现场条件不允许无法执行时，应立即停止工作，待工作负责人重新修改安全措施票并经审核签发后，方可继续工作。

13.5 作业人员在现场工作过程中，凡遇到异常情况（如直流系统接地等）或断路器（开关）跳闸、阀闭锁时，不论与本身工作是否有关，应立即停止工作，保持现状，待查明原因，确定与本工作无关时方可继续工作；若异常情况或断路器（开关）跳闸，阀闭锁是本身工作所引起，应保留现场并立即通知运维人员，以便及时处理。

【释义】 在发电厂和变电站中进行继电保护检验时，经常出现线路接地、断路器跳闸等异常现象，而二次回路工作也往往会影响到运行设备，引起断路器跳闸、阀闭锁、直流接地等故障。所以发生异常情况时，应立即停止工作，保持现状，防止因为继续工作造成事故进一步扩大，例如发生直流一点接地时继续工作，可能造成两点接地，会造成保护误动或拒动。查明原因，与本身工作无关后方可继续工作。若异常是由本身工作引起，应保留现场，及时向运维人员说明情况，以便迅速处理和恢复正常。

【事故案例】 ××供电局人员擅自违规操作致变压器三侧开关全跳。

220kV××变电站进行 2 号主变压器温度计消缺工作。正在工作时，2 号主变压器保护突然动作，同时跳开 202、102、902 断路器。该局领导方×× 在未查明事故原因的基础上，主观判断是消缺工作误碰 95℃油温高跳闸回路引起跳闸，遂自行手动操作依次合上了 902、102、202 断路器，在合上 202 断路器时保护再次动作同时跳开 902、102、202 断路器。方×× 在遇到异常情况时，未查明事故原因就擅自违规操作是本次事故的直接原因。

13.6 工作前应做好准备，了解工作地点、工作范围、一次设备及二次设备运行情况、安全措施、试验方案、上次试验记录、图纸、整定值通知单、软件修改申请单、核对控制保护设备、测控设备主机或板卡型号、版本号及跳线设置等是否齐备并符合实际，检查仪器、仪表等试验设备是否完好，核对微机保护及安全自动装置的软件版本号等是否符合实际。

【释义】 《继电保护和电网安全自动装置现场工作保安规定》中详细规定了继电保护、安全自动装置等工作前应做的准备工作：①了解工作地点一、二次设备运行情况，本工作与运行设备有无直接联系（如自投、联切等）；②与其他班组有无相互配合的工作；③拟定工作重点项目及准备解决的缺陷和薄弱环节；④工作人员明确分工并熟悉图纸与检验规程等有关资料；⑤应具备与实际状况一致的图纸、上次检验的记录、最新整定通知单、检验规程、合格的仪器仪表、备品备件、工具和连接导线等。本条其他内容是由本安规结合直流系统和微机装置等进一步做出要求。

【事故案例】 ××供电公司使用未核对型号元件致元件烧毁。

继电保护调试人员王××、刘×× 对 220kV××断路器进行数据采集卡更换工作。此项工作时间为一天时间，王×× 开完工作票，做好各项安全措施后，就开始更换数据采集卡，更换完投入运行时，突然听见保护屏中发出"滋滋"的声音，走近发现板卡在冒烟。王×× 把卡取出，才发现此卡型号不对。

13.7　现场工作开始前，应检查已做的安全措施是否符合要求，运行设备和检修设备之间的隔离措施是否正确完成，工作时还应仔细核对检修设备名称，严防走错位置。

【释义】　现场工作开始前，工作负责人应对工作安全有一个清楚的认识。将要进行试验和检查的保护设备和回路很可能与其他运行设备回路从外观、型号、相对位置上看一模一样，只有设备编号略有差别，很有可能误入间隔或误动运行设备的装置及端子排接线。因此工作负责人在工作前要仔细检查运维人员布置的安全措施是否完备正确，是否符合工作安全要求。针对全部停电或部分停电的屏盘，应分别按要求做好运行设备与检修设备的隔离措施，防止遗漏和错误。

13.8　在全部或部分带电的运行屏（柜）上进行工作时，应将检修设备与运行设备以明显的标志隔开。

【释义】　在部分停运的屏柜上工作之前，应在屏柜的前后（包括端子排、压板、切换开关等）都做好明显的隔离措施（如使用红布帘、红白带、单元之间的隔离线等）。全屏停运时应对相邻运行屏柜做相应的隔离措施。这是在二次回路上工作防止误动的简单有效的方法。无法隔开时，可用贴封条或系绝缘带的方法加以区分。

【事故案例】　××厂误接线致使断路器误动作事故。

××厂 220kV 变电站 110kV 112 线路断路器保护装置检查工作中，同一保护屏上有另一 110kV 113 线路断路器保护装置处于运行状态。开工前，运维人员表示站内无任何需要进行隔离的设备，所以屏上并未做任何隔离措施即开始工作。整组实验过程中，调度打来电话询问为何 110kV 113 线路断路器连续分合，这时运维人员与检修人员才发现保护调试仪的试验线接到了运行装置的端子排上。未将检修设备与运行设备前后以明显的标志隔开，是本次事故的主要原因。

13.9　在继电保护装置、安全自动装置及自动化监控系统屏（柜）上或附近进行打眼等振动较大的工作时，应采取防止运行中设备误动作的措施，必要时向调控中心申请，经值班调控人员或运维负责人同意，将保护暂时停用。

【释义】　二次设备屏上或附近进行振动较大工作时，对继电器舌片影响较大。振动和冲击可导致继电器接点或可动的衔铁产生误动，造成误发信或误跳闸的后果。因此，进行这些工作时应采取切实的防范措施，必要时应向调控人员或运维负责人申请退出有关保护。震动较大的工作结束后，立即跟调控人员或运维负责人联系恢复所停用保护。

【事故案例】　××检修公司开孔作业致保护装置异常事故。

××检修公司在 220kV××变电站处于运行状态的 110kV××线路保护屏上进行保护装置新增工作。检修人员在进行开孔作业时，没有向运维人员要求停用同一保护屏上运行的保护装置，由于用力过猛，开孔钻贯穿了保护屏，使得保护屏剧烈震动，造成同一保护屏上运行保护装置反复发出保护开入量变位报文。虽未造成事故，但此次不安全事件如果遇到区外故障等因素，极易引发保护装置误动、拒动。

13.10 在继电保护、安全自动装置及自动化监控系统屏间的通道上搬运或安放试验设备时，不能阻塞通道，要与运行设备保持一定距离，防止事故处理时通道不畅，防止误碰运行设备，造成相关运行设备继电保护误动作。清扫运行设备和二次回路时，要防止振动、防止误碰，要使用绝缘工具。

【释义】 二次系统屏之间通道一般间距较近，搬运或安放试验设备时，要与运行设备保持一定距离，防止继电保护误动作，引起误跳开关；同时不能阻塞通道，防止出现突发紧急事件时人员无法迅速撤离，或延误事故处理及人员抢救。在运行中的二次设备上工作，存在较大继保误动危险性，故要采取防止振动、误碰措施，使用绝缘工具。

【事故案例】 ××检修公司误碰二次回路致空开跳闸。

××检修公司进行 220kV××变电站 220kV××线断路器保护装置检查工作，检修人员对开孔作业做安全措施，在解开母线电压回路时，并未使用经过绝缘处理的工器具，由于螺丝刀刀口正在解线，刀杆碰到了已经解开的另一相电压回路二次线，造成 220kV 母线 TV 空气断路器跳闸，使得该站所有 220kV 保护装置 TV 断线告警，闭锁保护的不安全事件发生。虽未造成严重后果，但此次不安全事件如果遇到区外故障等因素，极易引发保护装置误动、拒动。

13.11 继电保护、安全自动装置及自动化监控系统做传动试验或一次通电或进行直流输电系统功能试验时，应通知运维人员和有关人员，并由工作负责人或由他指派专人到现场监视，方可进行。

【释义】 传动试验是为了验证开关传动的正确性和断路器跳、合闸回路及仪表指示、声光信号回路的完整性和可靠性的整体试验；一次通电是一种模拟实际故障电量的整体联动试验方式；直流输电系统功能试验是空载加压试验，检验主设备的绝缘能力和耐压水平。这些试验（包括进行直流输电系统的功能试验）往往使断路器突然跳闸或合闸、或使设备带电，所以试验前应做好各个工作班之间的协调联系，并通知运维人员和有关人员。确保试验过程中不会有人误接触试验设备，与试验设备保持安全距离，避免对人员造成伤害。

【事故案例】 ××供电公司操作人员未通知运维人员和有关人员，造成变压器三侧断路器连续误动事故。

××公司检修人员凌××带领工作人员开始对××站Ⅱ号主变压器进行增容施工，安装新通信总控屏（NSC-300，原总控型号为 NSC-200）。在完成验收整改后，凌××在××站监控机处与××集控站人员吴××联系，对未投运的××站Ⅱ号主变压器三侧断路器的保护信号核对以及远方遥控试验正常操作时，266 号断路器随Ⅱ号主变压器三侧断路器连续误动 5 次。经过检查发现，遥控试验前，厂家人员未对扩建后的总控单元运行模式重新进行设置（需要将总控单元运行模式由单套总控运行模式更改为远动总控与小室总控升级的运行模式），造成调端对新总控屏进行遥控操作的同时，也对就总控屏对应的点（266 号断路器）进行操作，这是导致 266 号断路器误动作的直接原因。由于操作人员未通知运维人员和有关人员，并由工作负责人到现场监视，导致操作人员未能及早发现 266 号断路器误动，是造成 266 号断路器接下来多次误动的主要原因。

13.12　所有电流互感器和电压互感器的二次绕组应有一点且仅有一点永久性的、可靠的保护接地。

【释义】　电压互感器和电流互感器的一次与二次之间、二次与地之间均有电容的存在，如果绝缘破坏或耦合电容量突然增大，会发生一次电压串入二次的情况，对二次设备和在其上工作的人员的安全构成威胁。所以二次侧的每个绕组都应接地，此时二次对地电容和电压为零，可防止一次高电压窜入二次侧对人员和设备的伤害。

如果二次侧有两个或多点接地，由于故障情况下接地网并不是完全的等电位，特别是在系统发生接地故障或雷击等其他大电流注入地网事件发生时，会在接地点、地网及二次回路中构成通路，将会有电流流经不同的接地点，不但影响电流互感器或电压互感器的测量精度，甚至造成保护不正确动作。对于差动回路，多点接地还可能使差流不平衡，造成差动保护误动。因此，电压互感器和电流互感器二次绕组有且只能有一个接地点。

【事故案例】　××厂电压、电流回路均两点接地致保护误动。

××厂向检修公司反映，雷雨季节期间，该厂220kV变电站220kV××线路本侧保护装置频繁跳闸，而对侧并无跳闸，请求对其线路保护进行全面检查。经检查，该线路保护电压回路、电流回路存在两点接地（端子箱、保护屏），其220kV场地在山坡上，地势较高，主控室在山坡下，地势较低，且电缆长度300多米，雷雨天气时，形成了感应电压，致使保护开放闭锁，造成保护误动。

13.13　在带电的电流互感器二次回路上工作时，应采取下列安全措施：

a）禁止将电流互感器二次侧开路（光电流互感器除外）。

【释义】　电流互感器在正常运行时，二次负载阻抗很小，接近于短路状态运行，二次电流产生的磁通势对一次电流产生的磁通势起去磁作用，互感器铁芯中的励磁电流很小，二次绕组的感应电动势不超过几十伏。而如果二次回路开路，二次电流为零，一次电流产生的磁通势全部转换为励磁电流，会在二次绕组上产生很高的感应电动势，可达千伏以上。高电压不但会引起铁芯饱和而发热损坏，破坏二次绕组的绝缘，还可能使二次设备和二次回路遭受损坏，并威胁工作人员的人身安全。因此，必须采取可靠措施，以防止电流互感器二次侧开路运行。

光电互感器工作原理和电磁型互感器不同，其高压与低压之间只存在光纤联系，而光纤具有良好的绝缘性能，能保证一次回路与二次回路在电气上完全隔离，而且低压侧没有因开路而产生高压的危险。

【事故案例】　××检修公司电流互感器二次侧开路事故。

××检修公司进行220kV××变电站220kV××线路更换电流端子工作。检修人员在保护屏做安全措施断开电流端子连片时，没有填写二次工作安全措施票，并在恢复接线时忘了恢复，造成投运时电流回路开路，电流端子烧毁，保护屏、二次接线受损，线路被迫停运。

b）短路电流互感器二次绕组，应使用短路片或短路线，禁止用导线缠绕。

【释义】　短路时应先短接后拆接线，拆短路片或线应先恢复接线再拆除短路。短路要绝对可靠，短路线的截面应大于二次回路导线截面。若使用导线缠绕，很容易发生接触不良或虚接现象，进而造成二次回路的开路，危及设备和人身安全，因此严禁使用导线缠绕的方法进行短路。另外，运行中的电流互感器二次侧短路后，仍应有可靠的接地点，对短路后失去接地点的接线应有临时接地线。

【事故案例】 ××厂电流二次回路开路事故。

××厂 220kV××变电站 220kV××线路保护屏突然起火，造成保护屏烧毁，线路在失去保护的情况下被迫停运。检修人员到达现场后发现，该保护屏内部保护一组电流回路 C 相由两根导线缠绕搭接，并且已经松脱，分析认为该点电流回路开路是导致本次事故的直接原因。

c) 在电流互感器与短路端子之间导线上进行任何工作，应有严格的安全措施，并填用"二次工作安全措施票"。必要时申请停用有关保护装置、安全自动装置或自动化监控系统。

【释义】 本项工作风险较大，因为很容易误碰造成电流互感器二次侧开路，危及人身、设备安全或造成保护装置误动。所以进行此类工作时，作业人员应站在绝缘垫上，使用的工具采用绝缘包裹措施，指定专人监护，防止误碰等，并填用"二次工作安全措施票"，必要时申请停用有关保护装置、安自装置或自动化监控系统。

【事故案例】 ××供电公司电流回路开路事故。

试验班对 110kV××变电站 35kV××线路二次试验。试验人员在保护屏做安全措施断开电流端子连片时，没有填写二次工作安全措施票，并在恢复接线时忘记全部恢复，造成投运时电流回路开路，电流端子被烧毁，线路被迫停运。

d) 工作中禁止将回路的永久接地点断开。

【释义】 二次回路的永久接地点断开后，当发生电流互感器一、二次绕组间耦合或绝缘击穿，高电压窜入低压二次回路时，将造成人员伤害或设备损坏。工作前应制定防止永久接地点断开的有效措施。

【事故案例】 ××供电公司永久接地点断开致 TA 放电事故。

220kV 变电站××线 110kV 间隔 A 相 TA 二次盒中发生放电现象，运行人员请示上级后，马上通知修试所检修人员来消缺。检修人员江××发现在二次盒中的永久接地点已脱开。事后分析，此种故障是由于设备的长期使用造成二次侧老化生锈，最终导致脱开。

e) 工作时，应有专人监护，使用绝缘工具，并站在绝缘垫上。

【释义】 为防止二次回路开路时危及人身安全，在运行的电流互感器二次回路上工作，应有专人监护，使用绝缘工具，并站在绝缘垫上。

【事故案例】 ××供电公司二次回路开路致人受伤事故。

110kV 变电站，继电保护调试人员需要对电流互感器二次进行改线。李××为改线人员，伍××为监护人员，工作中，伍××到变电站外抽烟，李××继续改线工作。伍××赶回场地时，发现李××倒在地上。事后分析，当时李××在改线期间没有专人监护，误动了二次短接线，造成二次开路且当时并未站在绝缘垫上，使得其触电倒地。

13.14 在带电的电压互感器二次回路上工作时，应采取下列安全措施：

a) 严格防止短路或接地。应使用绝缘工具，戴手套。必要时，工作前申请停用有关保护装置、安全自动装置或自动化监控系统。

【释义】 电压互感器是一个内阻极小的电压源，正常运行时负载阻抗极大，相当于处于开路状态，二次侧电流很小。当二次侧短路或接地时，会产生很大的短路电流，烧坏电压互感器，所以二次侧均装有熔断器或空气开关用于短路时断开，起到保护作用。但是，熔断器或小开关断开后，会使保护测量回路失去电压，可能造成有电压元件的保护误动或拒动。为避免此类情况发生，必要时，应申请停用相应装置。零序绕组往往没有空气开关，如果一次系统故障产生零序电压时，恰逢电压互感器零序回路短路，会造成更加严重的后果。为防止人身伤害，工作中应使用绝缘工具、戴手套。

b）接临时负载，应装有专用的隔离开关和熔断器。

【释义】 临时负载的不可控因素较多，工作中遇紧急状况需及时切断电源，同时避免越级熔断造成运行设备失压或误动，故要求装设专用隔离开关和熔断器。熔断器的熔断电流必须与上一级熔断器配合好。

c）工作时应有专人监护，禁止将回路的安全接地点断开。

【释义】 在运行的电压互感器二次回路上工作，危险性较大，故应有专人监护。电压互感器二次绕组接地是为了防止一、二次绕组之间发生耦合或绝缘击穿时，高电压窜入二次回路，造成人身设备事故。二次绕组接地还有一个作用就是保证二次电压精度，防止发生漂移。因此，工作时禁止将回路的安全接地点断开。

【事故案例】 ××检修公司误碰 TV 二次线致保护闭锁。

××检修公司进行 220kV××变电站 220kV××线断路器保护装置检查工作，检修人员对开孔作业做安全措施，在解开母线电压回路时，并未使用经过绝缘处理的工器具，由于螺丝刀刀口正在解线，刀杆碰到了已经解开的另一相电压回路二次线，造成 220kV 母线 TV 空气断路器跳闸，使得该站所有 220kV 保护装置 TV 断线告警，闭锁保护的不安全事件发生。虽未造成严重后果，但此次不安全事件如果遇到区外故障等因素，极易引发保护装置误动、拒动。

13.15 二次回路通电或耐压试验前，应通知运维人员和有关人员，并派人到现场看守，检查二次回路及一次设备上确无人工作后，方可加压。

电压互感器的二次回路通电试验时，为防止由二次侧向一次侧反充电，除应将二次回路断开外，还应取下电压互感器高压熔断器或断开电压互感器一次隔离开关。

直流输电系统单极运行时，禁止对停运极中性区域互感器进行注流或加压试验。

运行极的一组直流滤波器停运检修时，禁止对该组直流滤波器内与直流极保护相关的电流互感器进行注流试验。

【释义】 在电压互感器二次回路上进行通电试验，是利用系统的一次电流与工作电压向相应二次装置通入模拟的故障量，以判断二次装置接线的正确性，可能会通过互感器在一次设备上产生高电压，此时如果一次设备上有人，则会造成人身伤害；耐压试验对设备上施加高电压验证绝缘性能，此时如果回路上有人，也会造成人身伤害。因此，加压前应先核对图纸和接线，确认试验回路与运行回路已无关联，加压前还应通知运维负责人和有关人员，停止被试验回路上的其他工作，并派人到现场看守，检查二次回路及一次设备上确无人工作后，方可加压。

直流中性区域设备为两极公用，任何一极运行，中性区域设备也应视作运行设备。故禁止对停运极中性区域互感器进行注流或加压试验。

直流滤波器是抑制高压直流输电侧谐波的最有效、最典型且应用最广泛的设施。停运检修时，对直流极保护相关的电流互感器进行注流试验，可能造成保护误动，影响设备正常运行。

【事故案例】 ××检修公司 TV 反送电致人触电事故。

××检修公司进行110kV××变电站110kV××线路年检工。工作负责人伍××做安全措施时，在110kV××线路断路器保护屏将线路 TV 场地侧二次接线解开，并做好绝缘抱闸处理，工作班成员徐××、严××说明该回路的原理后，特别交代试验线不得夹在做好包扎的电缆上，之后就将保护试验工作交给了徐××、严××暂时离开了。此时，一次检修人员张××正在线路 TV 上进行清扫绝缘子工作，突然线路 TV 对张××放电，张××当场被击晕。事后查明，工作班成员徐××进行保护试验接线时，解开了线路 TV 场地侧绝缘包扎，将试验线接到了该回路，导致由二次侧向一次侧反送电，线路 TV 放电击晕张××。

13.16 在光纤回路工作时，应采取相应防护措施防止激光对人眼造成伤害。

【释义】 光纤采用激光传递信号，是因为激光的单色性、相干性、准直性及高能量密度能达到能量集中的效果，但这些特点亦会对人体（特别是人眼）造成伤害。红外谱区的激光，对人体的伤害主要是热效应，可能对角膜及眼球晶体造成伤害；蓝光及紫光谱区的激光，对人体的伤害主要是光化学效应，可能导致角膜发炎与白内障。人眼长时间直接面对从激光器或光纤接头处射出的激光时，可能对眼睛造成伤害。故要求在光纤回路工作采取戴护目镜、避免直视等措施，防止受到伤害。检测光纤时应使用专用的光纤测试仪器。

【事故案例】 ××供电公司光纤内激光伤人事故。

××供电公司进行110kV 光纤改造工程，继电保护调试人员范××主要负责光纤改造的实施工作，改造过程中，范××从来没见过光纤，觉得很好奇，于是拿着光纤左看右看，观察光纤到底是什么做的。就在这时，范××突然觉得眼疼流泪，随即停止工作。进医院进行检查后，眼科医生最后判断其由于激光的照射导致角膜受损。事后分析，继电保护调试人员范××在工作中未戴护目镜，导致激光对其眼睛造成损伤。

13.17 检验继电保护、安全自动装置、自动化监控系统和仪表的作业人员，不准对运行中的设备、信号系统、保护连接片进行操作，但在取得运维人员许可并在检修工作盘两侧开关把手上采取防误操作措施后，可拉合检修断路器（开关）。

【释义】 变电站和发电厂的一、二次设备操作的依据是调控人员或运维负责人的命令，其他任何人无权私自操作运行设备。而且二次设备相对集中，运行设备与检修设备的控制开关往往在同一块控制屏上，为了防止检修人员试验时误碰、误动运行设备，所以要求检修人员在控制盘上进行拉合检修断路器之前，应取得运行人员许可并在需要操作的控制开关两侧的其他控制开关上做好防止误操作的措施。

若不能满足以上措施的要求，应禁止检修人员操作。检修调试有需求时，应向运维人员提出申请，由运维人员许可后操作或由运维人员操作配合检修完成试验。

【事故案例】 ××供电公司误动连接片致断路器跳闸事故。

继电保护调试人员蔡××与刘××对××铝厂220kV 间隔进行年检，其主要工作就是对220kV 断路器的校验。蔡××是新进局里的大学生，工作经验不是很丰富，当在调试断路器时，蔡××由于对设备比较好奇，在试验中，误动了几下连接片，造成断路器误动跳闸。

13.18 试验用闸刀应有熔丝并带罩，被检修设备及试验仪器禁止从运行设备上直接取试验电源，熔丝配合要适当，要防止越级熔断总电源熔丝。试验接线要经第二人复查后，方可通电。

【释义】 为防止误碰造成触电或短路，试验用闸刀应使用带有绝缘胶木罩的隔离开关。熔丝配合适当，防止越级熔断总电源熔丝，扩大事故范围。接取电源时，不论交流直流均应从电源配电箱上专用隔离开关或控制组合开关触点下侧取用，对于电压二次电源应从该电源小母线以下可连端子上取用。禁止直接从运行设备上取试验电源，以防造成运行设备过负荷、短路或异常。为便于及时发现、纠正接线错误，试验接线须经第二人复查，这样易于发现和纠正本身的接线错误。

【事故案例】 ××检修公司运行设备上取电源致设备断电。

××检修公司进行110kV××变电站110kV××线路保护装置检查工作，工作负责人王××将调试仪搭接在后台监控机专用的插线板，试验过程中，由于试验仪功率过大，引起插线板过载保护开关动作，导致后台监控机、"五防"机失去电源10min。事后分析，导致本次不安全事件发生的直接原因就是被检修设备及试验仪器从运行设备上直接取试验电源。

13.19 继电保护装置、安全自动装置和自动化监控系统的二次回路变动时，应按经审批后的图纸进行，无用的接线应隔离清楚，防止误拆或产生寄生回路。

【释义】 继电保护装置、安自装置及自动化监控系统的二次回路变动接线有几个突出的问题：①拆线不彻底或漏记，使应脱离电源的线未脱离而导致误带电；②为了配线省事用旧回路线代替需配的新线，造成与新的配线图不相符合；③控制电源与不同内容的信号、光声监察电源串电形成迂回供电（即取下某一路熔断器后，该装置或回路某一部分仍带电），产生寄生回路，它的存在对安全运行妨害很大。

所寄生的回路不同，引发的故障也不同，有的寄生回路串电现象只在保护元件动作状态短暂的时间里出现，保护状态复归时现象随之消失，但有的就会造成保护装置和二次设备误动、拒动、光声信号回路错误发信号及多种严重情况，会导致运维人员发生误判断和误处理，甚至扩大事故。寄生回路往往不能被电气运行人员及时发现，由于寄生回路与图纸不符，现场故障现象收集不齐，导致检查起来既费时又不方便。

依据《继电保护和电网安全自动装置现场工作保安规定》，更改二次回路时应首先修改二次回路接线图，按程序通过审批后方可执行。直流回路变动后，应进行相应的传动试验，必要时还应模拟各种故障进行整组实验。电压、电流二次回路变动后，应用工作电压、电流检查变动后回路的正确性。无用的接线应隔离清除，防止误拆或产生寄生回路。

【事故案例】 ××供电公司更改二次接线致断路器误动。

××供电公司110kV变电站1号主变压器接地方式改为小电阻接地，更改二次接线过程中，产生一些无用的引线，其余均已按图纸接好，作业人员将这些无用引线随意拨到屏内角落位置，未进行采取相应措施隔离清除。运行一段时间后，断路器突然跳闸，而装置没有任何保护信号，经过检查发现，屏内一根带正电的无用接线掉落到跳闸出口接点，导致断路器跳开。

13.20　试验工作结束后，按"二次工作安全措施票"逐项恢复同运行设备有关的接线，拆除临时接线，检查装置内无异物，屏面信号及各种装置状态正常，各相关连接片及切换开关位置恢复至工作许可时的状态。　二次工作安全措施票应随工作票归档保存 1 年。

【释义】　试验工作结束后，应恢复试验时所做临时措施，包括：拆断、短接与运行设备有关的接线，试验中所加临时地线，断开或投入的连接片，改动过的切换开关、定值区等。清理工作现场，并将检修设备恢复到工作许可时的状态。恢复安全措施时，严格按照"二次工作安全措施票"执行，并逐项做好记录，如有遗漏，将为正常投运及运行留下安全隐患，甚至造成人员伤亡和设备损坏。"二次工作安全措施票"应随工作票保存一年，以便查阅。

安全措施恢复完毕后，应检查屏面信号及监控系统有无异常报文、告警及光字牌信号，无问题后方可与运维人员共同办理工作票终结手续。

【事故案例】　××供电公司二次工作不使用二次措施票致电流回路开路事故。

110kV××变电站 1 号主变压器保护装置检查，工作负责人使用了变电站第一种工作票，但未使用"二次工作安全措施票"，作业人员在保护屏打开变压器三侧交流二次电流回路，试验完毕后，因为着急办理工作票终结，作业人员未仔细检查是否所有连接片已恢复，造成高压侧电流回路未恢复，投运时电流回路开路，电流互感器烧毁，变压器三侧全停。

对照事故学安规
（变电部分）

14 电气试验

14.1 高压试验

14.1.1 高压试验应填用变电站（发电厂）第一种工作票。 在高压试验室（包括户外高压试验场）进行试验时，按 GB 26861 的规定执行。

在同一电气连接部分，许可高压试验工作票前，应先将已许可的检修工作票收回，禁止再许可第二张工作票。如果试验过程中，需要检修配合，应将检修人员填写在高压试验工作票中。

在一个电气连接部分同时有检修和试验时，可填用一张工作票，但在试验前应得到检修工作负责人的许可。

如加压部分与检修部分之间的断开点，按试验电压有足够的安全距离，并在另一侧有接地短路线时，可在断开点的一侧进行试验，另一侧可继续工作。但此时在断开点应挂"止步，高压危险！"的标示牌，并设专人监护。

【释义】 高压试验需将高压设备停电，所以应填用变电站（发电厂）第一种工作票。

在高压试验室及户外高压试验场试验的不是运用中的设备，执行 DL 560—1995《电业安全工作规程（高压试验室部分)》中的规定。

在一个电气连接部分进行高压试验，为保证人身及设备安全，只能许可一张工作票。由一个工作负责人掌控、协调工作，试验工作需检修人员配合，检修人员应列入电气试验工作票中；也可将电气试验人员列入检修工作票中，但在试验前应得到检修工作负责人的许可。若检修、试验分别填用工作票，检修工作已先行许可工作，电气试验工作票许可前，应将已许可的检修工作票收回，检修人员撤离到安全区域。试验工作票未终结前不得许可其他工作票，以防其他人员误入试验区、误碰被试设备造成人身触电伤害。

加压部分与检修部分之间已拉开隔离开关或拆除电气连接，断开点满足被试设备所加电压的安全距离，检修侧已接地，可在断开点的一侧试验，另一侧继续工作。试验前应在断开点处装设围栏并悬挂"止步，高压危险！"的标示牌，并设专人监护，防止检修人员靠近试验设备发生危险。

【事故案例】 ××供电公司 110kV ××站发生民工触电重伤事故。

110kV ××变电站 35kV 2 号母线上有出线三回，其中××线 327 号变电、线路设备已经报停，乙线 325 号变电设备已经报停，但是线路带电，丙线 326 号设备在役运行（长期处于停用状态）。3 月 1 日，在 110kV ××变电站进行 35kV 2 段母线停电工作，工作任务是 35kV 2 段母线及出线设备、旁路母线设备预试小修，保护校验，更换母线避雷器，丙线 326 路、3263 隔离开关、3265 隔离开关与穿墙套管之间引线拆除。上午 7：40 变电站操作队人员将 35kV 旁路、35kV 2 段母线 2 号 TV 转停用，35kV 分段 300 路、2 号变压器总路 302 号 35kV 旁母转检修。由于工作票签发人、工作许可人误认为乙线 325 路已停用，而未对线路侧采取安全措施（而实际上情况是35kV甲线有电，3253隔离开关静触头带电），同时许可人安排另一操作人将所有35kV出线隔离开关间隔网打开。9：10工作许可人带领工作负责人等一道去工作现场交待工作后，工作负责人（监护人）带领两个民工做35kV 2段母线设备清洁。9：56一民工失去监护，单独进入乙线3253.17。

3255隔离开关网门内，右手持棉纱接近3253隔离开关C相静触头准备清洁，此时3253隔离开关对民工右手和左脚放电致使肖倒地。随即在场人员将伤者送市急救中心抢救，后转送医院治疗。伤者右手腕及左脚姆趾截除。

14.1.2　高压试验工作不得少于两人。试验负责人应由有经验的人员担任，开始试验前，试验负责人应向全体试验人员详细布置试验中的安全注意事项，交代邻近间隔的带电部位，以及其他安全注意事项。

【释义】　高压试验如操作不当，可能危及人身、设备和仪器的安全，所以高压试验工作不得少于两人，一人操作，一人监护。技术等级高、有现场经验的人员担任试验负责人，试验工作开始前，试验负责人应向全体试验人员详细布置试验的停电范围、工作内容（被试设备名称、试验项目、试验方法等）、人员分工，邻近间隔的带电部位，应使用的安全工器具，以及试验工作中其他安全注意事项。

【事故案例】　××供电公司110kV××变电站发生误登带电设备造成电灼轻伤事故。

修试工区试验班人员进行110kV××变电站110kV 782断路器试验、牵引站工程新建断路器间隔交接试验工作（均为110kV连城铁路牵引站配套工程，该工程属基建工程项目，由××电力工程总公司承包）。试验班当日在××变电站工作分为二组，第一组为第一种工作票工作负责人孟×，工作班成员张×、黄×（当日由班长另行安排工作），工作任务为：进行110kV 782断路器试验，第二组为第二种工作票工作负责人王××，工作班成员吴×、郭××、孙××，工作任务为：110kV××铁路牵引站配套工程新建出线断路器间隔交接试验工作。

上午，工作负责人孟×在办理好工作票许可手续后，对张×进行了现场安全交底和危险点分析，然后工作人员张××履行工作交底签名确认手续。孟×说："工作时再交代措施"。

因保护班二次工作正在进行，断路器还不具备分合条件且此时下雨，孟×安排张×、王××安排本组试验人员郭××、吴×、孙××（同为试验班成员）在车内等待。此时，另一工作小组负责人王××在110kV××铁路牵引站配套工程新建的出线断路器间隔现场，等待与开关班协调下一步工作。

当保护班通知孟×断路器具备分合条件后，孟×来到车前讲："782断路器可以开工了，把仪器搬到现场准备好"。随后，孟×先到控制室找保护班合断路器，紧接着又到110kV××铁路牵引站配套工程新建的山线断路器间隔找另一组试验负责人王××要电源盘。

此时，郭××首先下车将仪器搬运到运行的110kV 512断路器下面随即离开，张×看见试验仪器放置的位置后，将绝缘专用接线杆及测试线放到仪器旁边，吴×随后也来到了110kV 512断路器间隔，从110kV 512断路器A相下部、构架西面的北侧爬上，此时孟×把电源盘放在地下，没有人注意到吴×已登上110kV 512断路器构架的支架上，只听"轰"的一声，110kV 512断路器A相中间法兰对吴×手中所拿绝缘测试杆的测试夹端部的金属部件放电，形成512断路器A相通过测试夹及其所连接的测试线、检修电源连接线瞬间接地，对测试线夹端部放电引起的电弧光将吴×左小臂灼伤，吴×从构架上掉下，侧卧在地面上，此时安全帽依然好好戴在头上。王××和孙××立即向事发方向赶去，确认事发现场对人员没有二次危险后，王××说："快抢救人"。王××去叫车，孟×、孙××当即对吴×进行触电急救，孟×进行口对口人工呼吸，孙××进行胸外按压，大约 2～3 分钟后吴×神智清晰。随后送至××医院进行救治，吴×左小臂中间部分被电弧灼伤，经医生诊断吴×心肺功能及内脏器官、身体各部骨关节无损，始终神智清楚，整体身体状况比较稳定，无生命危险。第二天，为得到更好治疗、防止感染，转送上海电力医院进一步治疗。当晚，上海电力医院回话：经过医疗专家会诊烧伤面积 1.1%、烧伤深度 1%（轻微），诊断为电灼轻伤，确定无任何截肢及其他异常危险。

14.1.3　因试验需要断开设备接头时，拆前应做好标记，接后应进行检查。

【释义】　因试验需要断开（拆）设备一、二次接头时，为防止恢复时错接、漏接，断开（拆）前应做好标记，恢复时核对标记。

【事故案例】　××供电公司 110kV ××变电站试验人员漏拆接地线事故。

××变电站 4-91 电压互感器试验开工。按照计划安排，××变电站 103TA 有小修预试。当日工作负责人为吕××、工作班成员为李××、韩×、孙××。工作负责人工作前向班组成员交代了具体工作，现场安全措施和安全注意事项。进行自激法测量 4-91 电压互感器 $\tan\delta$ 和电容时，根据工作负责人吕××要求，李××、韩×进行拆头和接线工作，孙××负责设备操作。由于韩×不熟悉工作，李××则要求其在旁边进行学习，自行接线后，通知工作负责人吕××可以加压。试验结束后，工作负责人吕××要求韩×将设备进行归位，韩×完成工作后，请李××检查其结果时，李×发现韩×漏将二次绕组 a2 所连接地线拆除（自激法测量时，a2 接地），其及时进行补救，免酿一场设备事故。

14.1.4　试验装置的金属外壳应可靠接地，高压引线应尽量缩短，并采用专用的高压试验线，必要时用绝缘物支持牢固。

试验装置的电源开关，应使用明显断开的双极隔离开关。为了防止误合隔离开关，可在刀刃或刀座上加绝缘罩。

试验装置的低压回路中应有两个串联电源开关，并加装过载自动跳闸装置。

【释义】　试验装置的金属外壳接地是防止试验装置故障，外壳带电危及试验人员的人身安全。采用专用的高压试验线，颜色醒目便于试验人员检查试验结线是否正确，还可防止将试验线遗留在设备上。

缩短试验引线使试验区位置得到有效控制，减少对周围工作人员造成危险，减少杂散电容对试验数据的影响。应选用能承受试验电压的绝缘物支持试验线，试验引线和被试设备的连接应可靠，防止试验引线掉落。

试验装置的低压回路中应有两个串联电源开关，一个是作为明显断开点的双极隔离开关，双极隔离开关拉开后使试验装置与电源完全隔离，隔离开关拉开后在刀刃上加装绝缘罩，是防止误合隔离开关伤及试验人员或危及试验设备的安全，另一个应是有过载自动掉闸装置的开关。过载开关的作用是当被试设备击穿以及因泄漏电流或电容电流超过设定值时，开关自动跳闸，以减少对被试设备击穿的损坏程度，同时起到防止试验装置过载损坏。

14.1.5　试验现场应装设遮栏或围栏，遮栏或围栏与试验设备高压部分应有足够的安全距离，向外悬挂"止步，高压危险！"的标示牌，并派人看守。被试设备两端不在同一地点时，另一端还应派人看守。

【释义】 高压试验现场应装设遮栏（围栏），向外悬挂"止步，高压危险！"的标示牌，并派人看守，防止其他人员靠近。对于被试设备其他所有各端也应装设遮栏（围栏），悬挂标示牌，分别派专人看守，看守人未接到试验完毕的通知不得随意撤回。

装设遮栏（围栏）与被试设备的距离应符合所加电压的安全距离。

【事故案例】 ××供电公司 35kV ××变电站发生工作人员擅自移动遮栏导致人身触电事故。

试验一班接受的工作任务为：对 10kV245 真空开关进行预试工作。张×为该项工作的负责人。12 月 5 日，张×带领工作班人员前往××变电站进行工作，办理了编号为 2003120601 的第一种工作票。运行人员按工作票要求做好安全措施，并向试验一班工作负责人交代现场后，于当日 10：45 许可工作。该工作的计划工作时间为 12 月 5 日 9：00~12 月 5 日 16：00。

当日 10：50，张×带领工作人员共 5 人前往××变电站站开始工作。张×向工作班人员交代工作范围、内容和安全措施后，分组进行工作，特意强调该开关非小车开关，需进入开关室内夹线，需注意安全距离。11：36 左右，工作人员李×在做开关处连线时，为了方便夹线，擅自移开遮栏，解开 10kV 九湾 II 线 696 开关柜的防误装置进入间隔（此间隔作为××开关站的备用电源，断路器和隔离开关均在断开位置，6953 隔离开关出线侧带电），导致人身触电事故。

14.1.6 加压前应认真检查试验接线，使用规范的短路线，表计倍率、量程、调压器零位及仪表的开始状态均正确无误，经确认后，通知所有人员离开被试设备，并取得试验负责人许可，方可加压。 加压过程中应有人监护并呼唱。

高压试验作业人员在全部加压过程中，应精力集中，随时警戒异常现象发生，操作人应站在绝缘垫上。

【释义】 为防止试验线接线错误，造成被试设备损坏以及试验数据错误，试验加压前应全面检查所有接线正确、可靠。应使用专用的规范短路线，不得将熔丝、细铜丝作为短路线。

试验加压前应检查表计倍率正确，量程合适，所有仪表指示均在初始状态，调压器在零位，以保证试验数据正确，防止仪表（器）损坏。

加压前，所有人员应撤离到被试设备所加电压的安全距离以外，取得试验负责人许可后方可加压。在加压过程中应集中注意力，按照分工监视仪表、仪器和被试设备是否正常，加压过程中应随着电压的升高逐点呼唱，以保证试验人员之间的相互配合和提醒，又可根据逐点的数据判断被试设备情况，以能采取措施处理突发的异常情况。为保证操作人员的安全，操作人应站在绝缘垫上。

【事故案例】 ××供电公司 110kV ××变电站发生工作人员擅自检查未放电设备接线事故。

110kV ××变电站对××线 27 真空开关进行试验开工，工作负责人李×与工作班成员任×、辛×、张×交代了具体的工作内容，现场安全措施、带电部分及安全注意事项。根据工作负责人李×要求，工作班成员任×、辛×、张×开始对 27 真空开关进行交流耐压试验，任×、辛×进行接线完毕，工作负责人李×指示张×进行升压操作，辛×称自己需要去洗手间，工作负责人允许其离开。任×负责在现场的另一端进行监护，张×升压时发现问题，工作负责人李×与其进行讨论时，任×以为是接线有问题，未经负责人允许，擅自上前检查，所幸工作负责人李×及时发现并制止，才免酿一场事故。

14.1.7 变更接线或试验结束时，应首先断开试验电源、放电，并将升压设备的高压部分放电、短路接地。

【释义】 变更接线或试验结束时，应先断开试验装置的电源开关，拉开隔离开关，戴绝缘手套用高压放电棒对升压设备高压部分进行充分放电，以泄放剩余电荷，放电后用接地线将升压设备高压部分短路接地。

【事故案例】 ××电力建设公司变电工程队在变电站扩改工程中 10kV 柜 TA 做伏安特性试验改接线时，低压触电死亡事故。

××继电班工作人员彭××（工作负责人）、邱×（工作班成员）在对 110kV××变电站新建的 10kV 高压室内新安装的 GZSI-12 型中置柜内的 TA 进行伏安特性试验工作时。于 11：20 左右工作转移到 1 号接地变压器开关柜。约 11：30，做完 A 相 TA 的试验后，彭×× 操作调压器退至零位，电压、电流表指示为零，然后靠近屏后门，左手抓住屏体，右手准备取接线线夹改接线时，说了句"我肚子有点痛，想上厕所"，邱×说"那你去吧，我来接"，并准备站起来接替他，彭××说："接完这两根线"，这时邱一眼瞄见彭没有将试验电源控制隔离开关拉开，于是说"等一下，隔离开关没拉"，并准备去拉隔离开关，话音未完，就听见彭叫了一声"哎哟，快拉…"，邱将隔离开关拉开后，彭抓住屏体的手松开，身体往后倒下，撞翻了试验台桌。当时在屏前工作的××开关厂工作人员听到屏后有人跌倒的声音赶忙到屏后，其中一名男同志看了情况后迅速喊来了其他工作地点的人员对彭××进行救护。由于 10kV 高压室都是新安装的屏柜，没有高压电和外来电源，赶来救护的人员当时以为彭××是中暑跌倒，忙将彭抬出放到平敞的地面躺着，一边抢救，一边迅速联系 120 救护车，120 救护中心答复另有抢救任务，不能即时赶来。约 11：36 将彭××抬上工程车，紧急送省中医附一医院，途中送护人员接现场工作人员电话，告之彭××有可能是触电时，马上对彭××实施触电急救直到医院，约 11：50 到达医院后医师继续尽全力实施抢救，终因抢救无效，12：26 医师宣布彭××死亡。

14.1.8 未装接地线的大电容被试设备，应先行放电再做试验。高压直流试验时，每告一段落或试验结束时，应将设备对地放电数次并短路接地。

【释义】 断开电源后，大容量的发电机、调相机、主变压器、电力电容器、电力电缆以及长距离的高压架空输电线路等大电容设备如未接地，由于电容量大，有较多的剩余电荷，应先使用高压放电棒将其充分放电后再做试验，以确保人身、试验设备的安全以及试验数据的准确。

在进行高压直流试验时，由于它们等效电容量较大，充、放电时间长，电压升降相对缓慢，因此试验告一段落或试验结束时，要用高压放电棒对被试设备多次对地放电并短路接地，方可进行变更接线工作。

【事故案例】 ××供电分公司运行操作人员在 35kV××变电站操作过程中发生触电死亡事故。

××供电分公司××中心站操作人员在进行 35kV××变电站 2 号主变压器检修停役操作中，发生一起人身死亡事故。按照计划安排，××变电站进行 2 号主变压器小修预试、有载修试，××3511 断路器小修预试、母刀、线刀、电流互感器修试等工作。当日凌晨 5：10，×× 供电分公司××中心站彭××小班到××变电站进行 2 号主变压器停役操作。带班人兼监护人为彭××，操作人为朱×（死者，男，23 岁，中专生，2000 年 11 月进厂）。6：57，当××变电站 2 号主变压器改到冷备用后，在等待××中心站将××3511 从运行改为冷备用时，彭××、朱×二人在控制室等待调度继续操作的指令。当调度员通过对讲机呼叫彭并告知××中心站已将××3511改为冷备用时，朱×擅自一人离开控制室并走到2号主变压器室内将2号主变压器两侧接地线挂上且打开××3511进线电缆仓网门，将11档竹梯放入到网门内。待彭××接好将2号主变压器及××3511由冷备用改检修状态命令后，寻找到朱×时，发现2号主变压器两侧接地线已接好。彭××为弥补2号主变压器的现场操作录音空白，即在城柏3511进线电缆间隔与朱×一起唱复票以补2号主变压器两侧挂接地线这段操作的录音，边在做××3511进线电缆头处验电的操作。当朱×在验明××3511进线电缆头上无电后，未用放电棒对电缆头进行放电，即进入电缆间隔爬上梯子准备在电缆头上挂接地线，彭××未及时制止纠正其未经放电就爬上梯子人体靠近电缆头这一违章行为。这时朱×右手掌触碰到××3511线路电缆头导体处（时间约6：57），左后大腿碰到铁网门上，发生电缆剩余电荷触电，朱随即从梯上滑下，彭××急上前将其挟出仓外，并对朱进行人工心肺复苏急救，抢救无效死亡。

14.1.9 试验结束时，试验人员应拆除自装的接地短路线，并对被试设备进行检查，恢复试验前的状态，经试验负责人复查后，进行现场清理。

【释义】 试验结束时，试验人员应拆除自装的接地短路线（运行人员安装的除外），检查有无试验短路线、工器具、杂物等遗留在被试设备上，将所有的接线和设备状态恢复到与试验前一致。经试验负责人确认后，再清理工作现场。

【事故案例】 2001年5月28日，城北供电分公司35kV山口变电站险酿10kV断路器试验烧毁设备事故。

××变电站试验班工作负责人张××办理了××821断路器小修工作票。许可工作后，带领工作班成员尹×到10kV开关室进行821试验工作，在工作人员不足的情况下，张××与尹×一同接线、操作进行试验，10：10分完成工作后，工作负责人命尹×将工具搬回车内，自行前往主控室与工作许可人宗×办理工作票终结。宗×问张××："现场工作完成了？"，张××答："完事了，你快给我结票吧，我干活肯定没问题！回家还有事呢！"宗×随后办理了工作票终结。当日11：32，待所有工作完成后，运行操作人员赵×和宗×对××821断路器进行归位，赵×在对设备进行检查时，发现821断路器上还存有一节试验专用短路线，随后将其拆除，将设备归位，避免一场设备烧毁事故。

14.1.10 变电站、发电厂升压站发现有系统接地故障时，禁止进行接地网接地电阻的测量。

【释义】 变电站、发电厂升压站发生系统接地时，产生接地电流，此时如测量接地网接地电阻，可能危及人身安全或损坏测量仪器、仪表。所以，在系统有接地故障时，禁止进行测量接地电阻的工作。

14.1.11 特殊的重要电气试验，应有详细的安全措施，并经单位批准。

直流换流站单极运行，对停运的单极设备进行试验，若影响运行设备安全，应有措施，并经单位批准。

【释义】 特殊的重要电气试验是指：首次开展较为复杂的试验、操作调试复杂的试验、带有科学实验的试验等，如新型设备、高电压大容量主设备的交接试验和启动试验，这些试验应预先编制组织、技术、安全措施，由生产技术部门组织审查，并经单位分管生产的领导（总工程师）批准后，方可进行对直流换流站单极停电设备进行试验，若发生意外可能危及到运行极的安全，应预先编制组织、技术、安全措施，并经单位分管生产的领导（总工程师）批准。

14.2 使用携带型仪器的测量工作

14.2.1 使用携带型仪器在高压回路上进行工作，至少由两人进行。 需要高压设备停电或做安全措施的，应填用变电站（发电厂）第一种工作票。

【释义】 使用携带型仪器进行高压回路测量时，按相关要求，至少由两人进行。真正起到一人操作、一人监护的作用，保障人员安全。

14.2.2 除使用特殊仪器外，所有使用携带型仪器的测量工作，均应在电流互感器和电压互感器的二次侧进行。

【释义】 某些仪器因为它们在设计制造时已经满足了在高电压条件下工作的技术条件、绝缘水平、安全性能，所以它们可以直接接触高压设备导电部分，如核相器、高压钳形电流表。

其他携带型仪器如万用表、电压表、电流表等都不能满足上述条件，所以只能在电流互感器和电压互感器的二次侧进行。

14.2.3 电流表、电流互感器及其他测量仪表的接线和拆卸，需要断开高压回路者，应将此回路所连接的设备和仪器全部停电后，始能进行。

【释义】 当使用高压试验电流互感器（如标准电流互感器）或在二次侧施加试验电流需要断开电流互感器的高压回路时，为防止二次电流回路所连接的设备和仪器向高压侧反送电，应先将施加电流回路所连接的设备和仪器全部停电。

14.2.4 电压表、携带型电压互感器和其他高压测量仪器的接线和拆卸无需断开高压回路者，可以带电工作。 但应使用耐高压的绝缘导线，导线长度应尽可能缩短，不准有接头，并应连接牢固，以防接地和短路，必要时用绝缘物加以固定。

【释义】 使用电压互感器进行工作时，应先将低压侧所有接线接好，然后用绝缘工具将电压互感器接到高压侧。工作时应戴手套和护目眼镜，站在绝缘垫上，并应有专人监护。

14.2.5 连接电流回路的导线截面，应适合所测电流数值。 连接电压回路的导线截面不得小于 1.5mm^2。

【释义】 选用试验用电流回路的导线截面，应适合于所测电流数值的要求，也要满足机械强度要求（截面不小于 1.5mm^2），并使电流回路的总阻抗不大于电流互感器在额定准确度等级下的标称负载。

选用试验用电压回路导线截面，主要应满足机械强度要求，故规定截面不得小于 1.5mm^2。

14.2.6 非金属外壳的仪器，应与地绝缘，金属外壳的仪器和变压器外壳应接地。

【释义】 为避免非金属外壳的仪器损坏时内部回路接地或短路，一般将仪器放在绝缘垫或绝缘台上使用。试验装置的金属外壳和变压器外壳应可靠接地，防止试验装置和变压器内部故障引起外壳带电，危及试验工作人员的人身安全。

14.2.7 测量用装置必要时应设遮栏或围栏，并悬挂"止步，高压危险！"的标示牌。 仪器的布置应使作业人员距带电部位不小于表1规定的安全距离。

【释义】 任何工作的前提都应以个人所规定安全距离外进行工作以保证安全。

14.3　使用钳形电流表的测量工作

14.3.1　运维人员在高压回路上使用钳形电流表的测量工作，应由两人进行。 非运维人员测量时，应填用变电站（发电厂）第二种工作票。

【释义】　在高压回路上使用钳形电流表的测量工作，按"2.4.2"要求，应由两人进行。运行人员使用钳形电流表在高压回路进行测量工作可不填用工作票。其他人员（是指检修、继保、试验、计量等人员）在高压回路上使用钳形电流表进行测量工作，按"3.2.3.4"要求，应填用变电站（发电厂）第二种工作票。使用时，切记不可测量裸导线电流，防止触电和短路。

14.3.2　在高压回路上测量时，禁止用导线从钳形电流表另接表计测量。

【释义】　在高压回路上用钳形电流表测量电流时，因钳形电流表距带电部分较近，如果另接表计测量，导线可能晃动碰触带电部分或与带电部分过近，危及工作人员的安全或损坏钳形电流表，还可能发生二次开路的危险，所以禁止用导线从钳形电流表另接表计测量。

14.3.3　测量时若需拆除遮栏，应在拆除遮栏后立即进行。 工作结束，应立即将遮栏恢复原状。

【释义】　如需要拆除运行设备的遮栏（围栏）才能进行测量，应在监护下进行，非运行人员在拆除运行设备的遮栏前应征得工作许可人的同意，测量人员与带电部位应符合相关的安全距离．测量工作结束，应立即将遮栏（围栏）恢复原状。

14.3.4　使用钳形电流表时，应注意钳形电流表的电压等级。 测量时戴绝缘手套，站在绝缘垫上，不得触及其他设备，以防短路或接地。

观测表计时，要特别注意保持头部与带电部分的安全距离。

【释义】　使用钳形电流表时，钳形电流表的电压等级应符合被测设备电压等级的要求。因为电压等级不同，钳形电流表的绝缘强度、量程范围也不相同，如选择不当，就可能造成人身伤害及钳形电流表损坏事故。此外，钳形电流表是根据互感器原理而在其二次绕组上感应电流，所以为加强人身安全防护，测量人员应戴绝缘手套（或穿绝缘靴）站在绝缘垫上，工作中不得触及其他设备，以防短路或接地。

在测量时往往注意力集中在观测电流表的数据，此时有可能靠近带电部分，所以要提醒测量人要注意头部与带电部分保持相关规定的安全距离。

【事故案例】　××供电分公司 110kV ××变电站钳形电流表事故。

2006 年 3 月 13 日 9 时 45 分，运维操作人员邵×、殷×根据工区要求准备对××110kV 变电站 1~3 号主变压器压器进行铁芯接地电流检测工作。根据《安规》要求，由两名运维人员进行测量。由于时间仓促，邵×询问班长李×是否车内装有钳形电流表，李×回答有，邵×、殷×便开车去××变电站。到达变电站后，二人便找到钳形电流表，并对该站变压器进行铁芯接地电流检测。邵×测量中，发现手指发麻，便立即停止工作，待检查发现，钳形电流表绝缘手柄绝缘已损坏。

14.3.5　测量低压熔断器和水平排列低压母线电流时，测量前应将各相熔断器和母线用绝缘材料加以包护隔离，以免引起相间短路，同时应注意不得触及其他带电部分。

【释义】　为防止测量时低压熔丝熔断产生弧光或经过钳形电流表形成对地或相间短

路，测量电流的低压熔断器应用绝缘材料包护隔离。为防止测量水平排列低压母线电流及观测钳形电流表数据时对地或相间短路，也应用绝缘材料将母线包护隔离。低压母线由于相间距离小，用钳形电流表测量张开钳口时应注意不得触及其他带电部分。

14.3.6 在测量高压电缆各相电流时，电缆头线间距离应在 300mm 以上且绝缘良好，测量方便者，方可进行。

当有一相接地时，禁止测量。

【释义】 用钳形电流表测量高压电缆各相电流一般在电缆头分相处进行，只有测量电缆头线间距离在 300mm 以上，在钳形电流表测量时的组合间距能达到绝缘强度要求，此时若绝缘良好时，方可测量高压电缆的各相电流。在中性点非有效接地系统中，发生单相接地故障，非故障相对地电压升高，如果非故障相存在绝缘薄弱环节，容易发生击穿而造成两相接地短路。而电缆头是绝缘较为薄弱处，为确保测量人员的人身安全，当系统有单相接地故障时，禁止在电缆头处测量电流。

14.3.7 钳形电流表应保存在干燥的室内，使用前要擦拭干净。

【释义】 由于钳形电流表要接触被测线路，所以测量前一定要检查表的绝缘性能是否良好。即外壳有无破损，手柄是否清洁干燥。钳形电流表应保存在干燥的环境下，以避免潮湿影响其绝缘水平，使用前擦拭干净是避免潮湿、脏污而采取的措施。

14.4 使用绝缘电阻表测量绝缘的工作

14.4.1 使用绝缘电阻表测量高压设备绝缘，应由两人进行。

【释义】 用绝缘电阻表测量高压设备绝缘，按相关要求，应由两人进行。

14.4.2 测量用的导线，应使用相应的绝缘导线，其端部应有绝缘套。

【释义】 绝缘电阻表使用时有较高的电压，导线通常与设备外壳、大地或人体接触，因此，绝缘电阻表导线的绝缘性能应满足测量电压的要求。连接绝缘电阻表的一端应有专用接头或插头，另一端应有带绝缘套的专用夹头，导线无裸露部分。

14.4.3 测量绝缘时，应将被测设备从各方面断开，验明无电压，确实证明设备无人工作后，方可进行。 在测量中禁止他人接近被测设备。

在测量绝缘前后，应将被测设备对地放电。

测量线路绝缘时，应取得许可并通知对侧后方可进行。

【释义】 电气设备（特别是大电容设备）断电后仍有剩余电荷，为保证测量人员和绝缘电阻表的安全，测量前应将设备对地放电。绝缘电阻表摇测过程中对被测设备充电，测量后设备同样积有剩余电荷，因此，也应放电。测量线路（包括电缆线路）绝缘前，应与调度员或设备运行管理单位联系，在该线路无人工作、无接地线的情况下，通知对侧后才可进行。测量工作结束后，及时报告调度员或设备运行管理单位。

【事故案例】 ××供电分公司 35kV ××变电站工作人员高空坠落事故。

35kV ××变电站进行 1 号主变压器试验工作。工作负责人兰××，孙××、刘××等 4 名工作人员进行 1 号主变压器压器的预试工作。孙××负责变压器上接线工作。刘××等 3 名工作成员及工作负责人兰××负责地面操作。首先孙××根据工作负责人兰××指示，分别对 1 号变压器高低压侧绕组进行绝缘电阻测量。孙××接到指令后，验明却无电压后，对高低压侧绕组进行接线，工作负责人兰××看到孙××已经开始工作，便安排刘××等人对其他仪器进行摆放及抄写设备铭牌等工作。在大伙还在忙碌过程中，已听到孙××一声"啊!"，其便从变压器上跌落下来。其余人员马上上前，对其进行救治并拨打120，等待救护车的前来。孙××主治医生给出结论，患者属右腿小腿骨折，所幸伤势不大。

14.4.4 在有感应电压的线路上测量绝缘时，应将相关线路同时停电，方可进行。雷电时，禁止测量线路绝缘。

【释义】 在同杆架设的双回路、多回路或与其他线路有平行、交叉而产生感应电压的线路上测量绝缘时，为保证测量人员的人身安全和不损坏绝缘电阻表，应将相关线路停电。雷电的放电电压很高，为防止直击雷、感应雷、雷电侵入波损坏绝缘电阻表，对测量人员造成伤害，听见雷声，看见闪电，禁止测量线路绝缘。

14.4.5 在带电设备附近测量绝缘电阻时，测量人员和绝缘电阻表安放位置，应选择适当，保持安全距离，以免绝缘电阻表引线或引线支持物触碰带电部分。 移动引线时，应注意监护，防止作业人员触电。

【释义】 注意测量人要注意头部与带电部分保持相关规定的安全距离。

14.5 直流换流站阀厅内的试验

14.5.1 进行晶闸管（可控硅）高压试验前，应停止该阀塔内其他工作并撤离无关人员；试验时，作业人员应与试验带电体位保持 0.7m 以上距离，试验人员禁止直接接触阀塔屏蔽罩，防止被可能产生的试验感应电伤害。

【释义】 进行晶闸管高压试验前，为防止试验时伤及其他人员，应停止该阀塔内其他所有工作，确认无关人员已全部撤离后方可进行。晶闸管高压试验时所施加的电压一般在 10kV 以下，工作人员与试验带电体位应保持 0.7m 的安全距离。阀塔屏蔽罩与阀塔的低压电容相连，试验时有较高的感应电压，为防止触电，试验人员禁止直接接触阀塔屏蔽罩。

14.5.2 地面加压人员与阀体层作业人员应通过对讲机保持联系，防止高处作业人员未撤离阀体时误加压。 阀体工作层应设专责监护人（在与阀体工作层平行的升降车上监护、指挥），加压过程中应有人监护并呼唱。

【释义】 阀体一般较高，为保证地面加压人员与阀体层作业人员沟通，应通过对讲机保持联系。为保证人员和设备安全，防止高处作业人员未撤离阀体时误加压。加压过程中应设专责监护人在与阀体工作层平行的升降车上监护、指挥，防止作业人员操作失误，并在加压过程中应随着电压的升高逐点呼唱，观察阀体是否有异常现象。

14.5.3 换流变压器高压试验前应通知阀厅内高压穿墙套管侧试验无关人员撤离，并派专人监护。

14.5.4 阀厅内高压穿墙套管试验加压前应通知阀厅外侧换流变压器上试验无关人员撤离，确认其余绕组均已可靠接地，并派专人监护。

【释义】 阀厅内高压穿墙套管与阀厅外侧换流变压器直接相连，为确保外侧作业人员的安全，试验加压前应通知外侧与试验无关的作业人员撤离；同时，为了防止换流变压器其余绕组感应电伤人及减少试验测量误差，其余绕组应可靠接地，并派专人监护。

14.5.5 高压直流系统带线路空载加压试验前，应确认对侧换流站相应的直流线路接地开关（地刀）、极母线出线隔离开关（刀闸）、金属回线隔离开关（刀闸）在拉开状态；单极金属回线运行时，禁止对停运极进行空载加压试验；背靠背高压直流系统一侧进行空载加压试验前，应检查另一侧换流变压器处于冷备用状态。

【释义】 高压直流系统带线路空载加压试验时，为防止试验电压接地短路或送至对侧换流站内，试验前应确认对侧换流站相应的线路接地开关、极母线出线隔离开关、金属回线隔离开关均在拉开状态。单极金属回线运行时，停运极的一部分设备仍然带电，为防止设备运行异常及伤及试验人员，禁止对停运极进行空载加压试验。背靠背高压直流系统一侧进行空载加压试验，另一侧换流变压器处应有明显断开点以确保安全，所以，加压试验前应检查另一侧换流变压器处于冷备用状态。

对照事故 学 安规

（变电部分）

15 电力电缆工作

15.1 电力电缆工作的基本要求

15.1.1 工作前应详细核对电缆标志牌的名称与工作票所写的相符，安全措施正确可靠后，方可开始工作。

【释义】 工作前应详细查阅有关的路径图、排列图及隐蔽工程的图纸资料；应详细核对电缆名称，标志牌是否与工作票所写的相符，防止走错间隔。工作前还应检查需装设的接地线、标示牌、绝缘隔板及防火、防护措施正确可靠并与工作票所列的工作内容、安全技术措施相符，经许可后方可进行工作。

【事故案例】 **变电修试公司 110kV ××变电站电容器间隔检修发生人身触电事故。**

按检修计划，变电修试公司在 110kV ××变电站进行 326 电容器间隔的检修工作。新化电力局维操队于 2005 年 8 月 27 日 18：20，收到由变电修试公司朱×签发的变 050833××电业局变电站第一种工作票，工作任务为：326 电容器间隔断路器、电缆、电容器、电抗器小修预试以及保护校验，工作负责人谢×，工作班成员贺×（高试）、刘××（检修）、刘×（检修）、王××（继保）、周××（继保）。9：55，新化电力局维操队员曾××会同工作负责人谢×（死者，男，39 岁，大专，1983 年参加工作）检查 326 电容器间隔的安全措施，并交代注意事项："10kV 母线带电，326 间隔后上网门 10kV 母线带电。"10：00，工作许可手续办理完毕，谢×召集工作班成员进行了交代，正式开始工作，谢×与工作班成员贺×负责进行设备预试工作。谢×与贺×在 326 断路器柜后进行电缆试验，电缆未解头带 TA 进行试验时，发现 C 相泄漏电流偏大，随即将电缆解头重新试验，泄漏电流正常。试验完毕后，谢×听到 326 开关柜内有响声，便独自去 326 开关柜前检查，并擅自违章将柜内静触头挡板顶起，工作中不慎触电倒在 326 小车柜内。工作人员听到声音后，立即赶来将其送医院，经急救无效死亡。

15.1.2 填用电力电缆第一种工作票的工作应经调控人员的许可，填用电力电缆第二种工作票的工作可不经调控人员的许可。 若进入变电站、配电站、发电厂工作，都应经运维人员许可。

【释义】 使用电力电缆第二种工作票的电缆工作不涉及电力设备停电，可不经调度的许可，但应经变电站、配电站、发电厂当值运行人员许可方可进行工作。使用电力电缆第一种工作票或电力电缆第二种工作票进入变电站、配电站、发电厂进行工作，应增填工作票份数。

【事故案例】 **××供电局 220kV ××变电站发生误碰带电设备。**

××供电局试验人员福××在 220kV ××变电站进行红外普测。10：30，值班人员突然听见"轰"的一声爆炸声，值班人员马上赶往出事场地，发现 10kV 开关室内一个开关柜发生爆炸，同时试验人员福××已倒在地上，身上多处受伤。事后调查发现，主要原因是福××未经值班人员允许，私自进入 10kV 开关室内工作，误碰设备引起。

15.1.3　电力电缆设备的标志牌要与电网系统图、电缆走向图和电缆资料的名称一致。

【释义】　电力电缆设备的标志牌与电网系统图、电缆走向图和电缆资料的名称要求保持一致的目的，是为了运行操作、维护以及调度管理等方面正确提供基本依据，如果各资料内容不一致，会造成管理混乱，甚至会造成误调度、误许可、误操作、误入有电间隔，从而造成人员伤亡、设备损坏事故。

【事故案例】　××供电公司 10kV 电缆抢修违章施工，人身触电死亡事故。

配电工区电缆班在处理 10kV 电缆外力破坏故障过程中发生一起两人触电伤亡事故，造成死亡 1 人，轻伤 1 人。简要情况为：××供电公司配电工区电缆运行班接调度令后，组织 7 名施工人员进行电缆故障抢修（受损电缆东西并排在同一沟内）。在对西侧电缆（西关一路）进行绝缘刺锥破坏测试验明无电后，完成了此条电缆的抢修工作。在没有对东侧电缆（实际是运行中的西关二路）进行绝缘刺锥破坏测试验电的情况下，即开始此条电缆的抢修工作，16：34 工作班成员陈×（男，28 岁）在割破电缆绝缘后发生触电事故，同时伤及共同工作的谷××（男，22 岁）。17：25 陈××经抢救无效死亡。另一名伤者谷××转至医院接受治疗。经调查：事故电缆 1994 年 8 月投运时为同路双条，2003 年 11 月改造时分为两路，每路单条。因未明确产权及运行维护责任的归属，竣工资料迟迟未移交，电缆运行班未建立该事故电缆的运行资料。××供电公司配电工电缆运行班抢修人员，在没有对该电缆进行验电的情况下即开始工作，是此次事故发生的直接原因。

15.1.4　变、配电站的钥匙与电力电缆附属设施的钥匙应专人严格保管，使用时要登记。

【释义】　在日常的设备巡视、倒闸操作、检修许可、设备验收抢修等工作中会涉及使用变、配电站的钥匙与电力电缆附属设施的钥匙，但变、配电站与电力电缆附属设施内有高压电气设备，为了防止人员误入及防偷盗、防小动物等情况造成人身、设备事故，因此，变、配电站与电力电缆附属设施钥匙应建立钥匙使用管理规定，其中包括使用人员权限、批准及借用办理相关手续和记录的要求。借用人员在工作后应及时归还钥匙。

【事故案例】　××行政村误合配电站总闸人身触电伤亡事故。

××行政村、由张庄和王庄两个自然村组成，共用 1 台 50kVA 的变压器。为了便于管理，两村各配 1 名村电工，各保管 1 把配电房钥匙。1998 年 5 月 3 日，张庄电工张××为本村一村民装表接电，既没有给王庄电工打招呼，也没有把本村的分路隔离开关拉开，也没有悬挂"禁止合闸，有人工作！"标示牌，只把配电盘上的总闸拉开便登杆作业。当天，王庄一村民使用电锯时发现停了电，便找到本村电工，王庄电工发现配电盘有电，误以为是总闸跳闸，在没有找张庄村电工张××核实情况下合上了电闸，造成电杆上作业的张××触电死亡。

15.2　电力电缆作业时的安全措施

15.2.1　电缆施工的安全措施

15.2.1.1　电缆直埋敷设施工前应先查清图纸，再开挖足够数量的样洞和样沟，摸清地下管线分布情况，以确定电缆敷设位置及确保不损坏运行电缆和其他地下管线。

【释义】 施工前查看、核对图纸主要是为了确定电缆敷设位置和电缆敷设走向是否正确，开挖样洞，样沟是为了探明地下地质、地下建筑、地下管线分布的情况，做好开挖过程中的意外应急措施，确保施工中不损伤地下运行电缆和其他地下管线设施。

【事故案例】 ××电力施工队损坏高压电缆事故。

××电力施工队在施工时破坏了一根高压电缆，导致××市北大路附近××变电站跳闸，该路段部分区域暂时断电。经调查发现，造成停电事故的原因是因为这根高压电缆埋深只有10cm，而按照专业标准，高压电缆应埋深70cm，并在电缆上填沙土和砖，还要在埋电缆的地面上做标志和标桩。

15.2.1.2 为防止损伤运行电缆或其他地下管线设施，在城市道路红线范围内不宜使用大型机械来开挖沟（槽），硬路面面层破碎可使用小型机械设备，但应加强监护，不得深入土层。 若要使用大型机械设备时，应履行相应的报批手续。

【释义】 城市道路红线范围内的地下管线分布密集且大型机械挖掘不易控制，因此在城市道路红线范围内施工应避免使用大型机械，以防止损伤运行电缆及管线。对硬路路面的破碎，在安全措施可靠、监护到位的情况下可以使用破碎量小的小型机械设备；对于特殊情况必须使用大型机械或条件许可使用大型机械时，应制定好详细的方案措施，履行相应的报批手续，并加强现场安全技术交底和现场加强监护。

15.2.1.3 掘路施工应具备相应的交通组织方案，做好防止交通事故的安全措施。施工区域应用标准路栏等严格分隔，并有明显标记，夜间施工人员应佩戴反光标志，施工地点应加挂警示灯。

【释义】 《城市道路管理条例》（国务院令第198号）第二十九条规定："依附于城市道路建设各种管线、杆线等设施的，应当经市政工程行政主管部门批准，方可建设。"第三十一条因特殊情况需要临时占用城市道路的，须经市政工程行政主管部门和公安交通管理部门批准，方可按照规定占用。交通组织的目的在于提高施工效率和道路的有效利用率，减少施工对路面交通的影响。交通组织方案必须首先满足安全性的要求，其次方可追求效益最大化，从交通、环境和投资等多方面综合权衡，因地制宜制定科学的交通组织方案。施工地点需设置施工标志、护栏等，放置于路外易见处，并应面向驶来的车辆，充分固定，防止意外移动，并设置必要的限速和停车让行标志等交通标志。施工场地起始、中间和结束位置设置高亮度的黄色闪光灯，高度不低于1.2m，夜间施工时，所在路段每隔20m左右设红色警示灯。夜间施工人员应佩戴反光标志，防止交通伤亡事故。

【事故案例】 ××电力公司开挖过街电缆沟未做好警示措施，造成车辆掉入电缆沟事故。

××电力公司在市区洪钟路开挖过街电缆沟，根据方案，先开挖接到1/2路面，建成电缆沟，再开挖剩余1/2路面。18：00，电缆沟已开挖完毕，当天工作结束。施工班组保留了白天所做的安全措施，待第二天继续施工，但没有补充加挂警示灯，也没派人看守。当晚一辆经过此处的车辆因为车速过快，发现障碍时刹车距离不足，导致车辆掉入电缆沟，造成车辆损坏。

15.2.1.4 沟（槽）开挖深度达到1.5m及以上时，应采取措施防止土层塌方。

【释义】 沟槽开挖深度达到1.5m及以上时，发生土层塌方及造成人身伤害的可能性加大。为保证作业人员安全，应采取措施（钢板桩等）防止土层塌方，根据土壤类别，采取不同措施，宜分层开挖。沟槽开挖时要注意土壁的稳定性，发现有裂缝及倾、坍可能时，人员要立即离开并及时处理。

【事故案例】 110kV××变电站土层塌方，两人死亡事故。

××变电站110kV送电工程电缆沟施工过程中，沟南面的防护墙突然发生垮塌，由于未采取任何防止土层塌方的防范措施，现场作业的6名作业人员被埋在钢筋瓦砾中。在消防人员和数十名工作人员的努力下，六名被埋的工人全部被救出，两名工人抢救无效死亡。

15.2.1.5 沟（槽）开挖时，应将路面铺设材料和泥土分别堆置，堆置处和沟（槽）之间应保留通道供施工人员正常行走。 在堆置物堆起的斜坡上不得放置工具材料等器物。

【释义】 如果路面铺设材料和泥土混合堆置，可能造成铺设材料与泥土一块回填及影响施工材料运输与清理。在沟槽的槽边，没有保留施工人员正常行走通道，施工人行走时可能因堆放物原因摔倒至沟槽内以及堆置物可能滑落至沟槽内，容易造成施工人员受到伤害。堆土靠近槽边不留通道，遇风吹、雨冲或其他震动，堆土易溜入槽内，影响施工操作，影响工程质量。在堆置物堆起的斜坡上放置工具材料等器物，容易造成工具材料等器物滑入沟槽内伤及施工人员或损伤电缆。

15.2.1.6 挖到电缆保护板后，应由有经验的人员在场指导，方可继续进行。

【释义】 挖掘施工中一旦发现挖到电缆保护板情况，如继续挖掘容易造成电缆保护板损坏，从而使电缆保护板下的电缆失去一层物理保护而受到损伤。因此，遇到这种情况时应由有经验的人员在场把关指导，方可继续工作且应用铁锹人工挖掘方法小心地进行，切忌用镐头或机械挖掘，以防误伤电缆。

15.2.1.7 挖掘出的电缆或接头盒，如下面需要挖空时，应采取悬吊保护措施。 电缆悬吊应每1~1.5m吊一道；接头盒悬吊应平放，不准使接头盒受到拉力；若电缆接头无保护盒，则应在该接头下垫上加宽加长木板，方可悬吊。 电缆悬吊时，不得用铁丝或钢丝等。

【释义】 对电缆或接头盒的下面挖空而不采取悬吊保护措施，会造成电缆或接头盒两端电缆受力弯曲，使电缆绝缘层、电缆接头受到损伤而引发电缆故障。

电缆悬吊保护措施应每隔约1~1.5m吊一道，如果悬吊间隔宽度过大，容易造成电缆受力过度弯曲而损伤电缆。

接头盒悬吊时应平放，不准接头盒受到拉力，电缆接头无保护盒则悬吊时应在该接头下垫上加宽、加长木板等规定要求，是防止电缆接头受力、弯曲而绝缘损伤引发电缆故障。电缆悬吊时，如使用铁丝、钢丝等细金属物，容易造成电缆护层受到割伤或破坏电缆绝缘。

【事故案例】 ××供电局电缆改造时错误悬吊电缆头导致短路接地事故。

××供电局对××电缆进行改造，需要将××电缆接头下面挖空，对电缆接头盒进行悬吊。施工单位为了赶时间，在对电缆头没有采取任何保护措施的情况下就直接用一根粗铁丝进行悬吊。一个月以后这条线接头处出现了短路接地故障，造成××片区突然停电，事后查明铁丝悬挂处长期受力，伤及电缆绝缘。

15.2.1.8 移动电缆接头一般应停电进行。 如必须带电移动，应先调查该电缆的历史记录，由有经验的施工人员，在专人统一指挥下，平正移动。

【释义】 电缆接头是电缆最易损坏和不能承受拉力的部位，移动电缆接头容易导致电缆折损或接头处绝缘损坏。所以移动电缆接头的工作，一般应停电进行。

如果必须带电移动电缆接头，应做好前期准备和分析工作，包括查看电缆历年运行试验记录，了解运行时间、检修试验情况、电缆接头的制作时间和材料、制作工艺等情况。通过查看相关记录、了解运行工况，分析、判断是否可以搬动及可能导致的后果，并制定防止电缆接头损坏、电缆绝缘损坏的安全措施。如电缆绝缘老化或运行年代已久远、电缆头渗漏油明显、存在绝缘缺陷时，应禁止做带电移动。

为防止移动电缆接头中电缆受力弯曲、接头受力不均造成电缆绝缘损坏造成设备故障、人身伤害。因此，在移动电缆接头时在专人指挥下由有经验的工作人员进行平正移动。

15.2.1.9 开断电缆以前，应与电缆走向图图纸核对相符，并使用专用仪器（如感应法）确切证实电缆无电后，用接地的带绝缘柄的铁钎钉入电缆芯后，方可工作。 扶绝缘柄的人应戴绝缘手套且站在绝缘垫上，并采取防灼伤措施（如防护面具等）。 使用远控电缆割刀开断电缆时，刀头应可靠接地，周边其他施工人员应临时撤离，远控操作人员应与刀头保持足够的安全距离，防止弧光和跨步电压伤人。

【释义】 因锯电缆存在误锯电缆、带电锯电缆等危险，工作中必须采取有效的针对性措施。

锯电缆之前，应先检查现场电缆与电缆走向图图纸是否相符，必要时从电缆端头处沿线查对至锯缆点处并做好标记。使用专用仪器对待锯电缆进行确认，仪器应经过测量校准，确保其准确良好。经测量判断证明电缆芯确无电压后，才可进行下一步工作。接地并放电。操作时，用接地的带绝缘柄的铁钎钉入电缆芯，使电缆导电部分接地，使剩余电荷放尽。为保证扶绝缘柄作业人员的安全，要求扶绝缘柄者应戴绝缘手套并站在绝缘垫上，采取戴防护面具等防灼伤措施后方可进行工作。

使用专用仪器（感应法）是采用电缆探测仪，将测量耦合钳夹住待测电缆，发射机通过耦合钳在目标电缆上产生耦合信号，探测运行电缆的 50Hz 频率信号，以区分带电电缆及不带电电缆。

【事故案例】 ××市发生误断电缆事故。

××市因发展需要，对已经下地的电力电缆网中的一段需要更换其通道以便于市政施工。经过前期勘察，发现其中共包含电力电缆 6 根，牵涉设备为 3 台环网柜、3 个用户开关站、1 个用户配电变压器。工作计划安排是一天停电一根电缆。由于电缆标志不完善，无法进行核对，只能通过电缆识别仪识别后开端改接。在第三天的工作中，由于前期勘察不细致，有一个 T 形口正好位于当天改造电缆选定制作接头两点的中间而未被发现，而电缆从 T 口进然后由同一台环网柜出。测量仪器是通过在停电电缆的一端加高频信号，另外一端接地，然后由人员手持测量设备找这个特定的信号来加以识别电缆的。由于环网柜侧接地的电缆铜辫子使得该环网柜所有电缆全部带上了信号，致使工作人员使用仪器识别后误把带电电缆断开。

15.2.1.10 开启电缆井井盖、电缆沟盖板及电缆隧道人孔盖时应使用专用工具，同时注意所立位置，以免坠落。 开启后应设置标准路栏围起，并有人看守。 作业人员撤离电缆井或隧道后，应立即将井盖盖好。

【释义】 因电缆井井盖、电缆沟盖板及电缆隧道人孔盖比较沉重，使用专用工具是为了开启作业方便，同时也为保证人员站立开启盖板，防止开启过程中电缆井井盖、电缆沟盖板及电缆隧道人孔盖掉落井内、电缆沟、隧道内而损坏电缆、其他管线或开启人员不慎跌落井内。

打开电缆井或电缆沟盖板时，应做好防止交通事故的措施。井的四周应布置好围栏，做好明显的警告标志，并且设置阻挡车辆误入的障碍。夜间，电缆井应有照明，防止行人或车辆落入井内。

15.2.1.11 电缆隧道应有充足的照明，并有防火、防水、通风的措施。电缆井内工作时，禁止只打开一只井盖（单眼井除外）。进入电缆井、电缆隧道前，应先用吹风机排除浊气，再用气体检测仪检查井内或隧道内的易燃易爆及有毒气体的含量是否超标，并做好记录。电缆沟的盖板开启后，应自然通风一段时间，经测试合格后方可下井沟工作。电缆井、隧道内工作时，通风设备应保持常开。在电缆隧（沟）道内巡视时，作业人员应携带便携式气体测试仪，通风不良时还应携带正压式空气呼吸器。

【释义】 为确保在电缆隧道内巡视、检修、抢修等作业工作人员的安全，电缆隧道内应有充足的照明、防火隔离、隧道壁涂、刷防水浆、通风设施等措施。

电缆井、电缆隧道工作环境比较复杂，同时又是一个相对密闭空间，容易聚集易燃易爆及有毒气体。使用通风设备是排除浊气，降低易燃易爆及有毒气体的含量。气体检测仪是检测井下易燃易爆及有毒气体含量。电缆井内工作时，应打开两个及以上井盖，以保证井下空气流通。

在通风条件不良的电缆隧（沟）道内进行长距离巡视时，为避免中毒及氧气不足，工作人员应携带便携式有害气体测试仪及自救呼吸器。

【事故案例】 ××供电局110kV××变电站发生操作人员巡视电缆过程中毒事故。

××供电局××操作队员李××和黄××在110kV××变电站对电缆进行巡视工作。当时，需要巡视的电缆长约2km，李××和黄××打开4号井盖直接进入电缆沟，待他们进去巡视到约500m处时，李××感觉呼吸困难，四肢乏力，随即黄××也有类似状况，但比李××轻。黄××立即意识到危险，便拨打120，并与李××慢慢搀扶出电缆沟，等待救护车救治。事后分析，李××和黄××未对气体检测就匆匆进入洞中，而且也未打开两边井盖，也没有佩戴自救呼吸器，导致以上问题的出现。

15.2.1.12 充油电缆施工应做好电缆油的收集工作，对散落在地面上的电缆油要立即覆上黄沙或砂土，及时清除。

【释义】 充油电缆油散落地面污染环境，容易造成人员滑倒或车辆打滑失控，甚至可能引发火灾，因此要做好电缆油的收集工作。

【事故案例】 ××供电局进行充油电缆施工时发生火灾事故。

××供电局检修人员张××所在班组对充油电缆进行施工。完工后没有多久，张××等人正要离开检修现场时，突然发现地面燃起了火苗。事后分析，李××工作当中抽烟，引燃地上吸收了电缆油的包装纸等杂物。

15.2.1.13 在10kV跌落式熔断器与10kV电缆头之间，宜加装过渡连接装置，使工作时能与跌落式熔断器上桩头有电部分保持安全距离。在10kV跌落式熔断器上桩头有电的情况下，未采取安全措施前，不准在跌落式熔断器下桩头新装、调换电缆尾线或吊装、搭接电缆终端头。如必须进行上述工作，则应采用专用绝缘罩隔离，在下桩头加装接地线。作业人员站在低位，伸手不得超过跌落式熔断器下桩头，并设专人监护。

上述加绝缘罩的工作应使用绝缘工具。雨天禁止进行以上工作。

【释义】　10kV 跌落式熔断器上桩头与下桩头之间距离较近，加装过渡连接装置以方便装设接地线和增大熔断器上桩头与电缆头之间距离，使工作时能与跌落式熔断器上桩头有电部分保持安全距离。

采用在上桩头带电部位加装专用绝缘罩使其与下桩头隔离，并在下桩头加装接地线，防止因安全距离不足发生危险。

工作人员站在低位，伸手不得超过跌落式熔断器下桩头并设专人监护是防止人员工作中动作幅度过大，触及跌落式熔断器带电的上桩头而发生触电伤害。雨天环境下，绝缘罩绝缘性能下降，因此禁止进行以上工作。

【事故案例】　××化工厂发生人身触电烧伤事故。

××化工厂电位车间维修班维修电工鄢××，在检修二级中控配电室低压电容柜时，因操作不当，扳手与相邻的跌开式熔断器上桩头搭接引发短路，形成的电弧将鄢××的双手、脸、脖颈部等处大面积严重灼伤。

15.2.1.14　使用携带型火炉或喷灯时，火焰与带电部分的距离：电压在 10kV 及以下者，不得小于 1.5m；电压在 10kV 以上者，不得小于 3m。不准在带电导线、带电设备、变压器、油断路器（开关）附近以及在电缆夹层、隧道、沟洞内对火炉或喷灯加油及点火。在电缆沟盖板上或旁边进行动火工作时需采取必要的防火措施。

【释义】　由于火焰导电，因此火焰应与带电部分保持安全距离。火炉或喷灯在点火时由于燃烧不稳定，会产生大量浓烟，所以不能直接在带电导线、带电设备、变压器、油断路器（开关）附近以及在电缆夹层、隧道、沟洞内对火炉或喷灯加油及点火，否则容易造成设备闪络、火灾或在狭窄空间内由于浓烟过大造成人员窒息。因此应先选择相对安全地方点火，待火焰调整正常后，再移至带电设备附近使用。电缆沟内敷设大量一、二次电缆且沟内容易聚集易燃易爆的气体，为保证在电缆沟盖板上或旁边动火工作安全，应采取在现场放置防火石棉布和适量灭火器材等措施，防止火星掉落电缆沟内造成电缆损坏或火灾事故。

【事故案例】　××电解铝厂发生火星引燃 10kV 电缆沟事故。

××电解铝厂设备处值班人员李××由于天气寒冷，在巡视工厂设备时，随手提着火炉烤火。当巡视到 10kV 配电设备处，北风突然变大，火炉中的火星经电缆孔窜入电缆竖井内，大约 30min 后，10kV 电缆沟突然着火，10kV 电缆部分被烧毁，而且 10kV 炉变火星进入电缆沟，导致电缆沟中的可燃物燃烧，引发火灾。

15.2.1.15　制作环氧树脂电缆头和调配环氧树脂工作过程中，应采取有效的防毒和防火措施。

【释义】　环氧树脂及环氧树脂胶粘剂本身无毒，但由于在制作过程中添加了溶剂存在毒性。目前大多数环氧树脂涂料为溶剂型涂料，含有大量的可挥发有机化合物（VOC），有毒、易燃，对环境和人体造成危害。所以在环氧树脂电缆头的制备过程中，要烘干石英粉时，应戴口罩。配制环氧树脂胶，应戴防护眼镜和医用手套，施工现场必须通风良好，操作者应站在上风处工作。

当皮肤接触胺固化剂时，应立即用水冲洗或用酒精擦净，再用水洗。如发现头晕或疲劳时，应立即离开操作地方，到室外呼吸新鲜空气。另外，由于环氧树脂挥发出的气体是易燃的，工作前必须做好防火措施。工作场所应通风，禁止明火。

【事故案例】 ××供电局 110kV ××变电站制作电缆头时发生火灾事故。

××供电局 110kV ××变电站，检修人员幸××在配电室制作电缆头时抽烟且烟头没有及时熄灭，引起衣服突然燃烧，由于配电室狭小、通风不良，制作电缆头时环氧树脂电缆头发挥出的乙二胺、丙酮等可燃性气体被引燃，幸好现场灭火器配置齐备，及时扑灭了火源，才避免了一次火灾事故。

15.2.1.16 电缆施工完成后应将穿越过的孔洞进行封堵。

【释义】 对电缆孔洞封堵应采用阻燃材料填塞，并在穿墙电缆上涂刷防火涂料。封堵的方式根据穿越的孔洞不同采取不同的措施。封堵常用材料有：软性有机堵料（俗称防火胶泥）、凝固无机堵料、防火沙包等。

【事故案例】 ××供电局 220kV ××变电站发生 10kV 高压电缆相间短路事故。

××供电局 220kV ××变电站 10kV 高压开关柜发生相间短路，损失 13 万元。事故原因为 10kV 高压电缆施放后未封堵，老鼠从孔洞进入 10kV 高压开关柜，引起 10kV 高压电缆相间短路。

15.2.1.17 非开挖施工的安全措施：

a）采用非开挖技术施工前，应首先探明地下各种管线及设施的相对位置。

b）非开挖的通道，应离开地下各种管线及设施足够的安全距离。

c）通道形成的同时，应及时对施工的区域进行灌浆等措施，防止路基的沉降。

【释义】 非开挖技术是指通过导向、定向钻进等手段，在地表极小部分开挖的情况下（一般指入口和出口小面积开挖），敷设、更换和修复各种地下管线的施工新技术，对地表干扰小，主要包括水平定向钻进、顶管、微型隧道、爆管、冲击等技术方法。

与开挖施工相比，如措施不当，非开挖施工更加容易破坏地下的电力、通信、自来水等各种管线以及造成地面塌陷，因此，要求施工前，根据工程所能提供的工程现场地下管网资料，对现场地下管网进行复查，准确掌握地下各种管线和其他基础设施的分布及埋深，为导向孔轨迹提供准确的设计依据。同时，通道形成的同时，应及时对施工的区域进行灌浆等措施，防止路基的沉降。

【事故案例】 ××供电局发生 10kV ××线外力破坏电缆损伤事故。

××供电局发现 10kV ××线接地，经巡查发现，该线路 3GF 电缆 T 接箱至 4GF 电缆 T 接箱电缆损伤。原因为当日有一辆汽车翻入沟坎，在对汽车进行起吊时，在未查明地下有电缆的情况下，吊车司机就在该处打地锚，地锚深入地下，造成电缆损伤。吊车司机安全知识欠缺，未查明地下有电缆的情况下，就地打地锚，造成电缆损伤。

15.2.2 电力电缆线路试验安全措施

15.2.2.1 电力电缆试验要拆除接地线时，应征得工作许可人的许可（根据调控人员指令装设的接地线，应征得调控人员的许可），方可进行。工作完毕后立即恢复。

【释义】 在电力电缆试验工作中需要拆除全部或一部分接地线后才能进行。如测量相对地绝缘、测量母线和电缆的绝缘电阻等需拆除接地线。拆除接地线会改变原有的安全措施，容易造成人员受感应电或突然来电的伤害，因此，拆除接地线必须征得工作许可人的许可（根据调度员指令装设的接地线，应征得调度员的许可）。

当试验工作完毕后，应立即恢复被拆除的接地线，确保安全措施的完整性。

【事故案例】　××供电局厂 10kV 电缆剩余电荷人员击伤事故。

××供电局厂 10kV 配电变压器，试验人员李××需要拆除接地线回复电缆头，对电缆做绝缘电阻试验。李××在没有汇报调度和工作负责人的情况下，让试验人员刘××拆除了接地线，试验完毕后刘××没有对试验后的电缆进行放电并恢复接地线。当试验人员潘××对电缆头进行恢复时触电击倒。

15.2.2.2　**电缆耐压试验前，加压端应做好安全措施，防止人员误入试验场所。 另一端应设置围栏并挂上警告标示牌。 如另一端是上杆的或是锯断电缆处，应派人看守。**

【释义】　试验加压前通知有关人员离开被试设备，试验现场应装设封闭式的遮栏或围栏，向外悬挂"止步，高压危险！"标示牌，尤其是电缆的另一端也必须派人看守，防止人员误入触电。试验过程中保持电缆两端人员通信畅通。

【事故案例】　××供电局高压试验班工作过程中发生人身触电事故。

××供电局高压试验班在 110kV ××变电站，对 10kV ××出线电缆做耐压试验。试验人员在加压端做好了安全措施，但变电站围墙外电杆上电缆没有悬挂标示牌，也无人看守和通知线路工作负责人，造成线路检修人员李××上杆工作时触电坠亡。

15.2.2.3　**电缆耐压试验前，应先对设备充分放电。**

【释义】　电力电缆的电容量很大，即使停电后剩余电荷的能量还比较大，如果未将剩余电荷放尽就进行绝缘电阻试验，充电电流与吸收电流会比第一次减小，这样就会出现绝缘电阻虚假增大和吸收比减小的现象。因此，电缆耐压试验前，应先对设备充分放电。

【事故案例】　××供电公司××变电站发生人身触碰剩余电荷击伤事故。

××供电公司××变电站在 2 号变压器停电操作过程中，操作人朱××在验明××3511 号进线电缆头上无电后，未用放电棒对电缆头进行放电，即进入电缆仓爬上梯子准备在电缆头上装设地线，监护人彭××未及时制止纠正朱××的行为，使其未经放电就爬上梯子靠近电缆头这一违章行为。当朱××右手手掌碰触到城柏 3511 号电缆头导体处时，左后大腿不慎碰触到铁网门上，发生电缆剩余电荷触电，经抢救无效死亡。

15.2.2.4　**电缆的试验过程中，更换试验引线时，应先对设备充分放电，作业人员应戴好绝缘手套。**

【释义】　电力电缆试验过程中电缆被加压，会储存大量电能。为防止人员触电及确保下一项试验的准确性，试验过程中须进入试场更换试验引线时，在断电后必须首先用专用放电棒，将被试电缆充分对地放电，并验明无电。放电及更换引线时作业人员应戴好绝缘手套，防止被电击。

【事故案例】　××供电局发生碰触剩余电荷，触电击伤事故。

××供电局高压试验班队 110kV ××新投电缆线路进行电缆耐压试验，试验人员试验结束后，未对耐压试验的电缆进行放电，也未戴绝缘手套就徒手搬运，结果造成搬运人员接触到金属部分，手被剩余电荷击伤。

15.2.2.5　**电缆耐压试验分相进行时，另两相电缆应接地。**

【释义】　电缆三相一起进行耐压试验只能反映 A、B、C 三相对电缆外皮和地的绝缘情况，并不能反映出 A 和 B 之间、B 和 C 之间、A 和 C 之间的绝缘情况，而相对地是相电压，而相间是线电压，线电压是相电压的 $\sqrt{3}$ 倍，相间绝缘比对地绝缘更重要，因而电缆耐压试验要分相进行。每试一相时，应将另外两相接地。分相屏蔽型电缆也应将未试相接地。因试验电压较高，未试相将会产生感应电压，危及人身安全。

【事故案例】 ××超高压公司发生碰触剩余电荷，触电击伤事故。

××超高压公司高压试验班对购入的新电缆做耐压试验，试验工作负责人李××没有对另外两相电缆接地，只要求在测完后，对三相电缆逐相放电保证安全。试验人员张××在做完一相电缆试验后，将取下的试验夹子顺手就夹到了另一相，结果造成张××的手被电击伤。

15.2.2.6 电缆试验结束，应对被试电缆进行充分放电，并在被试电缆上加装临时接地线，待电缆尾线接通后才可拆除。

【释义】 电缆具有一定的电容量。电缆试验结束，会在电缆上残留剩余电荷，电缆越长，电荷越多。如果不充分放电，容易对人员和设备的安全造成威胁。电缆在每次做耐压试验后，应通过放电棒放电，充分放电后，再用临时接地线接地。加装临时接地线是防止突然来电或感应电等对人员造成伤害，只有待电缆尾线接通后，才可拆除该电缆上的临时接地线，以确保作业人员安全。

【事故案例】 ××供电局发生碰触剩余电荷，触电击伤事故。

××供电局进行 10kV 电缆的预防性试验工作。试验人员李××做直流耐压试验，试验完成后，刘××站在梯子上进行电缆的恢复工作，突然"咚"的一声摔倒在地。事后调查发现，事故的主要原因是该电缆长约 300m，试验人员李××试验后对电缆放电不充分，只用地线碰了一下电缆，未将地线固定在电缆上，导致刘××被残余电荷击中。

15.2.2.7 电缆故障声测定点时，禁止直接用手触摸电缆外皮或冒烟小洞。

【释义】 电力电缆故障经初测后，一般应经声测法在地面上进行精确定点。声测法定点试验是利用高压直流设备经电容器充电后，通过球间隙向故障点放电，并在故障点附近用拾音器来确定故障点准确位置。

电缆故障声测定点过程中存在试验电压，所以不能直接用手触摸电缆外皮或冒烟小洞，以免触电、灼伤。

【事故案例】 ××供电局发生电缆故障，人员烧伤事故。

××供电局接到用户事故报修，××小区 0.4kV 电缆缺相。抢修人员到达现场巡视发现，有施工单位在电缆经过的地方打地锚，怀疑击伤电缆，挖开发现电缆外皮受损冒烟，抢修人员为确定受损程度，靠近观察电缆时与电缆发生接触，电缆发生短路，检查人员被烧伤。

对照事故学安规

（变电部分）

16 一般安全措施

16.1 一般注意事项

16.1.1 在楼板和结构上打孔或在规定地点以外安装起重滑车或堆放重物等，应事先经过本单位有关技术部门的审核许可。 规定放置重物及安装滑车的地点应标以明显的标记（标出界限和荷重限度）。

【释义】 在楼板和结构上打孔会降低楼板和结构的载荷能力，楼板和建筑结构承受的荷重如果过设计允许值，将对建筑物构成破坏，如果起重着力点结构破坏，会引起起吊部件损坏，甚至造成人身伤害，因此，在楼板和结构上打孔或在规定地点以外安装起重滑车或堆放重物时，应经过本单位有关技术部门的审核许可。规定放置重物及安装滑车的地点应标以明显的标记（标出界限和荷重限度）。各种类型的起重滑车如图 16-1 所示。

图 16-1 各种类型的起重滑车

【事故案例】 ××供电公司发生滑车坠落事故。

××供电公司在变电站内安装滑车，在安装完成后，过了 6h，滑车从楼板上坠落，导致滑车损坏，造成直接经济损失 30 万元。经查明原因，在楼板和结构上打孔或在规定地点以外安装起重滑车时，没有经过本单位有关技术部门的审核许可，该变电站楼板安装滑车的地点没有标示明显的标记。

16.1.2 变电站（生产厂房）内外工作场所的井、坑、孔、洞或沟道，应覆以与地面齐平而坚固的盖板。 在检修工作中如需将盖板取下，应设临时围栏。 临时打的孔、洞，施工结束后，应恢复原状。

【释义】 工作场所的井、坑、孔、洞或沟道都应有与地面齐平而固定可靠的盖板，防止绊倒、坠落。盖板拉手可做成活动式，便于钩起。检修工作中如需将盖板取下，应设临时围栏。为防止人身高坠、摔跌事故，临时打的孔、洞，施工结束后，应恢复原状。暂时不能恢复的，应装设围栏和警示标志，夜间应加装警示红灯。

【事故案例】 ××供电公司发生人坠入电缆沟事故。

××供电公司李×进行夜巡，由于前一天刚刚下过雨，变电站内有很多积水，李某怕被水湿鞋子，就选择在水泥电缆盖板上行走。刚走了十来米的距离，李×落入电缆沟里之后，身体往前倾，结果下巴直接磕到了一块水泥板上。

事故原因：电缆沟的水泥盖板由于大雨，加上长期失修，导致一块电缆沟盖板下陷，李某走上去后，盖板掉落。

16.1.3　所有升降口、大小孔洞、楼梯和平台，应装设不低于 1050mm 高的栏杆和不低于 100mm 高的护板。如在检修期间需将栏杆拆除时，应装设临时遮栏，并在检修结束时将栏杆立即装回。临时遮栏应由上、下两道横杆及栏杆柱组成。上杆离地高度为 1050~1200mm，下杆离地高度为 500~600mm，并在栏杆下边设置严密固定的高度不低于 180mm 的挡脚板。原有高度 1000mm 的栏杆可不作改动。

【释义】　护板作用：防止工器具坠落伤人。防护围栏如图 16-2 所示。

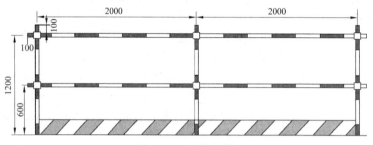

图 16-2　防护围栏

【事故案例】　××公司发生人员坠落事故。

在××公司总包，××装潢公司分包的高层工地上（因 2002 年 1 月 11 日 4 号房做混凝土地坪，将复式室内楼梯口临边防护栏杆拆除，但由于混凝土地坪尚未干透，强度不足，故而无法恢复临边防护措施。项目部准备在地坪干透后，再重新设置临边防护栏杆，然后安排瓦工封闭 4 号房 13 层施工墙面过人洞），分包单位现场负责人王××，未经项目部同意，擅自安排本公司两位职工到 4 号房 13 层封闭施工墙面过人洞，普工李××负责用小推车运送砌筑砖块。上午 7：00 左右，李某在运砖时，由于通道狭窄，小推车不能直接穿过墙面过人洞，李某在转向后退时，不慎从 4 号房 13 层室内楼梯口坠落至 12 层楼面（坠落高度 2.8m）。事故发生后，现场人员立即将其急送医院，经抢救无效于次日凌晨 2 时死亡。

事故原因：由于楼梯口防护栏杆被拆除。

16.1.4　变电站（生产厂房）内外的电缆，在进入控制室、电缆夹层、控制柜、开关柜等处的电缆孔洞，应用防火材料严密封闭。

【释义】　电缆遇故障发热或外源明火着火，将沿电缆延伸燃烧，并散发有毒烟雾。用防火材料封堵可缩小事故范围，防止有毒烟雾蔓延。

【事故案例】　××供电公司发生电缆起火烧毁控制柜事故。

在××供电公司××无人值守变电站，发生电缆着火，并沿电缆延伸燃烧，烧毁 80% 的控制柜，造成经济损失 50 万元。

事故原因为变电站（生产厂房）内外的电缆，在进入控制室、电缆夹层、控制柜、开关柜等处的电缆孔洞，未用防火材料严密封闭，导致电缆着火后，火烧至控制柜处。

16.1.5　特种设备［锅炉、压力容器（含气瓶）、压力管道、电梯、起重机械、场（厂）内专用机动车辆］在使用前应经特种设备检验检测机构检验合格，取得合格证并制定安全使用规定和定期检验维护制度。同时，在投入使用前或者投入使用后 30 日内，使用单位应向直辖市或设有区的市的特种设备安全监督管理部门登记。

【释义】　特种设备检测及使用应遵循《特种设备安全法》和《特种设备安全监察条例》的规定。

从事本条例规定的监督检验、定期检验、型式试验检验检测工作的特种设备检验检测机构，应经国务院特种设备安全监督管理部门核准。

特种设备使用单位设立的特种设备检验检测机构，经国务院特种设备安全监督管理部门核准，负责本单位一定范围内的特种设备定期检验、型式试验工作。

【事故案例】　西宁发生锅炉爆炸事故。

西宁××宾馆洗浴会所发生一起锅炉爆炸事故，事故导致锅炉房墙体和外层铁制楼梯倒塌，隔壁的一名司炉工当场死亡。

这起爆炸事故为西宁××宾馆洗浴会所将非承压锅炉作为承压锅炉使用，司炉工关闭蒸汽出口阀门，加之安全阀门锈死，导致锅炉不断升压，使锅炉在无法承受压力的情况下发生爆炸。这台锅炉无任何相关技术资料、产品铭牌等，在结构和改造上存在很大缺陷，为非法改造的蒸汽锅炉。而宾馆负责人在购买非法改造的锅炉后，不仅未按照相关规定和要求安装、维修锅炉，还聘用无特种作业操作资格证的人员上岗，是造成此次锅炉爆炸事故的主要原因。

16.1.6　各生产场所应有逃生路线的标示。

【释义】　逃生路线有效引导生产作业人员逃离危险，保障人员生命安全。标志如图 16-3 所示。

图 16-3　逃生路线标志

16.1.7　直流输电系统正常运行时，人员进入阀厅巡视走道宜佩戴耳罩。

16.1.8　在带电设备周围禁止使用钢卷尺、皮卷尺和线尺（夹有金属丝者）进行测量工作。

【释义】　避免测量过程中因工具的金属导电部分与带电设备距离过小或直接触及带电部分，引起放电伤及人身。

【事故案例】　××发电厂发生跳闸事故。

××发电厂电气分场变电班，准备自制断路器检修支架，需测量 4 号主变压器断路器

（SW7-220）高度。由检修工刘×、纪××两人，用普通皮卷尺绑在绝缘杆上，进行带电测量。因皮卷尺内有金属丝，造成放电，使220kV北母线C相接地，220kV母差保护动作跳闸。使用含有金属丝的皮卷尺是造成这次事故的主要原因。

16.1.9 在户外变电站和高压室内搬动梯子、管子等长物，应两人放倒搬运，并与带电部分保持足够的安全距离。

【释义】 防止梯子、管子等长物在搬运过程中由于稳定性、控制性较差极易误碰带电设备或不能和带电部分保持足够的安全距离，进而造成人身伤害、设备损坏。

【事故案例】 ××厂发生高处坠落事故。

××厂电工班，在理化处分变电站变压器室小修定保，明知6032隔离开关带电，班长却独自架梯登高作业，由于梯子离6032隔离开关过近（小于0.7m），遭电击从1.2m高处坠落撞击变压器，终因开放性颅骨骨折、肋骨排列性骨折、双上肢电灼伤等，抢救无效死亡。

16.1.10 在变、配电站（开关站）的带电区域内或临近带电线路处，禁止使用金属梯子。

【释义】 防止金属梯子在使用过程中，因与带电部分的安全距离不够而产生感应电、放电或直接触及带电部分，伤及人身。

【事故案例】 ××供电公司发生触电事故。

一变电检修人员在××变电站室外检修高压熔断器，由于熔断器架较高，于是该检修人员自己扛来一架铝合金梯子，准备用来上构架工作，结果碰触到带电的10kV母线造成触电事故。

16.2 设备的维护

16.2.1 机器的转动部分应装有防护罩或其他防护设备（如栅栏），露出的轴端应设有护盖，以防绞卷衣服。禁止在机器转动时，从联轴器（靠背轮）和齿轮上取下防护罩或其他防护设备。

【释义】 机械设备的转动部分（如轴端、齿轮、靠背轮、冲、剪、压、切等设备的旋转传动部位）应装有护盖、防护罩或防护栅栏，以防运行时触及转动部分，绞卷手指和衣服。机器转动时，禁止从连轴器（靠背轮）和齿轮上取下防护罩或其他防护设备，以免造成人身伤害。

【事故案例】 ××公司发生工作人员人身事故。

××公司范××在使用卷板机作业时，听到卷板机滚筒振动并发出异常声响，便赶去检查测听滚筒轴承和齿轮。范某打开滚筒后部的大齿轮安全护罩，见齿轮是因为没有油才发出声响，便取来干油在转车时用毛刷蘸干油为齿轮抹油。抹油时齿轮咬合处一下子将毛刷带进，范某措手不及右手也被带进至手腕处，范死命强拽将被绞碾粉碎的右手拽掉。

事故原因：范某打开滚筒后部的大齿轮安全护罩，导致毛刷被绞进，造成事故。

16.2.2 变电站（生产厂房）外墙、竖井等处固定的爬梯，应牢固可靠，并设护笼，高百米以上的爬梯，中间应设有休息的平台，并应定期进行检查和维护。上爬梯应逐档检查爬梯是否牢固，上下爬梯应抓牢，并不准两手同时抓一个梯阶。垂直爬梯宜设置人员上下作业的防坠安全自锁装置或速差自控器，并制定相应的使用管理规定。

【释义】 厂房外墙、竖井等处固定的爬梯，可能存在锈蚀、松动等缺陷。在攀登过程中，应检查每个梯阶是否牢固，两只手不可同时抓住一个梯阶，以防所抓的梯阶存在缺陷，登梯者发生意外坠落。梯段高度超过 3m 时应设护笼，护笼下端距基准面为 2.5~3m，上端高出基准面应与规定的护栏高度一致，保障人员上下时，不会因后倾失去平衡而造成意外。垂直爬梯宜设置防坠安全自锁装置或速差自控器，是为了一旦发生高处坠落事故时，防坠安全自锁装置或速差自控器保护功能启动，起到保护人身安全的作用。

【事故案例】 ××供电公司发生工作人员坠梯事故。

××供电公司在变电站变压器更换变压器油的工作，检修人员登梯爬上变压器的过程中，变压器的梯子发生松动，导致工作人员王×从变压器上跌落，造成王×腿部骨折。经查明原因，变压器的梯子由于长时间没有人使用，也没有专业人员检查，所以梯子发生了严重锈蚀，是造成这起事故的主要原因。

16.3 一般电气安全注意事项

16.3.1 所有电气设备的金属外壳均应有良好的接地装置。 使用中不准将接地装置拆除或对其进行任何工作。

【释义】 当电气绝缘失效发生漏电或存在感应电时，接地良好的金属外壳能保持地电位，能有效防止人身伤害。如果在使用中将接地装置拆除，将使该电气设备的金属外壳失去接地保护，或使用中对其接地装置进行任何工作时一旦发生外壳带电，将造成人员触电。

【事故案例】 电击死亡事故。

2002 年 6 月《电世界》杂志发表过一篇文章 "一起电击死亡事故原因排查和分析"。文章中谈的是一个妇女在家中洗澡遭电击死亡的事故。该妇女居住的住宅楼电气系统是 TT 系统，每户人家都安装了剩余电流动作保护器（以下简称漏电保护开关），可是仍然发生了事故。事发以后经过检查，电热水器没有问题，问题发生在一个楼层的配电箱里，相线碰到了配电箱的金属外壳，导致相线的电压传导到电气系统的接地线上，沿着接地线传遍全楼，结果全楼的金属物体都带电。人在洗澡时碰到带电的金属物体遭到电击以致死亡。

16.3.2 手持电动工器具如有绝缘损坏、电源线护套破裂、保护线脱落、插头插座裂开或有损于安全的机械损伤等故障时，应立即进行修理，在未修复前，不得继续使用。

【释义】 出现上述情况时，极易造成漏电、短路和机械伤害进而造成人身伤害。

【事故案例】 ××供电公司发生工作人员使用电动工具触电事故。

××供电公司在变电站内对电缆沟盖板进行修整工作，工作人员在使用电锤进行工作的时候发生触电事故，王×当场被电晕，幸好送往医院及时，经过两个小时的抢救，王×恢复生命体征，脱离了生命危险。经查明原因，电锤的电源线护套破裂，是造成这起事故的主要原因。

16.3.3 遇有电气设备着火时，应立即将有关设备的电源切断，然后进行救火。 消防器材的配备、使用、维护，消防通道的配置等应遵守 DL 5027 的规定。

【释义】 电气设备着火应首先切除电源，是为了避免事故扩大以及在抢险过程中造成不必要的人身伤害。切断低压线路时应先断开相线，后断开零线。在切除高压电源时应用断路器切断电源，不能用隔离开关切断负荷。根据国家对火灾种类的分类，物体带电的燃烧称为 E 类火灾（带电火灾）。GB 50140—2005《建筑灭火器配置设计规范》4.2.5 条规定："E 类火灾场所应选择磷酸铵盐干粉灭火器、碳酸氢钠干粉灭火器、卤代烷灭火器或二氧化碳灭火器，但不得选用装有金属喇叭喷筒的二氧化碳灭火器。结合 DL 5027—2015《电力设备典型消防规程》规定，灭火时对可能带电的电气设备以及发电机、电动机等，应使用干式灭火器、二氧化碳灭火器灭火，对油断路器变压器（已隔绝电源）可使用干式灭火器等灭火，不能扑灭时再用泡沫式灭火器灭火，不得已时可用干砂灭火；地面上的绝缘油着火，应用干砂灭火，扑救可能产生有毒气体的火灾如（电缆着火等）时，扑救人员应使用正压式消防空气呼吸器。

16.3.4　工作场所的照明，应该保证足够的亮度。 在操作盘、重要表计、主要楼梯、通道、调控中心、机房、控制室等地点，还应设有事故照明。 现场的临时照明线路应相对固定，并经常检查、维修。 照明灯具的悬挂高度应不低于 2.5m，并不得任意挪动，低于 2.5m 时应设保护罩。

【释义】 明确装设事故照明的地点（操作盘、重要表计、主要楼梯、通道、调度室、机房、控制室等），是事故处理时首先需要灯光照明或发生突发事件时指示逃生通道的地点。

JGJ 46—2005《施工现场临时用电安全技术规范》10.3.2 明确规定："室外 220kV 灯具距地面不得低于 3m，室内 220kV 灯具距地面不得低于 2.5m。低于 2.5m 时为防意外触碰，应设保护罩或使用电源电压不大于 36V 的安全电压。"

16.3.5　检修动力电源箱的支路开关都应加装剩余电流动作保护器（漏电保护器）并应定期检查和试验。

【释义】 漏电保护器，简称漏电开关，又叫漏电断路器，主要是用来在设备发生漏电故障时以及对有致命危险的人身触电保护，具有过载和短路保护功能，可用来保护线路或电动机的过载和短路，亦可在正常情况下作为线路的不频繁转换启动之用。

GB/T 13955—2017《剩余电流动作保护装置安装和运行》7.2 条规定："漏电保护器投入运行后，每月需在通电状态下，按动试验按钮，检查漏电保护器动作是否可靠。雷雨季节应增加试验次数。"

16.4　工具的使用

16.4.1　一般工具

16.4.1.1　使用工具前应进行检查，机具应按其出厂说明书和铭牌的规定使用，不准使用已变形、已破损或有故障的机具。

【释义】 铭牌又称标牌，铭牌主要用来记载生产厂家及额定工作情况下的一些技术数据，以供正确使用而不致损坏设备。

使用前检查，确保工具在良好状态下使用。机具应按其出厂说明书和铭牌的规定使用以避免错误操作，或超出铭牌的参数规定使用而造成设备、人身伤害的发生。

16.4.1.2　大锤和手锤的锤头应完整，其表面应光滑微凸，不准有歪斜、缺口、凹入及裂纹等情形。 大锤及手锤的柄应用整根的硬木制成，不准用大木料劈开制作，也不能用其他材料替代，应装得十分牢固，并将头部用楔栓固定。 锤把上不可有油污。 不准戴手套或用单手抡大锤，周围不准有人靠近。 狭窄区域，使用大锤应注意周围环境，避免反击力伤人。

16.4.1.3　用凿子凿坚硬或脆性物体时（如生铁、生铜、水泥等），应戴防护眼镜，必要时装设安全遮栏，以防碎片打伤旁人。 凿子被锤击部分有伤痕不平整、沾有油污等，不准使用。

【释义】　坚硬或脆性物体（如生铁、生铜、水泥等）被凿子凿时极易形成碎片、碎块，为防止碎片、碎块伤目应戴防护眼镜；同时，必要时应装设安全遮栏，以防碎片击伤旁人。

凿子被锤击部分有伤痕不平整、沾有油污等时，大锤、手锤锤击凿子时极易击偏，造成本人或他人伤害。

16.4.1.4　锉刀、手锯、木钻、螺丝刀等的手柄应安装牢固，没有手柄的不准使用。

16.4.1.5　使用钻床时，应将工件设置牢固后，方可开始工作。 清除钻孔内金属碎屑时，应先停止钻头的转动。 禁止用手直接清除铁屑。 使用钻床时不准戴手套。

【释义】　使用钻床时，应将工件设置牢固，防止松动的工件在钻头向下旋转时发生偏转、震动，甚至工件飞出，造成人身伤害。

在钻头转动的情况下若用手清理铁屑，手部将会被钻头绞伤。因此，必须先停止钻头的转动，然后才能进行清理。钻头钻下来的铁屑很锋利，如果直接用手去清理，很容易把手割破。

钻床是高速旋转的钻孔工具，钻头上有螺纹刀刃，戴手套使用钻床，手套可能被钻头绞住导致使用人受到伤害。

【事故案例】　陕西省一煤机厂发生人身伤害事故。

陕西省一煤机厂职工吴××正在摇臂机床上进行钻孔作业，测量零件时，小吴没有关停钻床，只是把摇臂推到一边，就用戴手套的手去搬动工件，这时，飞速旋转的钻头猛的绞住了小吴的手套，强大的力量拽着小吴的手臂往钻头上跑，小吴一边喊叫，一边拼命挣扎，等他的工友关掉钻床，工作服被绞烂，小吴的手臂没有了。

16.4.1.6　使用锯床时，工件应夹牢，长的工件两头应垫牢，并防止工件锯断时伤人。

【释义】　夹牢工件便于安全、方便使用。长的工件两头应用专用设备或临时支持物垫牢。当工件即将被锯断时应降低锯床的运行速度，防止工件锯断时伤人。

【事故案例】　四川广元××木器厂发生人身事故。

四川广元××木器厂木工李某用平板刨床加工木板，木板尺寸为300mm×25mm×300mm，李××进行推送，另一人负责推拉木板，在快刨到木板端头时，遇到结疤，木板抖动，因为这台刨床的刨刀没有安全措施，右手脱离木板直接按到了刨刀上，瞬间4个手指被切掉。

16.4.1.7　使用射钉枪、压接枪等爆发性工具时，除严格遵守说明书的规定外，还应遵守爆破的有关规定。

【释义】　射钉枪又称射钉器，由于外形和原理都与手枪相似，故常称为射钉枪。它是利用发射空包弹产生的火药燃气作为动力，将射钉打入建筑体的工具，如图16-4所示。发射射钉的空包弹与普通军用空包弹只是在大小上有所区别，对人同样有伤害作用。

操作前应对爆区周围的自然条件和环境状况进行调查，了解危及安全的不利环境因素，并采取必要的安全防范措施。

图 16-4 各类型射钉器和压接枪

16.4.1.8 砂轮应进行定期检查。 砂轮应无裂纹及其他不良情况。 砂轮应装有用钢板制成的防护罩，其强度应保证当砂轮碎裂时挡住碎块。 防护罩至少要把砂轮的上半部罩住。 禁止使用没有防护罩的砂轮（特殊工作需要的手提式小型砂轮除外）。 砂轮机的安全罩应完整。

应经常调节防护罩的可调护板，使可调护板和砂轮间的距离不大于 1.6mm。

应随时调节工件托架以补偿砂轮的磨损，使工件托架和砂轮间的距离不大于 2mm。

使用砂轮研磨时，应戴防护眼镜或装设防护玻璃。用砂轮磨工具时应使火星向下。不准用砂轮的侧面研磨。

无齿锯应符合上述各项规定。使用时操作人员应站在锯片的侧面，锯片应缓慢地靠近被锯物件，不准用力过猛。

【释义】 砂轮又称固结磨具，是由结合剂将普通磨料固结成一定形状（多数为圆形，中央有通孔），并具有一定强度的固结磨具。其一般由磨料、结合剂和气孔构成，这三部分常称为固结磨具的三要素。

砂轮是高速旋转的打磨工具，其自身虽有相应的强度，但砂轮材料是脆性材料。如果在有缺陷的情况下高速转动，受离心力的作用，将会碎裂甩出，造成人员伤害。

16.4.2 电气工具和用具

16.4.2.1 电气工具和用具应由专人保管，每 6 个月应由电气试验单位进行定期检查；使用前应检查电线是否完好，有无接地线；不合格的禁止使用；使用时应按有关规定接好剩余电流动作保护器（漏电保护器）和接地线；使用中发生故障，应立即修复。

【释义】 专人负责便于电气工具的日常维护、管理。

按 GB/T 3787—2006 规定每年不少于一次的检查要求，结合国家电网公司工作实际，工器具校验周期定为每 6 个月进行定期检查。

定期检查的主要内容有：①外壳、手柄有否裂缝和破损；②保护接地或接零线连接是否正确，牢固可靠；③软电缆或软线是否完好无损；④插头是否完整无损；⑤开关动作是否正常、灵活，有无缺陷、破裂；⑥绝缘电阻是否符合规定值；⑦电气保护装置是否良好；⑧机械防护装置是否完好；⑨工具转动部分是否转动灵活无障碍；⑩是否有产品认证标志及定期检查合格标志。

使用电气工具、用具前，检查电线是否完好，有无接地线，使用时在其电源上装设剩余电流动作保护器（漏电保护器）和接地线，对防止工作人员触电是有效的技术措施。此外，电气工具以及漏电保护器、接地线等发生故障时，要立即停止使用，同时找专业人员修理好以后再使用，以防发生电气工具漏电造成使用人员的触电伤害。

16.4.2.2　使用金属外壳的电气工具时应戴绝缘手套。

【释义】　戴绝缘手套是为了防止电气工具内部绝缘损伤而造成金属外壳带电伤人。

16.4.2.3　使用电气工具时，不准提着电气工具的导线或转动部分。在梯子上使用电气工具，应做好防止感电坠落的安全措施。在使用电气工具工作中，因故离开工作场所或暂时停止工作以及遇到临时停电时，应立即切断电源。

【释义】　不准提着电气工具的导线或转动部分，防止导线和电气工具的连接部位脱落或绝缘损坏，或误碰开关而意外转动伤及人身、设备。

切断电源是为了防止因故离开工作场所或暂时停止工作以及遇到临时停电时，突然来电或他人误碰开关而造成电气工具转动，造成人身伤害、设备损坏。

16.4.2.4　使用手持行灯应注意下列事项：

a) 手持行灯电压不准超过36V。在特别潮湿或周围均属金属导体的地方工作时，如在金属容器或水箱等内部，行灯的电压不准超过12V。

b) 行灯电源应由携带式或固定式的隔离变压器供给，变压器不准放在金属容器或水箱等内部。

c) 携带式行灯变压器的高压侧，应带插头，低压侧带插座，并采用两种不能互相插入的插头。

d) 行灯变压器的外壳应有良好的接地线，高压侧宜使用单相两极带接地插头。

【释义】　JGJ 46—2005《施工现场临时用电安全技术规范》规定："照明变压器应使用双绕组型安全隔离变压器，严禁使用自耦变压器。"同时，由于电压低，导线截面大，不宜长距离供给电源，故采用隔离变压器在工作场所附近把电源电压降到安全电压以后再向行灯供给安全电压的电源，以保证作业人员不遭受触电伤害。

由于行灯用的隔离变压器电源侧为非安全电压，如果把行灯变压器放在汽包、水箱等金属容器内，在行灯变压器及其电源侧导线发生故障漏电时，将会使金属容器等的金属部分带电，造成作业人员的触电伤害。

16.4.2.5　电动的工具、机具应接地或接零良好。

【释义】　保护接地和保护接零都是保护人身安全的两种技术措施。保护接地就是限制对地电压的作用，接零主要是使相线对零短路，使相线上的保护装置动作。

16.4.2.6　电气工具和用具的电线不准接触热体，不要放在湿地上，并避免载重车辆和重物压在电线上。

【释义】　电线的绝缘物质经受超过允许的温度值，被烧坏而失去绝缘性能，将会发生人身触电或接地、短路故障（绝缘受潮以后，性能降低，也会发生接地、短路故障）。

16.4.2.7　移动式电动机械和手持电动工具的单相电源线应使用三芯软橡胶电缆。三相电源线在三相四线制系统中应使用四芯软橡胶电缆，在三相五线制系统中宜使用五芯软橡胶电缆。连接电动机械及电动工具的电气回路应单独设开关或插座，并装设剩余电流动作保护器（漏电保护器），金属外壳应接地。电动工具应做到"一机一闸一保护"。

【释义】　一机一闸一保护：即一个电气回路中应装有一把闸刀，一个漏电保护器且只能使用一台电动工具。其目的是防止人身伤害事故。

【事故案例】　××化工厂发生工作人员使用电动工具触电事故。

××化工厂组织人员使用一台输送机对厂区南部空地上堆放的袋装硫酸铵进行堆垛，输送机上安装有两台电动机，由一条从硫酸铵车间配电柜引来的三相三芯电缆线提供动力电源，电缆线直接绑扎在输送机钢架上。10∶10左右，现场操作人员准备向北移动输送机再进行堆垛，先是关掉输送机上的电动机开关，但没有从配电柜处切断电源，随后，3 人在抓住钢架移动输送机时触电，经抢救无效死亡。

16.4.2.8　长期停用或新领用的电动工具应用 500V 的绝缘电阻表测量其绝缘电阻，如带电部件与外壳之间的绝缘电阻值达不到 2MΩ，应进行维修处理。对正常使用的电动工具也应对绝缘电阻进行定期测量、检查。

【释义】　《手持式电动工具的管理、使用、检查和维修安全技术规程》对于绝缘电阻的测量规定见表 16-1。

表 16-1　　　　　　　　　　　绝缘电阻测量规定

测量部位	绝缘电阻（MΩ）
Ⅰ类工具带电零件与外壳之间	2
Ⅱ类工具带电零件与外壳之间	7
Ⅲ类工具带电零件与外壳之间	1

16.4.2.9　电动工具的电气部分经维修后，应进行绝缘电阻测量及绝缘耐压试验，试验电压参见 GB 3787—2006《手持式电动工具的管理、使用、检查和维修安全技术规程》中的相关规定。试验时间为 1min。

【释义】　为了防止手持式电动工具在使用中引起的人身伤亡事故，《手持式电动工具的管理、使用、检查和维修安全技术规程》工具的管理、使用、检查和维修中的安全技术要求做出规定（见表 16-2）。

表 16-2　《手持式电动工具的管理、使用、检查和维修安全技术规程》对试验电压规定

试验电压的施加部位	试验电压（V）		
	Ⅰ类工具	Ⅱ类工具	Ⅲ类工具
带电零件与外壳之间： ——仅由基本绝缘与带电零件隔离	1250	—	500
——由加强绝缘与带电零件隔离	3750	3750	—

16.4.2.10　在一般作业场所（包括金属构架上），应使用Ⅱ类电动工具（带绝缘外壳的工具）。在潮湿或含有酸类的场地上以及在金属容器内应使用 24V 及以下电动工具，否则应使用带绝缘外壳的工具，并装设额定动作电流不大于 10mA，一般型（无延时）的剩余电流动作保护器（漏电保护器）且应设专人不间断地监护。剩余电流动作保护器（漏电保护器）、电源连接器和控制箱等应放在容器外面。电动工具的开关应设在监护人伸手可及的地方。

【释义】　《手持式电动工具的管理、使用、检查和维修安全技术规程》对工具按电击保护方式分为：

（1）Ⅰ类工具。工具在防止触电的保护方面不仅依靠基本绝缘，而且它还包含一个附

加的安全预防措施，其方法是将可触及的可导电的零件与已安装的固定线路中的保护（接地）导线连接起来，以这样的方法来使可触及的可导电零件在基本绝缘损坏的事故中不成为带电体。

（2）Ⅱ类工具。工具在防止触电的保护方面不仅依靠基本绝缘，而且它还提供例如双重绝缘或加强绝缘的附加安全预防措施，没有保护接地或依赖安装条件的措施。

Ⅱ类工具分绝缘外壳Ⅱ类工具和金属外壳Ⅱ类工具。

Ⅱ类应在工具的明显部位标有Ⅱ类结构符号"回"。

（3）Ⅲ类工具。工具在防止触电的保护方面依靠由安全特低电压供电和在工具内部不会产生比安全特低电压高的电压。

16.4.3　空气压缩机

16.4.3.1　空气压缩机应保持润滑良好，压力表准确，自动启、停装置灵敏，安全阀可靠，并应由专人维护；压力表、安全阀、调节器及储气罐等应定期进行校验和检验。

【释义】　空气压缩机应保持润滑良好，是为了减少磨损，保证安全、正常运行。压力表准确，是为了正确反映其内部压力安全阀可靠，是为了超气压运行时能正确动作，防止爆炸事故发生。

自动启、停装置灵敏，是为了保持空气压缩机内正常工作压力，防止压力过高或过低。压力表、安全阀、调节器及储气罐等应定期进行校验和检验，是依据 TSG《固定式压力容器安全技术》的规定。

16.4.3.2　禁止用汽油或煤油洗刷空气滤清器以及其他空气通路的零件。

【释义】　防止空气压缩机工作时高速喷出的空气与空气滤清器、管道等摩擦产生火花并与残留在空气滤清器。管道等中的汽油或煤油中的可燃气体发生化学反应，引起爆炸事故。

16.4.3.3　输气管应避免急弯。打开进风阀前，应事先通知作业地点的有关人员。出气口处不得有人工作，储气罐放置地点应通风且禁止日光曝晒或高温烘烤。

【释义】　（1）输气管急弯会引起压力损失及管道磨损。

（2）为避免抽风吸力致使人员伤害，打开进风阀前，应事先通知作业地点的有关人员。

（3）出气口处如有人工作，突然来气时，会造成人员伤害。

（4）储气罐如经日光曝晒或高温烘烤，易引起气体膨胀、爆炸。

16.4.4　潜水泵

16.4.4.1　潜水泵应重点检查下列项目且应符合要求：

a）外壳不准有裂缝、破损。

b）电源开关动作应正常、灵活。

c）机械防护装置应完好。

d）电气保护装置应良好。

e）校对电源的相位，通电检查空载运转，防止反转。

【释义】　外壳如有裂缝、破损，进水后将可能引起电气故障及潜水泵内、外水相通，导致潜水泵工作效率下降。电气保护装置良好，是确保人身、设备安全的重要措施。为防止潜水泵在水下工作时漏电而引发触电事故，应装剩余电流动作保护器。三相式潜水泵接线时应确认电动机的旋转方向，某些类型的潜水泵正转和反转时皆可出水，但反转时出水量小、电流大，会损坏电动机绕组。

【事故案例】 ××建设集团发生事故。

在××建设集团公司承建的××大厦工地，杂工陈××发现潜水泵开动后漏电开关动作，便要求电工把潜水泵电源线不经漏电开关接上电源，起初电工不肯，但在陈××的多次要求下照办。潜水泵再次起动后，陈××拿一条钢筋欲挑起潜水泵检查是否沉入泥里，当陈××挑起潜水泵时，即触电倒地，经抢救无效死亡。

16.4.4.2 潜水泵工作时，泵的周围30m以内水面不准有人进入。

【释义】 JGJ 33—2001《建筑机械使用安全技术规程》第7.11.3条规定："潜水泵应装设保护接零或漏电保护装置，工作时泵周围30m以内水面，不得有人、畜进入，防止潜水泵漏电造成伤害事故。"

16.4.5 风动工具

16.4.5.1 不熟悉风动工具使用方法和修理方法的作业人员，不准擅自使用或修理风动工具。

16.4.5.2 风动工具的锤子、钻头等工作部件，应安装牢固，以防在工作时脱落，禁止将带有工作部件的风动工具对准人。工作部件停止转动前不准拆换。

16.4.5.3 风动工具的软管应和工具连接牢固。连接前应把软管吹净。只有在停止送风时才可拆装软管。

【释义】 风动工具的软管应和工具连接牢固。防止连接不牢固，造成软管和工具脱离而发生压缩气体或工具伤人。

吹净软管，防止杂物进入设备，从而造成设备异常运行。

停止送风时拆装软管，防止软管舞动伤及人身。

16.5 焊接、切割

16.5.1 不准在带有压力（液体压力或气体压力）的设备上或带电的设备上进行焊接。在特殊情况下需在带压和带电的设备上进行焊接时，应采取安全措施，并经本单位批准。对承重构架进行焊接，应经过有关技术部门的许可。

【释义】 在带有压力（液体压力或气体压力）的设备上焊接，由于焊接时的高温降低了设备材料的机械强度或焊接时可能戳破设备的薄弱部位引起液体或气体泄漏，发生人身伤害，所以不准在带有压力（液体压力或气体压力）的设备上焊接。

在带电设备的外壳、底座、连杆等临近带电部位上进行焊接时，游离高温金属气体可能造成设备短路跳闸；此外，由于焊接时的安全距离如不够，可能造成人身伤害，所以不准在带电设备上进行焊接。特殊情况下，确需在带电设备上进行焊接应采取安全措施有：保持与带电体的安全距离，防止游离高温金属气体弥漫短路。变压器本体补焊的焊点应在油位下面，同时变压器本体应充满油、接地良好等。

【事故案例】 ××供电公司发生工作人员触电事故。

××变电站有位焊工到室外临时施工点焊接，焊机接线时因无电源闸盒，便自己将电缆每股导线头部的胶皮去掉，分别接在露天的电网线上，由于错接零线在相线上，当他调节焊接电流用手触及外壳时，即遭电击身亡。

16.5.2 禁止在油漆未干的结构或其他物体上进行焊接。

【释义】 直接在油漆未干的结构上进行焊接时，易引起火灾。焊接时还会产生有毒气体，在通风不畅的情况下将导致中毒或损害作业人员健康。

【事故案例】 ××供电公司变电站发生火灾事故。

××变电站焊工顾××在变电站刚进行完喷漆的控制室内设备进行动火工作。顾某气割爆丝后，控制室设备周边未干的油漆遇火花飞溅，引燃熊熊大火。在场人员用水和灭火机扑救不成，造成5人死亡1人重伤3人轻伤的特大事故。

16.5.3 在重点防火部位和存放易燃易爆物品的场所附近及存有易燃物品的容器上使用电、气焊时，应严格执行动火工作的有关规定，按有关规定填用动火工作票，备有必要的消防器材。

【释义】 所谓易燃易爆化学物品，是指国家标准 GB 12268—90《危险货物品名表》中以燃烧、爆炸为主要特性的压缩气体、液化气体、易燃液体、易燃固体、自燃物品和遇湿易燃物品、氧化剂和有机过氧化物以及毒害品、腐蚀品中部分易燃易爆化学物品。

消防器材是指用于灭火、防火以及火灾事故的器材。最常见的消防器材是灭火器，它按驱动灭火器的压力型式可分为三类：①储气式灭火器：灭火剂由灭火器上的储气瓶释放的压缩气体或液化气体的压力驱动；②储压式灭火器：灭火剂由灭火器同一容器内的压缩气体或灭火蒸气压力驱动；③化学反应式灭火器：灭火剂由灭火器内化学反应产生的气体压力驱动。

【事故案例】 ××厂汽车队发生汽油爆炸事故。

××厂汽车队一个有裂缝的空汽油桶需焊补，焊工班提出未采取措施直接焊补有危险，但汽车队说这个空桶是干的，无危险。结果在未采取任何安全措施的情况下，甚至连加油口盖子也没打开，就进行焊补。现场的情况是一位焊工蹲在地上操作气焊，另一位工人用手扶着汽油桶。刚开始焊接时汽油桶就爆炸，两端封头飞出，桶体被炸成一块铁板，正在操作的气焊工被炸死。

16.5.4 在风力超过5级及下雨雪时，不可露天进行焊接或切割工作。如必须进行时，应采取防风、防雨雪的措施。

【释义】 （1）采取防风措施，为防止电弧或火焰吹偏。

（2）采取防雨雪措施，为防止焊缝冷却速度加快而产生冷裂纹。

16.5.5 电焊机的外壳应可靠接地，接地电阻不得大于4Ω。

【释义】 如接地不可靠或接地电阻大于4Ω，当外壳漏电时，通过人体的电流可能危及人身安全。《施工现场临时用电安全技术规范》JGJ 46—20055.3.1规定："单台容量超过100kVA或使用同一接地装置并联运行且总容量超过100kVA的电力变压器或发电机的工作接地电阻值不得大于4Ω。单台容量不超过100kVA或使用同一接地装置并联运行且总容量不超过100kVA的电力变压器或发电机的工作接地电阻值不得大于10Ω。在土壤电阻率大于1000Ω·m的地区，当达到上述接地电阻值有困难时，工作接地电阻值可提高到30Ω。电焊机就是一个特殊的变压器。"

【事故案例】 ××电厂员工检修电焊机触电身亡事故。

××电厂发电车间检修班电工刁××带领班组成员张××检修380V直流电焊机。电焊机修好后进行通电试验，情况良好，并将电焊机开关断开。刁××安排张××拆除电焊机二次线，自己拆除电焊机一次线。约17：15刁××蹲着拆除电焊机电源线接头，在拆除一相后，拆除第二相的过程中意外触电，经抢救无效死亡。在本次作业中刁××安全意识淡薄，工作前未进行安全风险分析，在拆除电焊机电源线中间接头时，未检查确认电焊机电源是否断开，在电源线带电又无绝缘防护的情况下作业，导致触电。刁××违章作业是此次事故的直接原因。

16.5.6　气瓶的存储应符合国家有关规定。

【释义】　气瓶的存储应符合中华人民共和国国家质量监督检验检疫总局令第 46 号《气瓶安全监察规定》第六章运输、储存、销售和使用条的要求。

16.5.7　气瓶搬运应使用专门的抬架或手推车。

16.5.8　用汽车运输气瓶时，气瓶不准顺车厢纵向放置，应横向放置并可靠固定。气瓶押运人员应坐在司机驾驶室内，不准坐在车厢内。

【释义】　汽车运输气瓶时，由于受路况条件的影响，气瓶难免会滚动相互撞击，运输时会引起振动冲击，气瓶剧烈振动可使瓶内气体膨胀，发生爆炸；顺车厢纵向放置，遇急停或突然启动，气瓶易窜入驾驶室或落向后车。故要求气瓶加瓶帽和钢瓶护圈及横向放置并可靠固定。

【事故案例】　南京江宁滨江开发区闽和铸钢有限公司发生爆炸事故。

在南京江宁滨江开发区闽和铸钢有限公司，工作人员从一辆送货汽车上往下卸气瓶时，一只丙烷气瓶突然爆炸，两名气体厂的搬运工当场死亡，汽车驾驶员和两名铸钢厂工人受伤。

事故原因：据从事特种气体行业的一位专家介绍，搬运过程中气瓶爆炸，是现场发生气瓶从高处掉落，恰好阀门着地，撞开了阀门，丙烷发生爆炸。

16.5.9　禁止把氧气瓶及乙炔气瓶放在一起运送，也不准与易燃物品或装有可燃气体的容器一起运送。

【释义】　泄漏出来的气体经化学反应将会发生燃烧、爆炸，故禁止把氧气瓶及乙炔瓶放在一起运送，也不准与易燃物品或装有可燃气体的容器一起运送。

【事故案例】　1999 年 5 月 16 日，镇江市乙炔气厂发生爆炸事故。

镇江市乙炔气厂氧气充装站将充装氧气的气瓶和乙炔的气瓶一起运输发生了剧烈的爆炸。三名操作工受伤，建筑物受损。

事故原因：泄漏出来的氧气和泄漏出来的乙炔经化学反应发生爆炸。

16.5.10　氧气瓶内的压力降到 0.2MPa（兆帕），不准再使用。用过的瓶上应写明"空瓶"。

【释义】　根据 GB 9448—1999《焊接与切割安全？》10.5.4 规定，气瓶在使用后不得放空，必须留有不小于 98～196kPa（即不小于 0.2MPa）表压的余气。

16.5.11　使用中的氧气瓶和乙炔气瓶应垂直固定放置，氧气瓶和乙炔气瓶的距离不得小于 5m，气瓶的放置地点不准靠近热源，应距明火 10m 以外。

【释义】　DL 1027—2017《电力设备典型消防规程》明确氧气瓶和乙炔气瓶的距离不得小于 5m，防止气体泄漏时由于距离太近而造成火灾、爆炸。

《气瓶安全监察规定》第 70 条规定："气瓶的放置地点不得靠近热源距明火 10m 以内"。

【事故案例】　××变电站发生爆炸事故。

某变电站焊工李某在变电站控制室内设备区进行动火工作。10 时，突然发生爆炸，李某和其他两名工人被炸伤，及时送往医院抢救，脱离生命危险。事故原因：使用中的氧气瓶和乙炔气瓶应垂直固定放置，氧气瓶和乙炔气瓶的距离小于5m，气瓶的放置地点靠近热源，距离小于10m，是造成这次爆炸事故的主要原因。

16.6 动火工作

16.6.1 在防火重点部位或场所以及禁止明火区动火作业，应填用动火工作票，其方式有下列两种：

a) 填用一级动火工作票（见《国家电网公司电力安全工作规程（变电部分)》附录N）。

b) 填用二级动火工作票（见《国家电网公司电力安全工作规程（变电部分)》附录O）。

本规程所指动火作业，是指能直接或间接产生明火的作业，包括熔化焊接、切割、喷枪、喷灯、钻孔、打磨、锤击、破碎、切削等。

【释义】 重点防火部位，指火灾危险性大、发生火灾损失大、伤亡大、影响大（以下简称"四大"）的部位和场所，一般指燃料油罐区、控制室、调度室、通信机房、计算机房、档案室、锅炉燃油及制粉系统、汽轮机油系统、氢气系统及制氢站、变压器、电缆间及隧道、蓄电池室、易燃易爆物品存放场所以及各单位主管认定的其他部位和场所。

16.6.2 在一级动火区动火作业，应填用一级动火工作票。

一级动火区，是指火灾危险性很大，发生火灾时后果很严重的部位或场所。

【释义】 此类区域（部位、设备）都存储着易燃、易爆液（气）体，火灾危险性很大，后果也极其严重。因此应填用一级动火工作票。

16.6.3 在二级动火区动火作业，应填用二级动火工作票。

二级动火区，是指一级动火区以外的所有防火重点部位或场所以及禁止明火区。

【释义】 此类区域（部位、设备）发生火灾将对生产系统、生产设备造成较大后果，因此，应填用二级动火工作票。

16.6.4 各单位可参照附录P和现场情况划分一级和二级动火区，制定出需要执行一级和二级动火工作票的工作项目一览表，并经本单位批准后执行。

16.6.5 动火工作票不准代替设备停复役手续或检修工作票、工作任务单和事故紧急抢修单，并应在动火工作票上注明检修工作票、工作任务单和事故紧急抢修单的编号。

【释义】 在运用中的发、输、变、配电和用户电气设备上及相关场所作业，必须先有设备停复役手续或检修工作票、事故应急抢修单，然后才能有动火工作票。非运行中的设备上及相关场所（如食堂、办公楼等）的动火作业可不填检修工作票、事故应急抢修单。

检修工作票、事故应急抢修单为防止设备损坏、人身伤害，动火工作票是为防火灾。检修工作票、事故应急抢修单中的格式要求、安全措施、相关人员（签发人、工作负责人、许可人）的安全责任和动火工作票中的格式要求、动火安全措施、相关人员（签发人、工作负责人、许可人、批准人）的安全责任是不完全一样的。所以，动火工作票不准代替设备停复役手续或检修工作票、工作任务单和事故应急抢修单。

在动火工作票上注明检修工作票、事故应急抢修单的编号。其作用是：工作内容和动火内容相关联。

16.6.6 动火工作票的填写与签发。

16.6.6.1 动火工作票应使用黑色或蓝色的钢（水）笔或圆珠笔填写与签发，内容应

正确、填写应清楚，不得任意涂改。 如有个别错、漏字需要修改，应使用规范的符号，字迹应清楚。 用计算机生成或打印的动火工作票应使用统一的票面格式，由工作票签发人审核无误，手工或电子签名后方可执行。

动火工作票一般至少一式三份，一份由工作负责人收执、一份由动火执行人收执、一份保存在安监部门（或具有消防管理职责的部门）（指一级动火工作票）或动火部门（指二级动火工作票）。若动火工作与运行有关，即需要运维人员对设备系统采取隔离、冲洗等防火安全措施者，还应多一份交运维人员收执。

【释义】 工作负责人收执一份动火工作票，按动火工作票中的内容正确安全地组织动火工作；向有关人员布置动火工作，交代防火安全措施和进行安全教育；并始终监督现场动火工作等。动火执行人收执一份动火工作票，将按动火工作票中的安全措施严格执行动火作业。安监部门（或具有消防管理职责的部门，指一级动火工作票）或动火部门（指二级动火工作票）收执一份动火工作票，起到监督、指导、备查的作用。运行值班人员收执一份动火工作票，按动火措施中的有关要求对设备系统采取隔离、冲洗等防火安全措施。

16.6.6.2 变电站一级动火工作票由申请动火的工区动火工作票签发人签发，工区安监负责人、消防管理负责人审核，工区分管生产的领导或技术负责人（总工程师）批准，必要时还应报当地公安消防部门批准。

变电站二级动火工作票由申请动火的工区动火工作票签发人签发，工区安监人员、消防人员审核，动火工区分管生产的领导或技术负责人（总工程师）批准。

【释义】 明确一、二级动火票要求由申请动火部门（车间、分公司、工区）的动火工作票签发人签发，本部门领导或技术负责人（总工程师）批准，要求熟悉该项施工情况的有相应职责的人员审核，从而在组织措施上防止事故发生。

依据电网（供电）企业的实际情况修改，一、二级动火票批准权下放至车间（分公司、工区）。[发电厂的动火工作票制度，执行《国家电网公司电力安全工作规程（火电厂动力部分、水电厂动力部分)》动火工作票制度，不执行本规程的动火工作票制度]。

16.6.6.3 动火工作票经批准后由工作负责人送交运维许可人。

【释义】 动火工作票是安全动火的书面依据，批准后由工作负责人送交运行许可人，对安全措施是否满足现场条件进行双重确认。

16.6.6.4 动火工作票签发人不准兼任该项工作的工作负责人。 动火工作票由动火工作负责人填写。

动火工作票的审批人、消防监护人不准签发动火工作票。

【释义】 动火工作票签发人、工作负责人各有安全职责，对同一项工作来说，二者不能兼任，而应各负其责，层层审查、核对、监督以确保动火安全。

动火工作负责人是动火工作的现场组织者、实施者，应对现场的状况（系统、环境等）及作业人员的情况（技术水平、身体状况）有所了解，做到自己的工作自己掌握。所以动火工作票由动火工作负责人填写。

动火工作票各级审批人员和消防监护人是动火工作的审核、监督、批准人员为防止失去有关人员的把关作用，确保动火安全，动火工作票的审批人、消防监护人不准签发动火工作票。

16.6.6.5 动火单位到生产区域内动火时，动火工作票由设备运维管理单位签发和审批，也可由动火单位和设备运维管理单位实行"双签发"。

【释义】 "动火单位"特指外单位，由于外单位对运用中的设备、系统不熟悉，完全由外单位签发可能不安全，因此，动火工作票由设备运行管理单位签发和审批。

由动火单位和设备运行管理单位实行"双签发"的目的是明确双方的安全责任。设备运行管理单位的安全责任是：设备、系统的隔绝，围栏装设，标示牌悬挂，接地线装设等。动火单位的安全责任是：配备合格的工作负责人、动火执行人、消防监护人、安全监督人员，严格按安全措施执行动火作业，现场配备必要的消防器材，安全监督人员和消防人员始终在现场监督动火作业。

双签发时的许可人是运行单位，宜实行双批准。

下属单位是指国家电网公司系统的下属基建单位、检修公司等。

16.6.7 动火工作票的有效期。

变电站一级动火工作票应提前办理。

变电站一级动火工作票的有效期为24h，变电站二级动火工作票的有效期为120h。动火作业超过有效期限，应重新办理动火工作票。

【释义】 一级动火工作票应提前办理。因为一级动火多为较重要动火工作，为了安全作业，设备运行管理单位必须认真审查作业的安全性、必要性及安全措施的正确性，同时还要做好相应的动火准备工作。

一级动火危险性较大，故在时间上间隔越长，危险隐患越多，此外，作业也应有时效性，因此规定有效期为24h。

相对应一级动火票，二级动火票给予120h有效工作时间。

16.6.8 动火工作票所列人员的基本条件。

变电站一、二级动火工作票签发人应是经本单位（动火单位或设备运维管理单位）考试合格并经本单位批准且公布的有关部门负责人、技术负责人或经本单位批准的其他人员。

动火工作负责人应是具备检修工作负责人资格并经考试合格的人员。

动火执行人应具备有关部门颁发的合格证。

【释义】 "本单位"是指地区级供电公司、超高压公司及相应等级的送变电公司、检修公司等。因为，一、二级动火工作票签发人要对动火作业的必要性、安全性及动火安全措施的正确性负责，而动火工作对系统、环境的熟悉程度、介质的性质（闪点、闪点的分类、气体的可燃性、爆炸性等）了解都有较高的要求，甚至对工作负责人、作业人员的技术水平、基本素质都应熟悉、了解。所以一、二级动火工作票签发人应是经本单位（动火单位或设备运行管理单位）考试合格并经本单位分管生产的领导或总工程师批准并书面公布的有关部门负责人、技术负责人或有关班组班长、技术员。

动火工作负责人应是具备检修工作负责人资格并经本单位（车间、分公司、工区）考试合格的人员。这里强调指出"动火工作负责人应是具备检修工作负责人资格"。这里的"本单位"是指车间（分公司、工区）。动火工作负责人是动火工作的直接组织者、现场指挥者、动火作业的监督者，他要办理动火工作票；要对检修应做的安全措施正确性负责。此外动火工作是检修工作的一部分内容。所以，动火工作负责人应是具备检修工作负责人资格并经本单位（车间、分公司、工区）考试合格的人员。

GB 9448—1999《焊接与切割安全》规定："操作者必须具备对特种作业人员所要求的

基本条件，并懂得将要实施操作时可能产生的危害以及适用于控制危害条件的程序。操作者必须安全地使用设备，使之不会对生命及财产构成危害。"

操作者只有在规定的安全条件得到满足，并得到现场管理及监督者准许的前提下，才可实施焊接或切割操作。在获得准许的条件没有变化时，操作者可以连续地实施焊接或切割。

焊接或切割操作人员经"国家认证"。

使用喷灯、电钻、砂轮等工具的作业人员应经企业培训合格。

16.6.9 动火工作票所列人员的安全责任。

16.6.9.1 动火工作票各级审批人员和签发人：

a）工作的必要性。

b）工作的安全性。

c）工作票上所填安全措施是否正确完备。

【释义】 动火工作票各级审批人员（包括分管生产的领导或总工程师、安监部门负责人、消防管理部门负责人、动火部门负责人等）和签发人审核动火工作是否必要，不动火能否完成任务；审核动火工作是否满足安全条件，审核工作票上所填安全措施是否正确完备，满足了以上条件审批人员和签发人可以按各自的职责签字、批准。

各级审批人员和签发人在动火作业的全过程中，要按照动火工作票制度，按规定履行各自在现场的安全职责。

16.6.9.2 动火工作负责人：

a）正确安全地组织动火工作。

b）负责检修应做的安全措施并使其完善。

c）向有关人员布置动火工作，交代防火安全措施和进行安全教育。

d）始终监督现场动火工作。

e）负责办理动火工作票开工和终结。

f）动火工作间断、终结时检查现场有无残留火种。

【释义】 动火工作负责人是动火工作的直接组织者、现场指挥者、动火作业的监督者，负责动火工作应做的安全措施正确性，同时，也应检查运行人员所做的安全措施是否正确，并始终在现场指挥、监督动火作业，动火工作间断、终结时检查现场无残留火种，直至办理动火工作票终结。

16.6.9.3 运维许可人：

a）工作票所列安全措施是否正确完备，是否符合现场条件。

b）动火设备与运行设备是否确已隔绝。

c）向工作负责人现场交代运维所做的安全措施是否完善。

【释义】 审核动火工作票所列安全措施是否正确完备，是否符合现场条件，做好动火设备与运行设备的隔绝工作及协同检修人员做好清理、置换工作，装设围栏，悬挂警示标志，向工作负责人现场交代运行所做的安全措施等。

16.6.9.4 消防监护人：

a）负责动火现场配备必要的、足够的消防设施。

b）负责检查现场消防安全措施的完善和正确。

c）测定或指定专人测定动火部位（现场）可燃气体、易燃液体的可燃蒸气含量符合安全要求。

d）始终监视现场动火作业的动态，发现失火及时扑救。

e）动火工作间断、终结时检查现场有无残留火种。

【释义】　GB 9448—1999《焊接与切割安全》6.4.3明确火灾警戒职责为："火灾警戒人员（即消防监护人）必须经必要的消防训练，并熟知消防紧急处理程序。火灾警戒人员的职责是监视作业区域内的火灾情况；在焊接或切割完成后检查并消灭可能存在的残火。"这是消防监护人的主要安全责任。此外，消防监护人还要负责现场配备必要的、足够的消防设施，检查现场消防安全措施的完善和正确；测定或指定专人测定动火部位（现场）可燃性气体、可燃液体的可燃气体含量等。

16.6.9.5　动火执行人：

a）动火前应收到经审核批准且允许动火的动火工作票。

b）按本工种规定的防火安全要求做好安全措施。

c）全面了解动火工作任务和要求，并在规定的范围内执行动火。

d）动火工作间断、终结时清理现场并检查有无残留火种。

【释义】　动火执行人是动火的实际操作者，动火前应收到经审核批准且允许动火的动火工作票，并按本工种规定的防火安全要求做好安全措施（如氧气瓶和乙炔瓶的安全距离、电焊时的就地接地等符合要求等）。在全面了解动火工作任务和要求的情况下，在规定的范围内，动火执行人方能按本规程动火工作票制度规定的程序动火。

16.6.10　动火作业安全防火要求。

16.6.10.1　有条件拆下的构件，如油管、阀门等应拆下来移至安全场所。

【释义】　有条件拆下的构件，如油管、阀门等应拆下来移至安全场所，不在重点防火部位动火，达到既安全又避免开具动火工作票的目的。

16.6.10.2　可以采用不动火的方法代替而同样能够达到效果时，尽量采用替代的方法处理。

【释义】　可采取机械封堵等方法减少动火，降低安全风险。

16.6.10.3　尽可能地把动火时间和范围压缩到最低限度。

【释义】　动火的时间越长，范围越大，安全风险也越大，把动火时间和范围压缩到最低限度就是降低了动火的危险性。

16.6.10.4　凡盛有或盛过易燃易爆等化学危险物品的容器、设备、管道等生产、储存装置，在动火作业前应将其与生产系统彻底隔离，并进行清洗置换，检测可燃气体、易燃液体的可燃蒸气含量合格后，方可动火作业。

【释义】　凡盛有或盛过易燃易爆等化学危险物品的装置，在动火作业前应将其与生产系统彻底隔离，并采取蒸汽、碱水清洗或惰性气体置换等方法清除易燃易爆气体等化学危险物品。经分析合格后，方可动火作业。

16.6.10.5　动火作业应有专人监护，动火作业前应清除动火现场及周围的易燃物品，或采取其他有效的安全防火措施，配备足够适用的消防器材。

【释义】　专人监护可以是工作负责人，也可以指派他人监护。专人监护应对动火作业环境、作业过程、安全措施的全面执行等进行全面的监护，消除动火工作现场安全隐患，做好事故应急措施。

16.6.10.6　动火作业现场的通排风要良好，以保证泄漏的气体能顺畅排走。

16.6.10.7　动火作业间断或终结后，应清理现场，确认无残留火种后，方可离开。

16.6.10.8　下列情况禁止动火：

a）压力容器或管道未泄压前。

b）存放易燃易爆物品的容器未清理干净前或未进行有效置换前。

c）风力达 5 级以上的露天作业。

d）喷漆现场。

e）遇有火险异常情况未查明原因和消除前。

16.6.11　动火的现场监护。

16.6.11.1　一级动火在首次动火时，各级审批人和动火工作票签发人均应到现场检查防火安全措施是否正确完备，测定可燃气体、易燃液体的可燃蒸气含量是否合格，并在监护下做明火试验，确无问题后方可动火。

二级动火时，工区分管生产的领导或技术负责人（总工程师）可不到现场。

【释义】　一级动火的危险性较大，需要动火的设备、场所重要或复杂，首次动火时各级审批人（包括安监部门负责人、消防管理部门负责人、动火部门负责人、分管生产的领导或技术负责人）和动火工作票签发人均应到现场，履行检查、确认、监护的职责，进一步审核工作的必要性、安全性。

易燃液体的燃烧是通过其挥发的蒸气与空气形成可燃混合物（同样可燃气体与空气形成可燃混合物），达到一定的浓度后遇火源而实现的，实质上是液体蒸气与氧发生的氧化反应。因此，要用"测爆仪"测定可燃气体、易燃液体的可燃气体含量是否合格，如合格，就在监护下做明火试验，确无问题后方可动火。

因为二级动火危险性相对轻一些，分管生产的领导或技术负责人（总工程师）可不到现场。

16.6.11.2　一级动火时，工区分管生产的领导或技术负责人（总工程师）、消防（专职）人员应始终在现场监护。

16.6.11.3　二级动火时，工区应指定人员，并和消防（专职）人员或指定的义务消防员始终在现场监护。

【释义】　因为二级动火的危险性相对较小，需要动火的设备、场所相对简单，所以二级动火时，只需要动火部门指定人员、消防（专职）人员或指定的义务消防员始终在现场监护即可。

16.6.11.4　一、二级动火工作在次日动火前应重新检查防火安全措施，并测定可燃气体、易燃液体的可燃蒸气含量，合格方可重新动火。

【释义】　为防止意外情况发生而改变了原来的安全措施。安全措施的改变，极有可能造成设备、人身伤害事故。所以，一、二级动火工作在次日动火前应重新检查防火安全措施。

为了避免前日残留的可燃气体、易燃液体的可燃气体累积，与空气混合达到一定的浓度后遇火源而发生燃烧、爆炸伤人。所以一、二级动火工作在次日动火前应重新测定可燃气体、易燃液体的可燃气体含量，合格方可重新动火。

16.6.11.5　一级动火工作的过程中，应每隔 2 ~4h 测定一次现场可燃气体、易燃液体的可燃蒸气含量是否合格，当发现不合格或异常升高时应立即停止动火，在未查明原因或排除险情前不准动火。

【释义】　动火执行人、监护人同时离开作业现场，间断时间超过 30min，继续动火前，动火执行人、监护人应重新确认安全条件。

一级动火作业，间断时间超过 2.0h，继续动火前，应重新测定可燃气体、易燃液体的可燃蒸气含量，合格后方可重新动火。

16.6.12　动火工作完毕后，动火执行人、消防监护人、动火工作负责人和运维许可人应检查现场有无残留火种、是否清洁等。 确认无问题后，在动火工作票上填明动火工作结束时间，经四方签名后（若动火工作与运维无关，则三方签名即可），盖上"已终结"印章，动火工作方告终结。

【释义】　动火工作完毕后相关人员在现场各负其责，检查、消除残留火种；同时，检查是否"工完料尽场地清"。确认无问题后，签名、盖章，动火工作终结。

16.6.13　动火工作终结后，工作负责人、动火执行人的动火工作票应交给动火工作票签发人，签发人将其中的一份交工区。

16.6.14　动火工作票至少应保存 1 年。

【释义】　与工作票管理要求相一致。

17 起重与运输

17.1 一般注意事项

17.1.1 起重设备需经检验检测机构检验合格，并在特种设备安全监督管理部门登记。

【释义】 有了检测合格证明，还要办理登记牌，安监部门才允许使用者使用。

起重机械设备在办理检测手续时必须符合以下规定：

（1）新购起重机械设备，必须提供生产许可证、产品合格证、说明书、检测合格证或鉴定报告及购置发票复印件（验审原件）。

（2）施工企业现有的起重机械设备，必须提供产品的合格证、说明书、生产许可证、检测合格证或鉴定报告，塔式起重机、施工升降机还必须提供前一次使用的检测报告等资料。

（3）租赁的起重机械设备，除提供产品合格证、说明书、生产许可证、检测合格证或鉴定报告以及前一次使用的"检测报告"外，还必须提供租赁合同。

（4）起重机械设备必须提供安装单位的"起重设备安装资质"和"安装人员起重设备安装特种作业证 IC 卡"等有效证件和拆装合同。

【事故案例】 ××供电公司发生起重期间落物伤人事故。

××供电公司进行杆塔吊装工作，输电工区使用××牌汽车起重机进行杆塔吊装，使用的吊具为钢丝吊索，吊装作业开始后，起重指挥王×坐在车顶的南端进行指挥，李×、张×等4人站在地面上绑钢丝绳吊钩，在起吊之后滑轮处突然发生断裂，导致钢丝绳吊索瞬间松弛脱钩，杆塔坠落在附近，导致李×、张×被砸伤。事后经核查，该起重机为临时租赁，没有进行年检，部件老化，存在重大安全隐患，是造成事故的直接原因。

17.1.2 起重设备的操作人员和指挥人员应经专业技术培训，并经实际操作及有关安全规程考试合格、取得合格证后方可独立上岗作业，其合格种类应与所操作（指挥）的起重机类型相符合。 起重设备作业人员在作业中应当严格执行起重设备的操作规程和有关的安全规章制度。

【释义】 起重机械安全技术，是一门正在发展并与多种学科相联系的综合性科学，既包括社会科学的内容，又包括自然科学的内容，与生产活动和社会生活紧密相连。因此，必须认真学习起重作业安全技术及有关技术理论，不断提高安全技术理论水平和实际操作能力，用科学、完善的管理方法和手段，做好起重机械的安全管理工作，加对起重机械操作与维修人员的安全技术培训，以保证起重设备的安全运行。

根据工作时的运动状态，起重机械可分为四种基本类型。

（1）轻小型起重机械。常见的有千斤顶、滑车、绞车、葫芦等，其特点是结构简单紧凑，简单起重工具作业时主要靠人工操作，劳动强度比较大（现场主要的轻小型起重机械有电葫芦、手动葫芦、千斤顶）。

（2）桥式起重机。通过起升机构和运行机构，将重物在三维空间内搬运。

（3）臂架式类型起重机。通过起升机构、变幅机构、运行机构和旋转机构配合动作。

（4）升降机。主要有载人或载货电梯、货物提升机等。

1. 起重作业人员定期进行安全技术培训和考核

凡从事起重作业的人员，至少应有六个月以上的实践学习和安全技术理论学习，经理论和实际操作考试合格，取得国家安监部门颁发的安全操作证后，方可独立上岗操作。每两年要按规定进行安全技术复审。对经常进行捆绑和吊挂的各工种作业人员，要组织定期培训，学习力学知识、吊索具选用、操作配合与指挥信号、安全操作规程等。

2. 加强起重机械设备安全管理

1）建立起重机械设备完善的台账和登记卡，每季度组织一次全面设备检查，每年进行一次二保或大修，并做好详细记录。

2）保持起重机械安全装置完好有效，如有缺陷或失灵，必须马上修复，否则严禁使用。

3）定期进行技术检验和负荷试验。

3. 加强吊索具、工具和辅具的安全管理

1）吊运使用的吊具、索具应有合格证，存放时分类保管，注明规格和安全载质量，对接近报废的要分开存放。

2）吊索具、工具要专门管理，并建卡立账。

3）凡需定期润滑的索具、辅具等应按规定的润滑剂和润滑方法定期润滑。

4）起重作业使用的工具、索具和辅具，应进行严格的用前检查，安装、拆卸应按有关规程进行。

4. 起重作业现场安全管理

1）起重作业人员应熟悉起重作业施工方案、作业现场和操作程序，了解本次作业的特点和主要要求。

2）起重作业现场的所有人员应戴好安全帽，穿好工作服和劳保皮鞋，严禁无关人员进入施工区。

3）作业现场的工件应按规定堆放，要随时清理障碍物、垃圾和不再使用的索具和工具。

4）现场用电应指派电工负责。

5）起重作业全过程由指定的专人指挥。

【事故案例】　××供电公司变电站施工期间发生歪拉斜吊事故。

××变电站施工工地上，××号起重机正在吊混凝土吊斗，由于不垂直，重心偏离起吊垂直线约3m，起吊后的吊斗便缓慢向前移动。前方，起重指挥邵×正背朝吊机，两手搭在江×肩上讲话，实习员工张×（代替指挥）见状大叫闪开，吊车司机也立即鸣号并迅速推操纵杆下降吊点，没想到电源突然跳闸，下降吊点的措施失效，吊斗向邵、江两人撞击。江×因听到叫声立即退一步闪开，邵×则因躲闪不及，被吊斗撞击在翻斗车上，翻斗车被撞移了50m，吊斗回晃时，邵×倒在地上，终因内脏多处严重损伤而不治身亡。该事故中，现场指挥混乱，指挥邵×玩忽职守，张×无证指挥是造成事故的主要原因。

17.1.3 起重设备、吊索具和其他起重工具的工作负荷，不准超过铭牌规定。

【释义】 为避免超载作业产生过大应力，使钢丝绳拉断、传动部件损坏、电动机烧毁，或由于制动力矩相对不够，导致制动失效等破坏起重机的整体稳定性，致使起重机发生整机倾覆倾翻等恶性事故，故作此要求。

【事故案例】 ××供电公司发生事故。

××供电公司变电工区新购买一台变压器，工人在吊运 4t 的变压器时，使用两条 3 分的钢丝绳所起吊，当试吊离地时，有一条吊索松一点，变压器开始倾斜，工人用手将变压器扶正，但将要放下时，两条钢丝绳吊索突然全部断开，变压器掉下，造成变压器严重损坏，损失价值 60 万元。钢丝绳吊索选用不当，超负荷吊装，是造成事故的重要原因。

17.1.4 一切重大物件的起重、搬运工作应由有经验的专人负责，作业前应向参加工作的全体人员进行技术交底，使全体人员均熟悉起重搬运方案和安全措施。 起重搬运时只能由一人统一指挥，必要时可设置中间指挥人员传递信号。 起重指挥信号应简明、统一、畅通、分工明确。

【释义】 技术交底应包含：现场环境及措施、工程概况及施工工艺、起重机械的选型、起重扒杆、地锚、钢丝绳信索具选用、地耐力及道路的要求、构件堆放就位图等。

安全措施主要包含：起重作业前，要严格检查各种设备、工具、索具是否安全可靠；多根钢丝绳吊运时，其夹角不得超过 60°；锐利棱角应用软物衬垫，以防割断钢丝绳或链条。

吊运重物时，严禁人员在重物下站立或行走，重物也不得长时间悬在空中；翻转大型物件，应事先放好枕木，操作人员应站在重物倾斜相反的方向，注意观察物体下落中心是否平衡，确认松钩不致倾倒时方可松钩等。

起重搬运一般由多人进行，有司机、挂钩工、辅助工等，由一人统一指挥，多人指挥将使作业无法进行，更可能造成的设备、人身伤害。

指挥人员不能同时看清司机和负载时，必须设置中间指挥人员传递信号，从而确保起重工作安全、顺利地进行。

起重指挥信号应简明、统一、畅通、分工明确。这是对起重指挥人员的基本要求，更为重要的是它是确保起重工作安全的必备条件。

【事故案例】 ××供电公司发生起重机倾翻事故。

××供电公司进行变电站建设施工作业，吊车司机张×操纵一辆从 20t 三菱牌汽车到×工地帮助卸车，将一根重达 7.3t 的横梁卸到工地上。担任指挥员的杨×离开岗位，轻松地坐到运输构件的运输车驾驶室里，与运输车司机李×抽烟聊天，自以为钩已挂好，剩下的事是司机起吊，自己帮不上忙，至于指挥不指挥无所谓。司机张×按照以往习惯，虽然无人指挥，自恃技熟，不会出问题，照样轻松自如地作业，结果万没料到，工地的土质松软，在吊运回转过程中，由于无人指挥，汽车吊支腿陷入泥里也无人发觉。当司机张×发觉吊车有些倾斜时，心慌意乱，要想鸣号示警，用手按动电钮，发现报警器失灵，最终由于车身重心失去平衡而倾倒，重达 7.3t 的横梁砸在构件运输车上，指挥员杨×和司机李×被砸扁的驾驶室压住。众人经过一个多小时的努力，将杨×、李×从驾驶室救出，急送医院抢救。杨×因伤势过重，抢救无效死亡，李×虽然保住了生命，但两腿高位截肢。该事故中司机张×施工前没有进行熟悉安全措施，指挥杨×擅离岗位，没有尽到指挥监护责任是造成事故的主要原因。

17.1.5　凡属下列情况之一者，应制定专门的安全技术措施，经本单位批准，作业时应有技术负责人在场指导，否则不准施工。

17.1.5.1　质量达到起重设备额定负荷的 90% 及以上。

【释义】　质量达到起重设备额定负荷 90% 及以上时，接近设备允许工作值的上限，在操作中稍有不慎或作业环境突然变化，质量就可能超过起重设备的额定负荷，影响起重作业的安全。

【事故案例】　××供电公司发生事故。

××供电公司变电工区新购买一台变压器，工人在吊运 6t 的变压器时，起重机机的起重质量为 6.5t，变压器开始倾斜，工人用手将变压器扶正，但将要放下时，两条钢丝绳吊索突然全部断开，变压器掉下，造成变压器严重损坏，损失价值 50 万元。超负荷吊装，没有制定专门的安全技术措施，是造成事故的重要原因。

17.1.5.2　两台及以上起重设备抬吊同一物件。

【释义】　多台起重机抬吊同一物件时，需综合考虑起重机同步动作，取物装置的承载能力，每台起重机的性能等多种因素。

【事故案例】　××供电公司发生事故。

××供电公司变电工区新购买一大型台变压器，工人在吊运 8t 的变压器时，使用两台起重机一起起吊，当试吊离地时，变压器开始倾斜，工人用手将变压器扶正，在搬运转移过程中，两台起重机没有保持同步动作导致变压器掉下，造成变压器严重损坏。没有综合考虑起重机同步动作是造成这起事故的主要原因。

17.1.5.3　起吊重要设备、精密物件、不易吊装的大件或在复杂场所进行大件吊装。

【释义】　此类起吊对于重物的质量质心起升操作的监控要求相比一般起吊更高。

【事故案例】　××公司发生事故。

××公司安装一大型换流变压器，工人在吊运 10t 的变压器时，使用两台起重机一起起吊，在搬运转移过程中，两台起重机没有保持同步动作导致变压器掉下，造成变压器严重损坏。没有制定专门的技术措施是造成这起事故的主要原因。

17.1.5.4　爆炸品、危险品必须起吊时。

【释义】　起吊时如果发生异常情况，极有可能发生摩擦碰撞坠落倾覆等，从而发生火灾爆炸化学污染等事故。

17.1.5.5　起重设备在带电导体下方或距带电体较近时。

【释义】　起重机在使用中钢丝绳、起重臂等在起吊过程中存在摆动或移动，为防止接近带电体而放电，其对带电设备的安全距离应满足安全距离、如不满足安全距离时应制定防止误碰带电设备的安全措施（并经本单位分管生产领导）总工程师批准。是根据变电站电气设备布置的实际情况而规定，因为变电站内的设备布置多而且紧凑，这样就限制了起重机臂架、吊具、辅具、钢丝绳及吊物等与母线及带电设备的最小安全距离不得小于相关规定，从实际出发，明确制定防止误碰带电设备的安全措施（如专人监护、距离测量仪监测、加装与带电设备符合安全距离的参照物、防止起重机作业时的晃动措施等）并经本单位分管生产领导（总工程师）批准。小于安全距离时，应停电进行。

【事故案例】　××供电公司送电工区带电班在等电位带电作业处理 330kV 3033 ×× 二回线路缺陷过程中，发生触电高空坠落人身死亡事故，造成 1 人死亡。

本次作业的 330kV××二线铁塔为 ZMT1 型，由 ZM1 型改进，中相挂线点到平口的距离由原来的 10.32m 压缩到 8.1m。档窗的 K 接点距离由 9.2m 增加到 9.28m。两边相的距离由 17m 压缩到 13m。但由于此次作业忽视改进塔型的尺寸变化，事前未按规定进行组合间隙验算。作业人员沿绝缘软梯进入强电场作业，但起重机释放绝缘软梯挂点选择不当，造成安全距离不能满足《电力安全工作规程（电力线路部分)》等电位作业最小组合间隙，此次作业在该铁塔无作业人时最小间隙距离约为 2.5m，作业人员进入后组合间隙仅余 0.6m，是导致事故发生的主要原因。

17.1.6 起重物品应绑牢，吊钩要挂在物品的重心线上。

【释义】 吊钩要挂在重心线上，确保起重物品在起吊过程中的稳定性。

【事故案例】 ××供电公司发生事故。

××供电公司变电工区进行检修工作时，需要更换断路器，工人在吊运断路器时，使用 3 条 3 分的钢丝绳所起吊，吊钩钩在 3 条绳子的结点处，在调运过程中，有一条吊索发生了松弛，导致吊钩偏离了物品的重心线，断路器开始倾斜，吊索继续松弛，最终导致断路器掉下，造成断路器严重损坏。断路器没有绑牢，吊钩没有挂在断路器的重心线上是造成这起事故的主要原因。

17.1.7 遇有 6 级以上的大风时，禁止露天进行起重工作。当风力达到 5 级以上时，受风面积较大的物体不宜起吊。

【释义】 GB 6067.1—2010《起重机械安全规程》5.1.1g 规定："遇有 6 级以上的大风时，禁止露天进行起重工作。"

DL 5009.1—2014《电力建设安全工作规程第 1 部分：火力发电厂》第 10.1.15 条规定："当作业地点的风力达到五级时，不得进行受风面积大的起吊作业。"本条是引用这一规定，但考虑到其他规程未对风级做出规定且受风面积的大小不易界定，故改为"不宜起吊"。

【事故案例】 ××供电公司发生事故。

××供电公司变电工区在安装一台新型变压器，当天天气条件十分恶劣，有大雾并伴有 6 级大风，在吊运过程中，由于风力巨大有一条吊索发生了松弛，变压器开始倾斜，吊索继续松弛，最终导致变压器掉下，造成变压器严重损坏。在 6 级大风的情况下强行进行吊运是造成这起事故的主要原因。

17.1.8 遇有大雾、照明不足、指挥人员看不清各工作地点或起重机操作人员未获得有效指挥时，不准进行起重工作。

【释义】 GB 6067.1—2010《起重机械安全规程》5.1.2e 规定："工作场所昏暗，无法看清场地、被吊物情况和指挥信号等。司机不应操作。"起重作业由多方协同配合，指挥人员应通过手势、旗语、哨声等信号或电子通信方式传递清晰、明确的指令，避免起重机操作人员因无法得到有效指挥，而配合失误造成人身伤害或设备损坏。

17.1.9 吊物上不准站人，禁止作业人员利用吊钩来上升或下降。

【释义】 为避免吊物晃动等情况可能造成意外伤害，因此吊物上不许站人。吊钩是用来起吊起重物件的，它没有任何保证作业人员安全的设施保险装置，因此，禁止作业人员利用吊钩来上升或下降。

【事故案例】 ××供电公司发生坠落事故。

××供电公司变电工区进行检修工作时，需要更换断路器，工人在吊运断路器时，工作人员在完成断路器安装后，发现断路器上有一根多余的铁丝在断路器的外壳上，工作人员王××为了节约时间，快速清除铁丝，王××爬上起重机的吊钩，让起重机司机用吊钩将其吊至断路器处，在吊运过程中，王××没有抓紧吊钩，从高处坠落，造成腿部骨折。王××利用吊钩来上升或下降是造成事故的主要原因。

17.1.10　各种起重设备的安装、使用以及检查、试验等，除应遵守本规程的规定外，并应执行国家、行业有关部门颁发的相关规定、规程和技术标准。

【释义】　国家、行业有关部门颁发的相关规定、规程和技术标准：GB 6067.1—2016《起重机械安全规程　第一部分：总则》TSGQ 7015—2016《起重机械定期检验规则》、《国网公司电力建设起重机械安全管理重点措施》（国家电网基建【2008】696号）等。

【事故案例】　湖北某110kV线路撤杆，脱帽环节未经试验合格，工作中折断，抱杆倒落，砸伤头部。

某110kV××新线路整体组立4号耐张铁塔，并撤除原线路69号混凝土杆的工作中，采用新购回的13m铝合金人字倒落式抱杆，该抱杆的脱帽杆是工程队自己加工的。加工时，电焊工和部分人员对其材质提出疑问，有人建议对脱帽环做拉力试验，但施工队队长否决了，说出了事，有他一个人负责，当日下午，在整体倒落重约5t多的樊大线69号混凝土杆过程中，当水泥杆与地夹角还有30°左右时，脱帽环突然折断，而此时，褚××与陈××正在转移抱杆底座的制动桩。抱杆倒落过程中，陈××被打中头部，倒在田埂中。

事故主要原因为：该脱帽环圆钢的材质为5CrMnMO。由于此种钢材的可锻性差且在锻造过程中发生过烧及淬火，脆性大，抗拉、抗弯性能差。

17.1.11　各种起重设备的检查、试验等工作可参考附录M的有关资料。

17.2　各式起重机。

17.2.1　一般规定。

17.2.1.1　没有得到起重机司机的同意，任何人不准登上起重机或桥式起重机的轨道。

【释义】　起重机作业时，其运行行走、回转的区域较大，起重作业过程中驾驶人员的注意力在吊件和起重指挥的操作指令上，站在起重设备上的任何部位都有可能因未被驾驶人员发现在设备运行时导致伤害。

【事故案例】　××公司发生溜车事故。

××公司进行变电站基建作业，在工地上，一台起重机进行施工作业。下班后，司机王×到去厕所小便，没有锁门，几个小孩跑到工地玩耍，进入起重机驾驶室内，5：40分，起重机滑动撞击到前方房体，造成墙体严重损坏。事后经查，小孩在驾驶室内误碰制动器，导致起重机失去制动。该事故中，司机王×离开起重机并没有锁门，导致小孩进入操作室，是造成事故的主要原因。

17.2.1.2　起重机上应备有灭火装置，驾驶室内应铺橡胶绝缘垫，禁止存放易燃物品。

【释义】　防止火灾事故及触电事故。

【事故案例】　××供电公司发生起重机驾驶室起火事故。

××供电公司进行110kV铁塔架设工作，中午休息期间，一台起重机驾驶室内突然起火，造成车辆严重烧毁。事后经查，火灾由于驾驶员刘××将打火机留在操作室内在阳光照射下爆炸引燃驾驶室内随意堆放的橡胶软管。事故造成起重机驾驶舱严重破坏，所幸扑灭及时，未发生爆炸事故。该起事故中，司机刘××在驾驶室内存放易燃物品打火机，是导致事故的主要原因。

17.2.1.3　在用起重机械应当在每次使用前进行一次常规性检查，并做好记录。　起重机械每年至少应做一次全面技术检查。

【释义】　每次使用前的检查应包括：①电气设备外观检查；②检查所有的限制装置或保险装置以及固定手柄或操纵杆的操作状态；③超载限制器的检查；④气动控制系统中的气压是否正常；⑤检查报警装置能否正常操作；⑥吊钩和钢丝绳外观检查等。

全面技术检查应遵守 TSGQ 7015—2016《起重机械定期检验规则》规定。

【事故案例】　××公司发生起重机倾翻事故。

由××建筑公司总承包一居民楼建筑施工，使用一台新购置的××厂生产的 QT-20 型井架式塔机，因制造质量、安装、使用等多方面原因造成塔机倾翻，设备报废，造成 5 名工人重伤事故。事后查明，该塔机购入后未进行任何质量检查试验，存在重大安全隐患。该事故中，起重机使用前未做检查，盲目利用存在重大安全隐患的机械，是造成事故的重要原因。

17.2.1.4　起吊重物前，应由工作负责人检查悬吊情况及所吊物件的捆绑情况，认为可靠后方准试行起吊。　起吊重物稍一离地（或支持物），应再检查悬吊及捆绑情况，认为可靠后方准继续起吊。

【释义】　正式起吊重物前的重要安全措施，只有捆绑牢固、正确以及悬吊情况良好，方能继续起吊。

【事故案例】　××供电公司发生起吊物滑落事故。

××供电公司进行 35kV 杆塔吊装工作，工人赵×、宋×将吊钩将杆塔固定后，司机李×开始起吊，在吊起 3m 后，吊钩突然松口，导致杆塔从钢丝绳中脱落，导致杆塔坠地，经检查杆塔多处出现裂痕，无法使用。该事故中赵×、宋×对吊物捆绑情况认识不清，未捆绑牢固，司机李×未进行试吊，盲目起吊，是造成事故的主要原因。

17.2.1.5　禁止与工作无关人员在起重工作区域内行走或停留。

【释义】　与工作无关人员在起重工作区域内行走或停留是非常危险的，一旦发生高空落物或被起重设备、物体构件碰撞将会发生人身伤害事故。

【事故案例】　××公司发生起重机变幅失控落物伤人事故。

××公司第三工区×工地，使用 QT-45 型塔式起重机吊装第四层楼窗口过梁，由于过梁就位离塔机较远，司机操纵塔机使用吊臂变幅时，突然失去控制，吊臂坠落在四楼地面上，砸断空心楼板，正在四楼经过的工人李××随楼板一起掉到三层，摔成颅脑损伤和头骨骨折，经医院抢救无效死亡。该事故中，工人李××在起吊的工作区域内行走，是造成事故的一个主要原因。

17.2.1.6　起吊重物不准让其长期悬在空中。　有重物悬在空中时，禁止驾驶人员离开驾驶室或做其他工作。

【释义】　防止因起吊重物长时间悬在空中，容易造成起重吊臂、钢丝绳机械疲劳和制动失效，在某种意外情况发生时（如大风、设备故障等）起重机就可能受力倾覆或起吊重物坠落而引发人身、设备事故。有重物悬在空中时，为防止非操作人员误动及突发事件发生时能及时处理，禁止驾驶人员离开驾驶室或做其他工作。

【事故案例】 ××供电公司发生吊物坠落事故。

××供电公司进行110kV断路器吊装工作，工人张×、刘×将吊钩将杆塔固定后，司机李×开始起吊，在吊起3m后，由于临近中午吃饭时间，张×、刘×，叫上司机李×一块去吃饭，司机李×离开后，大约过了1个小时，由于断路器长期悬空，导致钢丝绳机械疲劳，发生断裂，导致断路器坠地。该事故中司机李×中午长期离开起重机去吃饭，导致重物长期悬置空中，是造成事故的主要原因。

17.2.1.7 禁止用起重机吊埋在地下的物件。

【释义】 地下物件无法事先了解埋深和结构，为避免起重机吊臂因受力过大超载前倾覆或受力不足快速卸载后倾覆，所以禁止起吊。

17.2.1.8 在变电站内使用起重机械时，应安装接地装置，接地线应用多股软铜线，其截面应满足接地短路容量的要求，打不得小于16mm²。

【释义】 车身万一带电或存在感应电，能将电流引入大地。

17.2.1.9 各式起重机应该根据需要安设过卷扬限制器、过负荷限制器、起重臂仰限制器、行程限制器、连锁开关等安全装置；其起升、变幅、运行、旋转机构都应装设制动器，其中起升和变幅机构的制动器应是常闭式的。 臂架式起重机应设有力矩限制器和幅度指示器。 铁路起重机应安有夹轨钳。

【释义】 起重机械上的限制器和连锁开关是必要的安全装置，防止起重机超参数运行。力矩和幅度指示器标示起重机械的起重极限，便于起重机司机在操作过程中掌握起重机所处的状况，避免超载造成倾覆。铁路起重机（即轨道式起重机）应安有夹轨钳，防止溜车。

【事故案例】 ××水电站施工发生台车坠落事故。

××水电公司分包企业××公司在××水电站施工中，卷扬机钢丝绳脱出，台车坠落，造成台车下方4人死亡、1人轻伤。

17.2.2 起重机

17.2.2.1 桥式起重机，应装有可靠的微量调节控制系统，以保证大件起吊时的可靠性。 由厂房台架登上起重机的部位，宜设登机信号。

【释义】 桥式起重机应装有可靠的微量调节控制系统，其作用是：防止起重物件起吊时由于起吊的幅度过大而造成起重物件坠落或损坏起重设备；并可微量调节起重物件，保证起重物件安全就位（如发电机串转子、汽轮机转子就位等）。

设登机信号的目的是告知司机"有人要登上起重机"，防止发生意外人身伤害。

17.2.2.2 任何人不得在桥式起重机的轨道上站立或行走。 特殊情况需在轨道上进行作业时，应与桥式起重机的操作人员取得联系，桥式起重机应停止运行。

【释义】 在桥式起重机的轨道上站立或行走将可能发生高空坠落事故。轨道上作业时应停止起重机的运行，避免因突然起动造成人员伤害。

【事故案例】 ××供电公司发生桥式起重机轨道人员坠落事故。

××供电公司进行110kV变压器吊装工作，由于桥式起重机的轨道上有异物，需要进行清理，暂定了变压器的吊装工作，并由变电工作负责人电话通知专业人员进行清理，大约过了1个小时，专业人员李×赶到工作现场。李×进入现场后，并没有和起重机操作人员张×交流，就独自一人走上轨道进行清理工作，张×在不知道李×在轨道上的情况下，开动了桥式起重机，造成李×惊慌失措，从轨道上坠落，当场死亡。

17.2.2.3 起重机在轨道上进行检修时，应切断电源，在作业区两端的轨道上用钢轨夹夹住，并设标示牌。其他起重机不得进入检修区。

【释义】 切断电源并用钢轨夹夹住，设标示牌，是为了避免起重机自行运动或因误操作运行危及人身，同时应告知"其他轨道式起重机不得进入检修区"。

17.2.2.4 厂房内的桥式起重机作业完毕后应停放在指定地点。

【释义】 停放在指定地点是为了方便操作人员上下，同时避免多台起重机共用轨道时，妨碍其他起重机的作业。

17.2.2.5 在露天使用的起重机的机身上不得随意安设增加受风面积的设施。其驾驶室内，冬天可装有电气取暖设备，作业人员离开时，应切断电源。不准用煤火炉或电炉取暖。

【释义】 露天使用的起重机，随意安设增加受风面积的设施会使受力面积增加，大风时，就可能造成起重机的倾覆。驾驶室内无人时，切断电气取暖电源，避免因长时间持续加热引发火警，煤火炉或电炉易引发火警且驾驶室空间狭小，煤火炉燃烧不完全易造成一氧化碳中毒。

【事故案例】 ××供电公司发生起重机一氧化碳中毒事故。

××供电公司进行220kV变压器吊装工作，由于是在冬季进行，室外温度较低，司机李×自己准备一个煤火炉在驾驶室内用于自己取暖，在吊起3m后，由于发现钢丝绳没有捆绑好，需要重新捆绑，司机李×将变压器放下，让工人继续捆绑，自己在驾驶内等，大约过了1个小时，司机李×出现头晕，呕吐，失去知觉的情况。该事故中司机李×私自携带煤火炉，造成自己一氧化碳中毒。

17.2.3 流动式起重机

17.2.3.1 在带电设备区域内使用汽车吊斗臂车时，车身应使用不小于 16mm² 的软铜线可靠接地。在道路上施工应设围栏，并设置适当的警示标志牌。

【释义】 为防止车身意外带电或存在感应电，造成操作人员和起重机械附近工作人员触电，故规定车身应使用不小于 16mm² 的软铜线可靠接地。

在道路上施工应设围栏，并设置适当的警示标志牌，避免无关人员误入起吊作业范围，防止发生斗臂或起吊物伤人。

【事故案例】 ××供电公司发生起重机伤人事故。

××供电公司进行35kV断路器吊装工作，工人张×、刘×在起重机吊装运输过程中，走近起重机，由于没有注意到斗臂的安全距离，张×被移动的斗臂碰伤肩部。由于设在道路上施工应设围栏，并设置适当的警示标志牌，是造成事故的主要原因。

17.2.3.2 起重机停放或行驶时，其车轮、支腿或履带的前端或外侧与沟、坑边缘的距离不准小于沟、坑深度的1.2倍；否则应采取防倾、防坍塌措施。

【释义】 沟、坑边缘的承重力较差，会出现不均匀深陷导致起重机械倾斜甚至倾覆。确需在边缘施工时，可采取铺设钢板或加固沟、坑边缘强度等措施防止坍塌。

17.2.3.3 作业时，起重机置于平坦、坚实的地面上，机身倾斜度不准超过制造厂

的规定。 不准在暗沟、地下管线等上面作业；不能避免时，应采取防护措施，不准超过暗沟、地下管线允许的承载力。

【释义】 为防止作业时，起重机机身倾斜度过大，重心不稳，造成起重机倾覆，故规定作业时，起重机应置于平坦、坚实的地面上，机身倾斜度不应超过制造厂的规定。

在暗沟、地下管线施工作业可能超过允许的承载力，将会造成暗沟塌陷，而造成起重机倾覆以及地下管线损坏。不能避免时，应采取加装钢板、垫木扩大接触面，减小单位面积压强等措施，以满足暗沟、地下管线允许的承载力。

在道路上施工应设围栏，并设置适当的警示标志牌，避免无关人员误入起吊作业范围，防止发生斗臂或起吊物伤人。

17.2.3.4　作业时，起重机臂架、吊具、辅具、钢丝绳及吊物等与架空输电线及其他带电体的最小安全距离不得小于表 18 的规定，且应设专人监护。 如小于表 18、大于表 1 时应制定防止误碰带电设备的安全措施，并经本单位批准。 小于表 1 的安全距离时，应停电进行。

表 18　　　　　　　　　　　　　与带电体的最小安全距离

电压（kV）	<1	1~10	35~66	110	220	330	500
最小安全距离（m）	1.5	3.0	4.0	5.0	6.0	7.0	8.5

【释义】 起重机在使用中钢丝绳、起重臂等在起吊过程中存在摆动或移动，为防止接近带电体而放电，其对带电设备的安全距离应满足表 18 的安全距离。如小于表 18，大于表 2-1 时应制定防止误碰带电设备的安全措施，并经本单位分管生产领导（总工程师）批准。是根据变电站电气设备布置的实际情况而规定。因为变电站内的设备布置多而且紧凑，这样就限制了起重机臂架、吊具、辅具、钢丝绳及吊物等与母线及带电设备的最小安全距离不得小于表 18 的规定，从实际出发，规程明确，如小于表 18，大于表 2-1 时应制定防止误碰带电设备的安全措施（如专人监护、距离测量仪监测、加装与带电设备符合表 2-1 安全距离的参照物、防止起重机作业时的晃动措施等），并经本单位分管生产领导（总工程师） 小于表 2-1 的安全距离时，应停电进行。

17.2.3.5　长期或频繁地靠近架空线路或其他带电体作业时，应采取隔离防护措施。

【释义】 长期或频繁地靠近架空线路或其他带电体作业时，由于人的精神状态、流动式起重机作业时的晃动等因素，容易造成起重机碰触或接近架空线路或其他带电体造成放电，进而造成人身、设备事故。因此，应采取加装跨越架、隔离墙等隔离防护措施。

17.2.3.6　汽车起重机行驶时，应将臂杆放在支架上，吊钩挂在挂钩上并将钢丝绳收紧。 禁止上车操作室坐人。

【释义】 为防止竖起的臂杆碰及空中的导线、管道等物体，造成设备、设施损坏或导致翻车，故规定汽车吊行驶时将臂杆放在支架上。

17.2.3.7　汽车起重机及轮胎式起重机作业前应先支好全部支腿后方可进行其他操作，作业完毕后，应先将臂杆放在支架上，然后方可起腿。 汽车式起重机除有吊物行走性能者外，均不得吊物行走。

【释义】 要求汽车起重机作业前做好有效支撑，避免因受力过大轮胎严重变形，承力不足引起侧翻。作业完毕后，将臂杆先放在支架上，然后起腿及禁止吊物行走（履带式起重机具有吊物行走性能）的规定，避免了起重机重心不稳造成侧翻。

【事故案例】 ××供电公司吊车作业时撑脚不稳固而倾斜，压坏 220kV 母线。

220kV××变电站Ⅱ段母线部分隔离开关进行更换。上午 10：19，当在吊装拆除 2632 号隔离开关的 A 相隔离开关时，吊车左侧脚架下沉，整体向左侧倾斜，吊车臂下压至Ⅱ段管形母线的 C 相，致使 2632 号隔离开关间隔管形母线支持绝缘子断裂和母线移位。同时，吊车起吊整体倾斜中，触及Ⅱ母线 A 相，A 相管形母线受力后，2632 号隔离开关间隔管形母线支柱绝缘子断裂。吊车左脚没有置于坚实的地面上，没有针对地面采取正确的安全措施，造成吊车在工作中发生严重倾斜，是造成事故的主要原因。

17.2.3.8 汽车吊试试验应遵守 GB 5905，维护与保养应遵守 ZBJ 80001 的规定。

17.2.3.9 高空作业车（包括绝缘型高空作业车、车载垂直升降机）应按 GB/T 9465 标准进行试验、维护与保养。

17.3 起重工器具

17.3.1 钢丝绳

17.3.1.1 钢丝绳应按出厂技术数据使用。无技术数据时，应进行单丝破断力试验。

【释义】 单丝破断力试验参见 GB/T 20118—2006《一般用途钢丝绳》"6.9 折股钢丝的要求"和 GB 8918—2006《重要用途钢丝绳》"6.3 折股钢丝"的规定。

17.3.1.2 钢丝绳应按其力学性能选用，并应配备一定的安全系数。钢丝绳的安全系数及配合滑轮的直径不小于表 19 的规定。

表 19 　　　　　　　　　钢丝绳的安全系数及配合滑轮直径

钢丝绳的用途				滑轮直径 D	安全系数 K
缆风绳及拖拉绳				≥12d	3.5
驱动方式	人力			≥16d	4.5
	机械	轻级		≥16d	5
		中级		≥18d	5.5
		重级		≥20d	6
千斤绳	有绕曲			≥2d	6~8
	无绕曲				5~7
地锚绳					5~6
捆绑绳					10
载人升降机				≥40d	14

注：d 为钢丝绳直径

【释义】 钢丝绳在不同作业情况下（或不同的使用场所）需满足不同的安全系数及配合滑轮直径，保证了钢丝绳在承载最大工作载荷的工作强度下，有足够长的使用寿命和安全性。

【事故案例】 66kV××变电站变压器吊芯，起吊绳索夹角过大，绑扎不当，导致吊环断裂，监视人员小指被夹断两节。

在处理 66kV××变电站主变压器压器绕组绝缘不良问题的工作中，在调整绕组起吊高度时，由于起吊钢丝绳短而导致起吊绳索夹角大于 90°，铁芯吊环因受力过大而断裂。铁芯坠落并将大箱内的油溅出箱外。溅出的油喷在位于散热器上的监视绕组起吊位置的许××身上，致使其因站立不稳而坠落，在坠落的过程中，许××的右手无意识地抓在门型塔吊的结构上，其小指被夹住，截肢。

17.3.1.3 钢丝绳应定期浸油，遇有下列情况之一者应予报废：

a. 钢丝绳在一个节距中有表 20 内的断丝根数者。

表 20

安全系数	GB/T 8918			
	绳 6×(19)		绳 6×(37)	
	一个节距中的断线数根			
	交互捻	同向捻	交互捻	同向捻
<6	12	6	22	11
6~7	14	7	26	13
>7	16	8	30	15
注：一个节距是指每股钢丝绳缠绕一周的轴向距离。				

b. 钢丝绳的钢丝磨损或腐蚀达到钢丝绳实际直径比其公称直径减少 7% 或更多者，或钢丝绳受过严重退火或局部电弧烧伤者。

c. 绳芯损坏或绳股挤出。

d. 笼状畸形、严重扭结或弯折。

e. 钢丝绳压扁变形及表面起毛刺严重者。

f. 钢丝绳断丝数量不多，但断丝增加很快者。

【释义】 钢丝绳报废的规定依据 GB 5972—2016《起重机 钢丝绳 保养、维护 检验和报废》。

钢丝绳的节距即钢丝绳的捻距。钢丝绳锈蚀、磨损过大、退火、电弧灼伤等使钢丝绳单丝破断力下降。绳芯损坏，钢丝绳失去自身的润滑作用，绳股挤出，钢丝绳受力时绳股相互挤咬损伤钢丝绳。笼状变形、严重扭结、弯折降低了钢丝绳整体的破断力。钢丝绳表面有毛刺说明钢丝绳单丝断裂严重，压扁变形将降低钢丝绳的起重量。断丝增加很快说明钢丝绳整体破断能力下降迅速。钢丝绳遇以上情况后力学特性会发生改变，达不到额定承载能力，无法满足安全系数要求。

17.3.1.4 钢丝绳端部用绳卡固定连接时，绳卡压板应在钢丝绳主要受力的一边，不准正反交叉设置；绳卡间距不应小于钢丝绳直径的 6 倍；绳卡数量应符合表 21 的规定。

表 21　　　　　　　　　　钢丝绳端部固定用绳卡数量

钢丝绳直径 mm	7~18	19~27	28~37	38~45
绳卡数量 个	3	4	5	6

【释义】　绳卡的其U形环压在附绳侧使附绳变形，增加绳卡与钢丝绳的摩擦力而压紧附绳，使绳头固定牢固。

本条依据 DL 5009.1—2002《电力建设安全工作规程》火力发电厂部分中的表10.5.1.2 GB 6067.12010《起重机械安全规程第一部分：总则》已略做修改，但无原则性变化，增加了钢丝绳直径44~60mm时固定用绳卡数量是7个数据。

17.3.1.5　插接的环绳或绳套，其插接长度应不小于钢丝绳直径的15倍，且不得小于300mm。　新插接的钢丝绳套应作125%允许负荷的抽样试验。

【释义】　GB 6067.1—2010《起重机械安全规程　第一部分：总则》4.2.1.5 规定："其插接长度应不小于钢丝绳直径的15倍，且不得小于300mm 其原因主要是考虑插接后的摩擦力，长度越长，接触面积越大，摩擦力越大。"

"新插接的钢丝绳套应作125%允许负荷的抽样试验（或连接强度不应小于钢丝绳最小破断拉力的75%）。"其目的是确保新插接的钢丝绳套的安全使用。

17.3.1.6　通过滑轮及卷筒的钢丝绳不得有接头。　滑轮、卷筒的槽底或细腰部直径与钢丝绳直径之比应遵守下列规定：起重滑车：机械驱动时不应小于11，人力驱动时不应小于10。

【释义】　依据 DL 5009.2—2013《电力建设安全工作规程　第2部分：电力线路》第14.4.8、14.4.9 规定，通过滑轮及卷筒的钢丝绳不得有接头，避免作业中因钢丝绳通过滑轮及卷筒时接头发生滑出、卡涩、断裂造成的意外。规定滑轮、卷筒的槽底或细腰部直径与钢丝绳直径之比，以避免钢丝绳过分弯折，从而使钢丝绳使用寿命降低，甚至断裂。

17.3.2　千斤顶

17.3.2.1　使用前应检查各部分是否完好。　油压式千斤顶的安全栓有损坏、螺旋式千斤顶或齿条千斤顶的螺纹或齿条的磨损量达20%时，禁止使用。

【释义】　油压式千斤顶的安全栓、螺旋式千斤顶或齿条式千斤顶的螺纹或齿条是保证千斤顶顶升安全的关键部位，如发生损伤将导致千斤顶技术参数、安全性能严重下降，因此要求使用前对各部件进行检查。

17.3.2.2　应设置在平整、坚实处，并用垫木垫平。　千斤顶应与负荷重面垂直，其顶部与重物的接触面间应加防滑垫层。

【释义】　支撑千斤顶基础不结实稳固，在千斤顶举重后发生沉陷或偏移，将引起千斤顶的偏斜、倾倒，从而使顶升物发生倾斜甚至倾倒，所以千斤顶应设置在平整、坚实处，并用垫木垫平，千斤顶的轴心线应与顶升物的物体平面垂直，不垂直地举重，会在重物的压力下倾倒、千斤顶顶部与重物的接触面较小，加防滑垫层在防止千斤顶与重物打滑的同时避免了损伤顶升物。

【事故案例】　千斤顶使用不当，压伤人员。

某变电站工区的一个抢险车由于轮胎出现问题停靠在路边抢修，司机在维修中千斤顶操作失误造成了抢险车侧翻，将一名工作人员压伤，庆幸的是工作人员被及时送往医院，伤势并不严重，没有造成生命危险。

事故原因：支撑千斤顶基础不结实稳固，是造成事故的原因。

17.3.2.3　禁止超载使用，不得加长手柄或超规定人数操作。

【释义】　加长手柄等于超载使用千斤顶，当千斤顶不能再将重物顶升时，任意使用加长手柄或超过规定人数强行顶升,将造成千斤顶损坏,及在顶升过程中顶升物倾倒的可能。

17.3.2.4　使用油压千斤顶时,任何人不得站在安全栓的前面。

【释义】　油压式千斤顶的安全栓在油缸内压力过大时将冲开安全栓进行自动降压,故禁止在安全栓的前面站人,防止安全栓冲出伤及人身。

17.3.2.5　用两台及两台以上千斤顶同时顶升一个物体时,千斤顶的总起重能力应不小于荷重的两倍。顶升时应由专人统一指挥,确保各千斤顶的顶升速度及受力基本一致。

【释义】　两台及两台以上千斤顶同时顶升一个物体,应选用同一型号千斤顶且每台千斤顶的额定起质量不小于所承担设备重力的 1.2 倍,避免千斤顶可能因承受不平衡荷重,给起重一个安全系数。重要的是:千斤顶的总起重能力应不小于荷重的两倍。专人统一指挥,协调一致,同步升降,速度基本相同,避免了因顶力不均而倾倒,保证了千斤顶和顶升物的安全。

17.3.2.6　油压式千斤顶的顶升高度不得超过限位标志线,螺旋式及齿条式千斤顶的顶升高度不得超过螺杆或齿条高度的 3/4。

【释义】　油压式千斤顶在顶升过程中超过限位标志线,将造成千斤顶顶杆滑出或折断,使千斤顶内部压力骤降,引起顶升物坠落从而发生事故。螺旋式及齿条式千斤顶的顶升高度不得超过螺杆或齿条高度的 3/4,避免螺杆或齿条全部顶出或折断,使千斤顶损坏或引发事故。

17.3.2.7　禁止将千斤顶放在长期无人照料的荷重下面。

【释义】　千斤顶长期放在荷重下面,油压式千斤顶易发生泄压现象,螺旋式千斤顶的螺旋部位易生锈,齿条式千斤顶易出现齿条打滑现象,过长时间工作环境也有可能发生变化,如无人照料可能发生意外。

17.3.2.8　下降速度应缓慢,禁止在带负荷的情况下使其突然下降。

【释义】　千斤顶带负荷下降速度应缓慢,因此时千斤顶具有一定的势能,突然下降,势能转变为动能,将对千斤顶、千斤顶支垫,特别是操作人员造成危险。

17.3.3　链条葫芦

17.3.3.1　使用前应检查吊钩、链条、传动装置及刹车装置是否良好。吊钩、链轮、倒卡等有变形时,以及链条直径磨损量达 10% 时,禁止使用。

【释义】　链条葫芦使用前应先观察吊钩、链条是否有明显变形和磨损,再采取负重方式检查传动装置和刹车装置是否良好,或先对被起吊物进行试吊方式来检查。

吊钩、链轮、倒卡等有变形时,其许用应力下降将会造成脱钩及使用中过链;链条直径磨损量达 10% 时,链条强度下降,无法承载额定载荷,因此禁止使用。

17.3.3.2　两台及两台以上链条葫芦起吊同一重物时,物体的质量应不大于每台链条葫芦的允许起质量。

【释义】　两台及两台以上链条葫芦起吊同一重物时,无法保证均衡受力,出现单台受力过大或独自承力,将会造成该受力链条葫芦超出允许起质量而断裂,危及人身、设备安全。同时,一台链条葫芦断裂时产生的冲击力加大其他受力链条葫芦受力,进而形成多米诺骨牌效应,使其他链条葫芦受冲击而接连断裂坠落。故起吊物的质量应不大于每台链条葫芦的允许起质量。

【事故案例】 2009 年 4 月，××电建公司在起吊刚性梁组合件的过程中，因施工方案错误，导致刚性梁组合件坠落，造成 4 人死亡，1 人重伤，2 人轻伤。

××电厂一期工程，进行机组主体安装工程，项目部技术科科长向分包单位交付了《散件刚性梁安装作业指导书》，并做了技术交底。14：00 后，分包单位工地副队长及技术员向施工点负责人及其他 7 名施工人员交代了相关要求。用吊车进行的吊装工作从 16：00 左右开始，17：00 左右将刚性梁组合件（长 15.2m，高 8.5m，18.4t）吊到就位高度，然后就用了 5 个 5t、2 个 3t 的链条葫芦进行接钩工作，即用钢丝绳把 7 个链条葫芦分别挂在上部刚性梁上。在接钩和就位过程中，站在上部刚性梁上拉葫芦的 7 名作业人员中，有 2 人将安全带挂在葫芦链条上，5 人将安全带挂在起吊刚性梁的链条葫芦上。

19：35，当刚性梁组合件调整到即将就位穿螺栓时，刚性梁左侧第一个 5t 链条葫芦的上部钩子突然断裂。其余 6 个吊点的链条葫芦也相继断裂，导致刚性梁组件向下坠落，造成 4 人死亡，1 人重伤，2 人轻伤。

事故原因：现场人员违反规定将安全带挂在起吊刚性梁组合件的链条葫芦上，两台及两台以上链条葫芦起吊同一重物时，重物的质量应不大于每台链条葫芦的允许起质量。

17.3.3.3 起重链不得打扭，亦不得拆成单股使用。

【释义】 起重链打扭易造成卡链，无法顺利通过链轮，同时使链条承受过大扭力，从而发生弯曲变形导致折断、脱钩的现象、起重链作为葫芦的一部分，拆成单股将破坏葫芦整体结构，降低葫芦的安全系数。

17.3.3.4 不得超负荷使用，起重能力在 5t 以下的允许一人拉链，起重能力在 5t 以上的允许两人拉链，不得随意增加人数猛拉。 操作时，人员不准站在链条葫芦的正下方。

【释义】 拉链人数越多，对拉力的大小越不容易控制。拉力过猛可能导致葫芦承受的动负荷过大而超负荷，容易造成损坏设备甚至坠落。为防止链条葫芦意外断裂导致链条葫芦或吊物坠落伤人，禁止人员站在链条葫芦的正下方。

17.3.3.5 吊起的重物如需在空中停留较长时间，应将手拉链拴在起重链上，并在重物上加设保险绳。

【释义】 为防止链条葫芦刹车装置失灵起吊物坠落，吊起的重物如需在空中停留较长时间，应将手拉链拴在起重链上。在重物上加设保险绳是防止链条断裂的后备保护措施。

17.3.3.6 在使用中如发生卡链情况，应将重物垫好后方可进行检修。

【释义】 （1）悬挂链条葫芦的架梁或建筑物，应经过受力分析计算，避免过载造成架梁或建筑物的结构性损伤，从而导致链条葫芦和吊物脱钩坠落。链条葫芦长时间悬吊重物易导致链环机械疲劳，如受意外震动或冲击伤害将造成吊物坠落，故予以禁止。

（2）对于荷载较大且受力情况复杂的起吊作业，应根据情况计算架梁的正应力、剪应力、局部压应力、折算应力；以及架梁的整体稳定性、局部稳定性和挠度。

17.3.3.7 悬挂链条葫芦的架梁或建筑物，应经过计算，否则不得悬挂。 禁止用链条葫芦长时间悬吊重物。

【释义】 其详细规范要求可参见 JB/T 8521.1—2007《一般用途合成纤维扁平吊装带》、JB/T 8521.1—2007《一般用途合成纤维扁平吊装带》。

17.3.4 合成纤维吊装带。

17.3.4.1　合成纤维吊装带应按出厂数据使用，无数据时禁止使用。使用中应避免与尖锐棱角接触，如无法避免应装设必要的护套。

【释义】　合成纤维吊装带应按出厂数据使用，无数据时，不能明确吊装带的承载量、使用环境温度等数据，因此禁止使用。装设必要的护套是避免因与尖锐棱角接触，损伤吊装带承载芯而造成安全系数下降。

17.3.4.2　使用环境温度：-40℃ ~100℃。

【释义】　聚酯及聚酰胺吊装带使用环境温度-40~100℃，聚丙烯吊装带使用环境温度-40~80℃。在低温、潮湿的情况下，吊装带上会结冰，从而对吊装带形成割口及磨损，因而损坏吊装带的内部。此外，结冰会降低吊装带的柔韧性，极端情况下会使吊装带无法使用。高温下吊装带使用的合成纤维容易发生降级，削弱承载性能。

17.3.4.3　吊装带用于不同称重方式时，应严格按照标签给予定值使用。

【释义】　按标签规定值使用，可避免超载引起的吊装带断裂。

17.3.4.4　发现外部护套破损显露出内芯时，应立即停止使用。

【释义】　护套表面的任何明显损伤都可能对承载芯的完整性造成严重影响，可能影响到吊装带继续安全使用，故当发现外部护套破损显露出内芯时，应立即停止使用。

17.3.5　纤维绳

17.3.5.1　麻绳、纤维绳用作吊绳时，其许用应力不准大于 0.98kN/cm²。用作绑扎绳时，许用应力应降低 50%。有霉烂、腐蚀、损伤者不准用于起重作业，纤维绳出现松股、散股、严重磨损、断股者禁止使用。

【释义】　麻绳、纤维绳强度较低，磨损较快，受潮后又容易腐烂、老化，而且新旧麻绳、纤维绳强度变化较大，一般只用于辅助绳索，如传递零星物件等。所以，作吊绳使用时其许用应力不准大于 0.98kN/cm²。

麻绳、纤维绳在起重作业中作为绑扎使用时，由于绳结摩擦损伤、重物的棱角切割等因素，其许用应力应降低 50%。

当麻绳、纤维绳出现霉烂、腐蚀、损伤时，许用应力将大大降低，故禁止用于起重作业；出现松股、散股、严重磨损、断股时说明绳索受过拉力损伤，故禁止使用。

17.3.5.2　纤维绳在潮湿状态下的允许荷重应减少一半，涂沥青的纤维绳应降低 20%使用。一般纤维绳禁止在机械驱动的情况下使用。

【释义】　受潮后的纤维绳较易断裂，因此其使用荷载应降低 50%，涂沥青的纤维绳抗潮、防腐的性能较好，使用荷载仅需降低 10% ~ 20%。由于机械驱动容易产生冲击负荷，为避免瞬间应力超过纤维绳能承受的许用应力，造成纤维绳的断裂，故一般纤维绳索禁止在机械驱动的情况下使用，但可以承受较大和冲击荷载的特殊用途纤维绳除外。

17.3.5.3　切断绳索时，应先将预定切断的两边用软钢丝扎结，以免切断后绳索松散，断头应编结处理。

【释义】　为防止绳索在使用中松散导致绳索的使用应力减小而发生事故，切断绳索前应预先将欲切断的两边用软钢丝扭结，绞制绳切断后断头编结处理，在使用中发现绳索中间有因为磨损出现松股现象时应切断或重新编结，以防止由于松散导致使用应力下降。

17.3.6　卸扣

17.3.6.1　卸扣应是锻造的。卸扣不准横向受力。

【释义】 锻造的卸扣不易产生内应力，其抗拉、抗剪强度和弹性变形能力较强。卸扣设计允许拉力时都以顺向连接作为计算依据，同时，卸扣受力薄弱部位是丝扣，卸扣如横向受力，将造成横销螺纹受拉力，此外，卸扣的弯环易产生变形而损坏，故不准横向受力。

17.3.6.2 卸扣的销子不准扣在活动范围较大的索具内。

【释义】 卸扣由弯环和横销（销子）组成，横销与绳索发生摩擦滚动，可能使横销旋转脱落而造成意外，故禁止扣在活动性较大的索具内。

17.3.6.3 不准使卸扣处于吊件的转角处。

【释义】 卸扣用于起重索具连接时，主要承受纵向拉力，不准使用在吊件转角处使卸扣承受剪力。同时防止作业过程中，因处于边角处而造成的卸扣受力方向无法保证，使得卸扣的弯环变形，索具也易被夹断，从而使吊物捆扎松动发生坠落。

17.3.7 滑车及滑车组

17.3.7.1 滑车及滑车组使用前应进行检查，发现有裂纹、轮沿破损等情况者，不准使用。滑车组使用中，两滑车滑轮中心间的最小距离不准小于表 22 的规定。

表 22　　　　　　　　　滑车组两滑车滑轮中心最小允许距离

滑车起质量（t）	1	5	10~20	32~50
滑轮中心最小允许距离（mm）	700	900	1000	1200

【释义】 使用前检查滑车的结构完好，转动灵活和正常，是为了避免滑车组受外力损伤而导致承重能力下降或绳索脱扣、损伤吊索等危险状况。要求两滑车滑轮中心距离满足要求，避免滑轮相互碰撞，同时保证牵引绳及滑车组受力均衡。

【事故案例】 ××供电公司发生起重期间落物伤人事故。

在湖北省某 220kV 线路 36 号铁塔的更换工作中，放右相导线时，提升导线的绞磨刚吃力，挂在横担上的 2t 铁滑车便突然掉落，幸亏导线线夹尚未取下，方才避免了导线及站在该导线上取线夹人员坠落地面，但铁滑车险些打中杆下一名工作人员的后背。经检查，该滑车为新购滑车。从其表面上看，该滑车确实是新的，但透过油漆看内部，却发现其吊钩上承力螺栓是滑丝的旧螺栓。新滑车未经检验合格便拿到施工现场使用，是造成这起事故的主要原因。

17.3.7.2 滑车不准拴在不牢固的结构物上。线路作业中使用的滑车应有防止脱钩的保险装置，否则应采取封口措施。使用开门滑车时，应将开门勾环扣紧，防止绳索自动跑出。

【释义】 滑车拴挂在不牢固的结构物上，易发生滑车坠落。线路作业中使用的滑车应有防止脱钩的保险装置，挂钩的防脱钩保险装置，是防止滑车在使用过程中由于摆动或侧向受力脱钩、开门滑车在起重作业前，应指定人员检查开门勾环扣紧情况，起重作业中发现开门勾环松动，立即卸载处理。

17.3.7.3 拴挂固定滑车的桩或锚，应按土质不同情况加以计算，使之埋设牢固可靠。如使用的滑车可能着地，则应在滑车底下垫以木板，防止垃圾窜入滑车。

【释义】 拴挂固定滑车的桩或锚，应按土质不同情况加以计算，从而避免桩、锚埋设无法满足所拴挂滑车所受的最大拉力，造成作业过程中意外脱出而发生人身伤害、设备损坏。滑车底下垫以木板，可保持滑车受力平衡，还避免异物窜入损伤滑车或钢丝绳索具，甚至造成人身伤害。

17.4 人工搬运。

17.4.1 搬运的过道应当平坦畅通，如在夜间搬运应有足够的照明。 如需经过山地陡坡或凹凸不平之处，应预先制定运输方案，采取必要的安全措施。

【释义】 平坦畅通的过道保证人员行走方便，搬运物受力均匀、平衡。夜间搬运需要充足的照明，方便搬运人员了解路况信息。山地陡坡或凹凸不平之处，地面起伏变化较大，容易导致搬运人员受力不均，部分人员承重过大，造成设备摔坏或人身伤害，故要制定相应的运输方案和安全措施。

【事故案例】 ××供电公司发生翻车事故。

××供电公司进行山区杆塔架设工作，用货车装载水泥杆塔，由于施工队伍人数较多，车辆不足，施工队人员张××、王×、夏××三人坐着货车后车厢内，在盘山路上行驶时，发生刹车失灵，车辆坠入公路旁陡坡下，张××、王×、夏××三人，被水泥杆砸中，夏××当场死亡，张××、王×重伤。该事故中需途径盘山公路，施工方未指定针对性的运输方案，安全措施不足，是造成事故发生的重要原因。

17.4.2 用管子滚动搬运应遵守下列规定：

a) 应由专人负责指挥。

【释义】 管子滚动搬运需多人协作、专人指挥、分工明确才能保证搬运工作安顺利进行。

b) 管子承受重物后两端各露出约 30cm，以便调节转向。手动调节管子时，应注意防止手指压伤。

【释义】 管子滚动搬运中需不断对其进行调整。两端各露出约 30cm，既保证了管子的最大支撑力，又增加了搬运的可控性。

c) 上坡时应用木楔垫牢管子，以防管子滚下；同时，无论上坡、下坡，均应对重物采取防止下滑的措施。

【释义】 管子滚动搬运无专用制动装置，故用木楔垫牢管子防管子滚下。而重物无法固定在管子上，故应对重物采取防止下滑的措施。

对照事故学 安规
（变电部分）

18　高处作业

18.1　一般注意事项

18.1.1　凡在坠落高度基准面 2m 及以上的高处进行的作业，都应视作高处作业。

【释义】　GB 3608—2008《高处作业分级》中规定高处作业的定义为："在距坠落高度基准面 2m 或 2m 以上有可能坠落的高处进行的作业"。

落高度基准面是指最低的坠落着落点的水平面，也就是当在该作业位置上坠落时，有可能坠落到的最低之处。

1）通过可能坠落范围内最低处的水平面称为坠落高度基准面。基准面不一定是地面。

2）"有可能坠落的高处"，如果作业面很高，但是作业环境良好，不存在坠落的可能性，则不属于高处作业（如大楼平台上作业，周围有安全的围墙，此时作业就不属于高处作业）。

高处作业的级别为：作业高度在 2～5m 时，称为一级高处作业；作业高度在 5～15m 时，称为二级高处作业；作业高度在 15～30m 时，称为三级高处作业；作业高度在 30m 以上时，称为特级高处作业。

高处作业工作点下方应设遮栏或其他保护措施。安全遮栏应按照坠落范围半径设置。

【事故案例】　**高处作业未系安全带，跌落触电死亡。**

××公司变电检修试验公司在 110kV××变电站进行春检工作，9：55 许可工作，工作总负责人任×宣读了工作票，交代了带电部位的安全措施，安排了各带电设备监护人。其中 35kV××线路侧 4961 隔离开关带电。检修一班工人赵××（男，29 岁）负责在 35kV 496 断路器上清扫刷完相序漆，由工作总负责人任×监护，约 10：37 赵工作完站起时，由于站立不稳失去重心，此时监护人看到赵晃了一下，制止已来不及了，赵从 496 断路器跨越并跌到到相距 1.35m 的 4961 隔离开关上，造成与 B 相放电，触电死亡。

在 35kV 断路器顶部工作，未系安全带，防止高空坠落措施不足；工作人员安全意识不强，自我保护意识差。高压作业应使用安全带，在无法按规定牢固系安全带的特殊情况下，应站在梯子或工作平台上进行，不允许站在顶部工作。高处作业需转移工作地点时，需通过地面在监护下进行。

18.1.2　凡参加高处作业的人员，应每年进行一次体检。

【释义】　担任高处作业的人员应身体健康。国家安全生产监督管理总局令第 30 号（2010 年 5 月 24 日）《特种作业人员安全技术培训考核管理规定》规定："直接从事特种作业的从业人员应经社区或县级以上医疗机构体检健康合格，并无妨碍从事相应特种作业的器质性心脏病、癫痫病、美尼尔氏症、眩晕症、癔病、震颤麻痹症、精神病、痴呆症以及其他疾病和生理缺陷。"每年进行一次体检的目的就是确保高处作业人员的作业安全。

【事故案例】　操作人员在操作过程中，由于身体疾病意外死亡。

××供电公司农电工林××（操作人）、张××（监护人）、陈××（司机）受生产班长安排，按照供电公司调度中心下达的调度指令，持倒闸操作票进行同杆并架的 10kV 甲线 54～178 号杆、10kV 乙线 54～178 号杆施工前的停电及装设接地线工作。林××对 10kV 甲线 114 号杆向 115 号杆侧验明确无电压，在 A、C 两相装设了接地线后，正准备装设 B 相接地线时，身体突然倒下，被安全带悬挂在杆上，随即进行现场抢救，经医生诊断林××死亡。

事故发生后，经当地安监局调查取证，林××是在工作过程中由于身体疾病引发死亡。

18.1.3　高处作业均应先搭设脚手架，使用高空作业车、升降平台或采取其他防止坠落措施，方可进行。

18.1.4　在屋顶以及其他危险的边沿进行工作，临空一面应装设安全网或防护栏杆，否则，作业人员应使用安全带。

【释义】　在屋顶及其他危险的边沿进行工作时，临空一面应装设安全网或防护栏杆，防护栏杆要符合安装要求（应设 1050～1200mm 高的栏杆，在栏杆内侧设 180mm 高的侧板），如安全网或防护栏杆安全设施可靠，没有发生高处坠落的可能，可不使用安全带，否则，工作人员应使用安全带。

【事故案例】　高处作业无脚手架，导致施工人员重伤。

××化工厂 35kV 变电站土建由专业单位分包，整体处于竣工收尾阶段，进行最后的电容器防雨篷安装。防雨篷高度 10m，为节约成本，承包商已先行拆除脚手架，采用活动脚手架和移动跳板安装，钢板提升用电动葫芦，无任何高空防坠落措施。6 月 25 日下午，安装人员在安装好一块钢板后，为下一块钢板安装做准备，需移动跳板，安装人员李××在移动跳板过程中从钢板空洞中坠落，造成多处骨折的重伤事故。

18.1.5　在没有脚手架或在没有栏杆的脚手架上工作，高度超过 1.5m 时，应使用安全带，或采取其他可靠的安全措施。

【释义】　在没有脚手架或在没有栏杆的脚手架上工作，高度超过 1.5m，小于 2m 虽不属于高处作业，但是发生高处坠落事故仍然会造成人身伤害，因此应正确使用安全带，或采取其他可靠的安全措施。使用安全带时严禁低挂高用。

18.1.6　安全带和专作固定安全带的绳索在使用前应进行外观检查。安全带应按附录 L 定期检验，不合格的不准使用。

【释义】　现场使用的安全带应时符合国家 GB 6095—2009《安全带》和 GB 6096—2009《安全带测试方法》规定。安全带在使用前应进行检查，并应定期进行静荷重试验。试验后检查是否有变形、破裂等情况，并做好试验记录。不合格的安全带应作报废处理，不准再次使用。

安全带使用前的外观检查主要包括：①组件完整、无短缺、无伤残破损；②绳索、编带无脆裂、断股或扭结；③金属配件无裂纹、焊接无缺陷、无严重锈蚀；④挂钩的钩舌咬口平整不错位，险装置完整可靠；⑤铆钉无明显偏位，表面平整等。

依据 GB 24543—2009《坠落防护　安全绳》规定，用作固定安全带的绳索使用前的外观检查主要包括：①末端不应有散丝；②绳体在构件上或使用过程中不应打结；③所有零件顺滑，无尖角或锋利边缘等。

18.1.7　在电焊作业或其他有火花、熔融源等的场所使用的安全带或安全绳应有隔热防磨套。

【释义】 使用有隔热防磨套的安全带能防止电焊作业时落下的电焊渣以及其他火花、熔融源落在安全带或安全绳上，从而在达到一定温度时，安全带或安全绳意外熔断。同时，防止安全带或安全绳遇尖锐边角磨损、磨断造成的高处坠落伤害事故。

【事故案例】 未使用隔热防磨套的安全绳，氧焊作业导致作业人员高空坠落。

××供电公司线路班工作负责人郭××组织班组成员王××、赵××等10人进行安装10kV××Ⅱ回12、32、38号杆真空断路器台架和绝缘子横担各一组、吊装真空断路器各一台的工作。9：15左右，真空断路器安装工作结束，具备焊接技术合格资格的王××戴好安全帽和系好安全带进行登杆作业，负责焊接距地面6.8m高处的接地扁铁与引线横担抱箍的接头，郭××负责监护工作。9：30，当接地扁铁的焊接工作即将完工时，王××右手中的氧焊喷头不慎将自身腰间系的安全带（经查，为普通安全带，无隔热防磨层）瞬间熔断，王××失去重心从5.5m的高处坠落，造成王××右手骨折的人身轻伤事故。

18.1.8 安全带的挂钩或绳子应挂在结实牢固的构件上，或专为挂安全带用的钢丝绳上，并应采用高挂低用的方式。禁止挂在移动或不牢固的物件上［如隔离开关（刀闸）支持绝缘子、CVT绝缘子、母线支柱绝缘子、避雷器支柱绝缘子等］。

【释义】 安全带的"高挂"是指挂钩挂在高过腰部的地方。安全带应采取高挂低用的方式，在特殊施工环境安全带没有地方挂的情况下，可采用装设悬挂挂钩的钢丝绳，并确保安全可靠。

安全带在低挂高用或是挂在移动或不牢固物体上的情况下将无法有效起到保护作用。隔离开关（刀闸）、支持绝缘子、CVT绝缘子、母线支柱绝缘子、避雷器支柱绝缘子等设备，由于本身的物理状态（如支柱绝缘子"细"、"长"、设备"头重脚轻"）极易造成支持绝缘子断裂，因此禁止将安全带挂在这些设备上。

【事故案例】 因绝缘子突然断裂，人员落地被砸伤经抢救无效死亡。

××公司检修处维护三班计划在××变电站220kV设备区对2212-4、2212-2隔离开关进行完善化大修。检修人员到达现场后，运行值班人员和工作负责人履行工作许可手续，11：05开工。工作负责人向工作班组成员进行停电范围及现场安全措施布置情况安全交底后，工作班组成员根据工作负责人的要求，对2212-4、2212-2隔离开关进行绝缘子有无破损、裂痕，手动拉合是否抗劲，转瓶大轴是否良好的检查，未发现问题；然后更换2212-4、2212-2隔离开关转瓶轴承并检修传动部分，后检修2212-4隔离开关导流部分；14：40，2212-4隔离开关大修完工，接着进行2212-2隔离开关大修。由张××刷2212-2隔离开关转瓶帽子相位漆，在刷完B相后刷C相时，张××在C相转瓶拢好安全带爬至转瓶中间法兰，脚蹬在中间法兰处站好，身体向后倾斜拉紧安全带准备接油漆桶时（15时），2212-2隔离开关C相绝缘子从根部突然断裂，造成人与绝缘子同时落地，绝缘子在上，砸至张××头部。15：03，现场人员拨打120急救电话。15：28，急救车赶到现场，张××经抢救无效死亡。

18.1.9 高处作业人员在作业过程中，应随时检查安全带是否拴牢。高处作业人员在转移作业位置时不得失去安全保护。

【释义】 高处作业过程中随时需要转移工作地点，应随时检查安全带是否拴牢。尤其在移动作业过程中应采取安全带和安全绳配合使用的"双保险"措施。

通常可以采用以下几种方法避免转移位置时失去安全保护：①高处作业除系安全带

（绳）之外，还可以在下方设安全保护网；②登塔人员自带防坠落装置供转移位置使用；③高处作业人员应带两套安全带（绳），或一长一短，或一带一绳，以备转移位置使用。

【事故案例】 ××供电局人员高处换位转移过程中坠落人身重伤事故。

因××路迁建将10kV地一线2号4-43、地八线1号8-36（同杆共架）架空线路落地改电缆。××供电局××电缆公司安排电缆运行七班梁××担任第一小组负责人，小组成员分别是白××、刘××（男，35岁）、工作负责人常×现场又临时指定寇××作为1号8杆塔作业的专责监护人。该小组当天工作任务为10kV地一2号4杆和地八线1号8杆（同杆共架）两根电缆终端杆户外头吊装、搭接引线。当时杆上作业人员为刘××、梁××，现场监护人为寇××。11：25，当杆上东侧10kV地一线电缆吊装工作结束后，刘××下至杆子东侧第二层爬梯解开腰绳，在转向西侧地八线工作，准备固定10kV地八线上层第一级电缆抱箍时，换位转移过程中，脚未踩稳、手未抓牢发生从距地约6m高空坠落，构成人身重伤事故。

18.1.10　高处作业使用的脚手架应经验收合格后方可使用。上下脚手架应走斜道或梯子，作业人员不准沿脚手杆或栏杆等攀爬。

【释义】 脚手架验收合格的基本要求为：①脚手架选用的材料符合有关规范、规程、规定；②脚手架具有稳定的结构和足够的承载力（如脚手架整体牢固，无晃动、无变形；脚手架组件无松动、缺损）；③脚手架的搭设符合有关规范、规程、规定（JGJ 130—2011《建筑施工扣件式钢管脚手架安全技术规范》《建筑施工安全技术统一规范》等）；④脚手架工作面的脚手板齐全、栏杆完好；⑤三级以上高处作业的脚手架应安装避雷设施；⑥必须搭设施工人员上下的专用扶梯、斜道等；⑦脚手架要与临近的架空线保持安全距离，地面四周应设围栏和警示标志。临近坎、坑的脚手架必须有防止坎、坑边缘崩塌的防护措施。

脚手架斜道是施工操作人员的上下通道，并可兼作材料的运输通道，斜道可分为一字形和之字形，斜道两侧应装栏杆，为确保人身安全，人员上下脚手架应走斜道或梯子。脚手架因材质、雨雪等原因沿脚手杆或栏杆等攀爬过程中易出现人员脱手坠落，而且攀爬过程中易造成脚手架倾覆，所以禁止攀爬。

【事故案例】 检修架倾覆，发生一起人员重伤事故。

按照××公司10月份停电检修计划，10月9日8：00～10月15日18：00由修试所开关二班进行××变电站146断路器大修工作。10日15：00，断路器检修架上同时有吴×、马××、蔺××、常×、田××等5人进行测速及恢复断路器密封盖工作。突然断路器检修架从C、B相侧倾覆，站在检修架上C相断路器处的两人摔下，另外三人从脚手板上滑下。经查目前使用的检修架是公司检修人员自行设计的简易便携式分体组装的检修架，已使用20多年，拉力牵引环存在损伤，若能坚持使用前的检查，事故可能会避免。

18.1.11　高处作业应一律使用工具袋。较大的工具应用绳拴在牢固的构件上，工件、边角余料应放置在牢靠的地方或用铁丝扣牢并有防止坠落的措施，不准随便乱放，以防止从高空坠落发生事故。

【释义】 在高处作业中，若工具随便放置，易发声高空坠物伤人事件，因此在高空作业中要一律使用工具袋。所有坠落可能的物件，应妥善放置或加以固定。高处作业中所用的物料，均应堆放平稳，不妨碍通行和装卸。工具应随手放入工具袋，较大的工具应用绳拴在牢固的构件上。

【事故案例】 工具高空坠落，砸伤工作人员。

××供电公司线路班组织实施 10kV××线新建工程。因人手不足，线路班班长张××（工作负责人）外聘 5 名技工协助施工。10：30，在 5 号杆上进行作业的外聘技工王××为图省事，将自用平口钳随意放在横担上；随后在往杆上吊运瓷横担时，不慎将平口钳碰落，砸中杆下工人谢××右肩，造成谢××右锁骨骨折。

18.1.12　在进行高处作业时，除有关人员外，不准他人在工作地点的下面通行或逗留，工作地点下面应有围栏或装设其他保护装置，防止落物伤人。 如在格栅式的平台上工作，为了防止工具和器材掉落，应采取有效隔离措施，如铺设木板等。

【释义】 为防止高空坠物伤害到高处作业地点下面的人员，在工作地点下面设置围栏或其他保护装置，以阻止无关人员随意通行、逗留，并起到警示作用。格栅式平台因有缝隙，故要求采取有效隔离措施（如铺设木板、竹篱笆等）防止坠物伤人。

18.1.13　禁止将工具及材料上下投掷，应用绳索拴牢传递，以免打伤下方作业人员或击毁脚手架。

【释义】 工具及材料投掷过程中，可能造成坠物伤人或击毁脚手架，高处投接人员还可能因失去平衡意外坠落。在杆塔上作业时，还可以用吊绳和吊篮等进行传递。

【事故案例】 高空上下抛掷工具，造成作业人员重伤事故。

××供电公司××检修队二班班长王××带领 6 名工人进行 10kV××线输电线路检修工作。11：25，李××登上 6 号杆塔进行更换瓷横担的工作，在取下损坏的绝缘棒往下丢时，恰遇工人陈××往杆塔下走，瓷横担砸在工人头上，安全帽被击落，该工人受重伤。

18.1.14　高处作业区周围的孔洞、沟道等应设盖板、安全网或围栏并有固定其位置的措施。 同时，应设置安全标志，夜间还应设红灯示警。

【释义】 高处作业区周围孔洞、沟道需要设置盖板、安全网或围栏等安全防护设施并保证其固定可靠，防止人员坠落事件发生。孔洞、沟道上还应设置安全标志，夜间设红灯，以警示无关人员不要靠近，防止坠落导致人身伤害。

18.1.15　低温或高温环境下作业，应采取保暖和防暑降温措施，作业时间不宜过长。

【释义】 根据 GB/T 14440—1993《低温作业分级》定义，低温作业指在生产劳动过程中，其工作地点平均气温不高于 5℃的作业。

根据 GB/T 4200—2008《高温作业分级》定义，高温作业指在生产劳动过程中，其工作地点平均气温不低于 25℃的作业。

在冬季低温气候下进行露天高处作业，必要时应在施工地区附近设有取暖的休息处所，取暖设备应有专人管理，注意防火；高温天气下进行露天高处作业时，应注意防暑降温，可采取灵活的作息时间，作业时间不宜过长。

18.1.16　在 5 级及以上的大风以及暴雨、雷电、冰雹、大雾、沙尘暴等恶劣天气下，应停止露天高处作业。 特殊情况下，确需在恶劣天气进行抢修时，应组织人员充分讨论必要的安全措施，经本单位批准后方可进行。

【释义】 5 级及以上的大风使高处作业人员的平衡性大大降低，容易造成高处坠落；雷电极易造成高处作业人员雷击伤害；大雾使作业人员视线不清，从而造成作业人员无法作业及造成意外人员伤害等。

　　因此，在阵风 5 级以上，风速（8.0m/s）以上的大风以及暴雨、雷电、冰雹、大雾、沙尘暴等恶劣天气下，应停止露天高处作业。同时要做好吊装构件、机械等稳固工作。特殊情况下，确需在恶劣天气进行抢修时，应采取必要的安全措施，经本单位分管生产的领导（总工程师）批准后方可进行。

　　18.1.17　脚手架的安装、拆除和使用，应执行《国家电网公司电力安全工作规程》[火（水）电厂（动力部分）]中的有关规定及国家相关规程规定。

　　18.1.18　利用高空作业车、带电作业车、叉车、高处作业平台等进行高处作业时，高处作业平台应处于稳定状态，需要移动车辆时，作业平台上不得载人。

　　【释义】　作业平台不稳定，作业人员易失去平衡，发生高处坠落或无法保持安全距离。因此，高处作业平台应采取固定措施且作业时要带好安全带需要移动车辆时，作业平台上不得载人（自行式高空车除外，因自行式高空车操作系统在作业平台上。但需要移动车辆时，应将作业臂收回）。因为人在作业平台上移动时，自重较重，平衡性也差，稍有偏差、晃动，将会造成人员坠落，还有可能造成人员误碰触带电体。

　　【事故案例】　检修人员因高空作业车厂家设备质量事故造成高空作业人员坠地死亡。

　　××公司主变压器维护二队按计划在××站 220kV 场地进行××东线 261 断路器 A 相 TA 更换工作。由于 TA 距离较高，拆除原来的 A 相 TA 时，工作班组使用了高架作业车（该车为当年 2 月购买）来解开 TA 一次桩头上的连接导线（桩头距离地面高度为 6.0m）。高架车斗内的作业人员按照规程要求正确佩戴了安全带和安全帽，并将安全带拴在了载人车斗的指定位置。11：20 左右，高架车斗内的作业人员将 TA 桩头上的螺栓全部解开，起吊操作人正准备将起重前臂抬高收回，此时高架车下臂内支撑上臂用的拉杆的后支撑点耳环突然断裂，导致起重前臂失去支撑，前臂迅速自由下落，将车斗内的作业人员××（男，44 岁）跌落在地上。因伤势过重，内脏出血，经医院抢救无效，于 11：55 死亡。

18.2　梯子

　　18.2.1　梯子应坚固完整，有防滑措施。梯子的支柱应能承受作业人员及所携带的工具、材料攀登时的总质量。

　　【释义】　使用的梯子应指定专人管理，使用前应进行检查，以保持梯子完整，梯脚底部应坚实并有防滑套，踏板上下间不得有缺档。在光滑坚硬的地面上使用梯子时，应用绳索将梯子下端与固定物缚住；在木板或泥地上使用梯子时，其下端可装有带尖头的金属物，或在其下端安置橡胶套或橡胶布，也可用绳索将梯子下端与固定物缚住；靠在管子上使用的梯子，其上端应有挂钩或用绳索缚住。上下梯子时，应派人扶持。

　　【事故案例】　在登梯过程中，因梯子忽然滑落，作业人员随梯子后仰坠地死亡。

　　××供电局客户中心营业管理所副所长按工作计划，分配陈××（工作负责人）、徐××、杨×三人前往××市××路 267 号安装新电能表，三人到达工作现场后，徐××在墙壁上固定表板，陈××分配杨××准备登杆接线，约 9：10 时，陈××自己将铝合金梯子靠在屋檐雨披上，并向上攀登，当陈××登至约 2 米高度时，梯子忽然滑落，陈××随梯子后仰坠地，因安全帽系带不牢靠，造成安全帽飞出，陈××后脑壳碰地并有少量出血，徐××与杨××立即停止工作，拨打 120 电话求救，由救护车将陈××送至医院抢救，于 12 月 4 日死亡。

　　造成本次事故有主要以下几个原因：

1）工作中使用登高工具有缺陷，铝合金梯脚防滑垫丢失，未及时修复。

2）陈××在无人扶持或梯子下端未用绳索固定牢固的情况下，登梯工作，违反《电业安全工作规程（电力线路部分)》第87条的规定。

3）陈××在现场工作时，安全帽未戴牢靠，致使人摔倒时，安全帽飞出，使头部失去保护。

4）工作现场环境较差，地面有水渍且地面较光滑。

5）现场工作人员主观上存在思想麻痹，安全意识淡薄，心存侥幸等。

18.2.2 硬质梯子的横档应嵌在支柱上，梯阶的距离不应大于40cm，并在距梯顶1m处设限高标志。 使用单梯工作时，梯与地面的斜角度约为60°。

梯子不宜绑接使用。人字梯应有限制开度的措施。

人在梯子上时，禁止移动梯子。

【释义】 作业人员站立梯顶处，易造成重心后倾，失去平衡而坠落，因此，在距单梯顶部1m处设限高标志。

使用单梯工作时，梯与地面的斜角度为60°左右的目的是保证人员作业时的平衡、稳定。梯子与地面的斜角度太大，重心后倾，稳定性相对就差，从而人员作业时容易失去平衡进而造成高处坠落事故。梯子与地面的斜角度太小，梯脚与地面的摩擦力将减小，从而人员作业时梯脚与地面产生滑动，梯顶沿支撑面下滑进而造成人身伤害事故。

梯子不宜绑接使用。因为如果绑接的强度不够，将会造成梯子使用时变形、折断进而造成人员伤害事故。如果某种情况下需要梯子连接使用时，应用金属卡子接紧，或用铁丝绑接牢固且接头不得超过1处，连接后梯梁的强度，不应低于单梯梯梁的强度。

人字梯应有限制开度的措施。即人字梯应具有坚固的绞链和限制开度的拉链。

人在梯子上时，禁止移动梯子。因为人在梯子上移动时，自重较重，平衡性也差，稍有偏差、晃动，将会造成人员坠落事故。

18.3 阀厅的工作

18.3.1 阀体工作使用升降车上下时，升降车应可靠接地，在升降车上应正确使用安全带，进入阀体前，应取下安全帽和安全带上的保险钩，防止金属打击造成元件、光缆的损坏，但应注意防止高处坠落。

【释义】 阀体工作使用升降车上下时，升降车应可靠接地，以防止感应电造成人身伤害。人员借助升降车上升下降作业应视为高处作业，应正确使用安全帽和安全带，防止碰伤或高处打击。

进入阀体前，应取下安全帽和安全带上的保险钩，防止安全帽和安全带上的金属硬物磕碰阀体设备造成原件、光缆等的损害，此外应特别注意避免高坠事件发生。

【事故案例】 未正确佩戴安全帽，导致安全帽掉落砸坏阀体元件。

××500kV换流站在进行安装时，施工队技工陈××进入阀厅内工作，由于安全帽不慎损坏掉落，造成阀体元件损坏，直接经济损失达260万元。

18.3.2 阀体工作不得坐在阀体工作层的边缘，以防高空坠落。

【释义】 造成设备损坏。因此在阀体上工作，应做好相应的防高空坠落的安全措施，不得坐在阀体工作层边缘。

【事故案例】 违章坐在阀体工作层边缘，导致高空坠落死亡事故。

××火电工程公司××项目部焊接工地主任李××安排焊接技术员罗××去参观阀体上焊接工艺，罗××在前往途中碰到焊接班班长张××（死者），张××问明情况后提出："我俩一块去，正好学习学习"。于是，两人一同前往。大约9∶50左右，两人顺着1号阀体左前侧楼梯上到+7m平台处，张××在+7米平台栏杆内侧翻越栏杆（栏杆高度1.2m）时因平台栏有雨水（10月30日晚上下雨，平台栏杆上雨水较多），导致抓栏杆的手滑脱，从+7米平台处坠落，随后立即送往医院，经医院诊断死亡。